国家科学技术学术著作出版基金资

微米纳米技术丛书·MEMS 与微系统系列

微米纳米器件封装技术

Micro-Nanometer Devices Packaging Technology

金玉丰　陈兢　缪旻　等著

国防工业出版社

·北京·

图书在版编目(CIP)数据

微米纳米器件封装技术/金玉丰等著. —北京:国防工业
出版社,2012.10
(微米纳米技术丛书·MEMS与微系统系列)
ISBN 978-7-118-07896-1

Ⅰ.①微… Ⅱ.①金… Ⅲ.①纳米材料-微电子技
术-电子器件-封装工艺 Ⅳ.①TN405.94

中国版本图书馆 CIP 数据核字(2012)第 103473 号

※

国防工业出版社出版发行
(北京市海淀区紫竹院南路 23 号 邮政编码 100048)
北京嘉恒彩色印刷有限责任公司
新华书店经售
*
开本 787×1092 1/16 印张 18½ 字数 305 千字
2012 年 10 月第 1 版第 1 次印刷 印数 1—3000 册 定价 88.00 元

(本书如有印装错误,我社负责调换)

国防书店:(010)88540777 发行邮购:(010)88540776
发行传真:(010)88540755 发行业务:(010)88540717

此书同时获得

总装备部国防科技图书出版基金资助

致 读 者

本书由国防科技图书出版基金资助出版。

国防科技图书出版工作是国防科技事业的一个重要方面。优秀的国防科技图书既是国防科技成果的一部分,又是国防科技水平的重要标志。为了促进国防科技和武器装备建设事业的发展,加强社会主义物质文明和精神文明建设,培养优秀科技人才,确保国防科技优秀图书的出版,原国防科工委于 1988 年初决定每年拨出专款,设立国防科技图书出版基金,成立评审委员会,扶持、审定出版国防科技优秀图书。

国防科技图书出版基金资助的对象是:

1. 在国防科学技术领域中,学术水平高,内容有创见,在学科上居领先地位的基础科学理论图书;在工程技术理论方面有突破的应用科学专著。

2. 学术思想新颖,内容具体、实用,对国防科技和武器装备发展具有较大推动作用的专著;密切结合国防现代化和武器装备现代化需要的高新技术内容的专著。

3. 有重要发展前景和有重大开拓使用价值,密切结合国防现代化和武器装备现代化需要的新工艺、新材料内容的专著。

4. 填补目前我国科技领域空白并具有军事应用前景的薄弱学科和边缘学科的科技图书。

国防科技图书出版基金评审委员会在总装备部的领导下开展工作,负责掌握出版基金的使用方向,评审受理的图书选题,决定资助的图书选题和资助金额,以及决定中断或取消资助等。经评审给予资助的图书,由总装备部国防工业出版社列选出版。

国防科技事业已经取得了举世瞩目的成就。国防科技图书承担着记载和弘扬这些成就,积累和传播科技知识的使命。在改革开放的新形势下,原国防科工委率先设立出版基金,扶持出版科技图书,这是一项具有深远意义的创举。此举势必促使国防科技图书的出版随着国防科技事业的发展更加兴旺。

设立出版基金是一件新生事物,是对出版工作的一项改革。因而,评审工作需要不断地摸索、认真地总结和及时地改进,这样,才能使有限的基金发挥出巨大的效能。评审工作更需要国防科技和武器装备建设战线广大科技工作者、专家、教授,以及社会各界朋友的热情支持。

让我们携起手来,为祖国昌盛、科技腾飞、出版繁荣而共同奋斗!

国防科技图书出版基金
评审委员会

序

1994 年 11 月 2 日，我给中央领导同志写信并呈送所著《面向 21 世纪的军民两用技术——微米纳米技术》的论文，提出微米纳米技术是一项面向 21 世纪的重要的军民两用技术，它的出现将对未来国民经济和国家安全的建设产生重大影响，应大力倡导在我国及早开展这方面的研究工作。建议得到了当时中央领导同志的高度重视，李鹏总理和李岚清副总理均在批示中表示支持开展微米纳米技术的跟踪和研究工作。

国防科工委(现总装备部)非常重视微米纳米技术研究，成立国防科工委微米纳米技术专家咨询组，1995 年批准成立国防科技微米纳米重点实验室，从"九五"开始设立微米纳米技术国防预研计划，并将支持一直延续到"十二五"。

2000 年的时候，我又给中央领导写信，阐明加速开展我国微机电系统技术的研究和开发的重要意义。国家科技部于当年成立了"863"计划微机电系统技术发展战略研究专家组，我担任组长。专家组全体同志用一年时间圆满完成了发展战略的研究工作，这些工作极大地推动了我国的微米纳米技术的研发和产业化进程。从"十五"到现在，"863"计划一直对微机电系统技术给以重点支持。

2005 年，中国微米纳米技术学会经民政部审批成立。中国微米纳米学术年会经过十几年的发展，也已经成为国内学术交流的重要平台。

在总装备部微米纳米技术专家组、"863"专家组和中国微米纳米技术学会各位同仁的持续努力和相关计划的支持下，我国的微米纳米技术已经得到了长足的发展，建立了北京大学、上海交通大学、中国科学院上海微系统与信息技术研究所、中国电子科技集团公司第十三研究所等加工平台，形成了以清华大学、北京大学等高校和科研院所为主的优势研究单位。

十几年来，经过国防预研、重大专项、国防"973"、国防基金等项目的支持，我国已经在微惯性器件、RF MEMS、微能源、微生化等器件研究，以及微纳加工技术、ASIC 技术等领域取得了诸多突破性的进展，我国的微米纳米技术研究平台已经形成,许多成果获得了国家级的科技奖励。同时,已经形成了一支年富力强、结构合理、有影响力的科技队伍。

现在,为了更有效、有针对性地实现微米纳米技术的突破,有必要对过去的研究工作做一阶段性的总结,把这些经验和知识加以提炼,形成体系传承下去。为此,在国防工业出版社的支持下,以总装备部微米纳米技术专家组为主体,同时吸收国内同行专家的智慧,组织编写一套微米纳米技术专著系列丛书。希望通过系统地总结、提炼、升华我国"九五"以来微米纳米技术领域所做出的研究工作,展示我国在该技术领域的研究水平,并指导"十二五"及以后的科技工作。

丁衡高

2011 年 11 月 30 日

前　言

　　微米纳米器件,也称 MEMS/NEMS 器件,可实现宏观机电系统所不能实现的功能,将系统的小型化、自动化、智能化和可靠性提高到一个新的水平,在航空航天、电子信息、医疗卫生、环境保护、交通运输、国防科技、消费类电子等领域有巨大的应用前景。目前,全世界有数千个单位从事以 MEMS 为代表的微米纳米技术的研发,已出现数百种商用化产品,全球市场需求约 400 亿美元,而其带动的相关产品的产值将以千亿美元计。

　　与微米纳米设计、加工、测试、标准、可靠性和应用等技术一样,微米纳米封装技术一直是 MEMS 技术的一个重要技术环节。微米纳米封装技术发展源于微电子技术,经过数十年的发展,已经呈现出独立的技术性和系统性。由于大多数微米纳米器件具有微小空腔和可动结构,需要在保障力学、光学、流体等物理量传递的同时保证可动微结构在微小腔体内的正常运动;同时微米纳米器件的空间拓展到三维,不同的器件制作工艺也多种多样,封装技术必须与相应的制作工艺兼容;纳米敏感材料和以纳结构为特征的纳米器件十分精细、灵敏,需要专门的封装技术保障其稳定、可靠地工作。在微米纳米器件研发过程中,设计人员需要系统的理念和相关的封装知识来完成设计任务,先进的微米纳米加工工艺流程必须在封装方案确定后才能启动,而封装工程更是微米纳米产品性能、体积和可靠性的关键因素。

　　微米纳米封装技术应用性很强、涉及的产品种类和基础理论很多,本书在内容组织上将封装涉及的材料、基板、互连、设计、工艺、测试、可靠性和系统集成等主要技术按照国际上流行的微米纳米封装三层面——圆片级封装、器件级封装、模块级封装进行介绍,并对最有特色的真空封装技术进行了专门介绍;此外,还进一步介绍了封装技术的应用,便于关注设计、工艺、测试等不同层面封装技术的研究人员查阅。

　　十多年来,在多个国家计划的支持下,我国开展了广泛的微米纳米技术研究,取得了丰硕的成果。目前,我国微米纳米研发和产业化正在蓬勃发展,对微米纳米封装技术的研究方兴未艾,从事该领域的教学、科研人员日益增多,多家院校开设了相关课程。为了传授微米纳米封装技术专门知识,让相关领域科研人员把握国内外微米纳米封装技术发展趋势,北京大学的金玉丰博士与陈兢博士、缪旻博士、张锦文博士等专业研究人员,参考国际最新技术进展并结合国内多家承担国家重要项目中微米纳米封装高水平成果,以及在国际专业期刊和会议的交流资料编写了本书,对微机电系统和微系统封装理论和技术方法提供了全面的介绍。

本书共分 8 章,金玉丰博士负责第 1 章、第 4 章和第 8 章的编写,陈兢博士负责第 2 章和第 3 章的编写,缪旻博士负责第 5 章的编写,张锦文博士负责第 6 章的编写,于晓梅博士、陈兢博士负责第 7 章的编写。参加编写工作的还有北京大学的张海霞博士、李志宏博士、张威博士、杨振川博士、吴文刚博士,东南大学的黄庆安博士,中北大学的薛晨阳博士,中国电子科技集团公司第五十八研究所的黄强博士。金玉丰博士和陈兢博士、缪旻博士分别对全书进行了审核。

编著者
2012 年 5 月

目　录

Table of Contents

第1章 概　　论

　　将特征尺度为微米或纳米的机械、电子、光学等功能结构集成为一体,从而可以作为独立的微系统或宏观系统的功能模块应用,可大大推进现有装备的微小型化、智能化、多功能化水平,这在航天、电子、信息、医疗卫生、环境保护等领域,有着巨大的应用价值和广阔的市场。

　　与微米纳米设计、加工、测试、标准、可靠性和应用等技术一样,微米纳米封装技术一直是微米纳米技术的一个重要技术环节。由于纳米级的器件及功能结构一般必须以微米级的器件与结构为接口才能与宏观的系统连结,实现信息、能量及物质的交换,故微米纳米封装的技术主要仍可以归结为对微米级的 MEMS 器件及结构的封装。为统一起见,下面将微米纳米封装统称为 MEMS 封装。虽然微米纳米封装设计尽可能沿用微电子封装技术基础,但由于大多数 MEMS 器件具有微小空腔和可动结构,需要在保障力学、光学、流体等物理量传递的同时保证可动微结构在微小腔体内的正常运动。因此,相对于微电子器件封装来说,MEMS 器件对封装的要求更高[1]。

　　关于 MEMS 封装,有多种描述,尚无统一的定义。广义来讲,MEMS 封装包括 MEMS 芯片加工后的所有后工艺,如衬底制作、结构释放、互连、芯片包封、组装、测试及可靠性试验等方面。典型的 MEMS 封装工艺过程如图 1.1 所示。

　　MEMS 封装与微电子封装密切相关,虽然 MEMS 封装采用许多与微电子封装相似的技术,并且早期的 MEMS 封装基本上沿用了传统的微电子封装工艺和技术,但越来越多的研究者认为不能简单地将微电子封装的标准应用于 MEMS 器件的封装,必须针对微米纳米技术与应用的特征进行封装标准的研究。

　　早期的 MEMS 封装技术大多数是基于集成电路(IC)成熟的封装工艺开发的。不过,由于各类产品的使用范围和应用环境的差异,其封装没有统一的形式,需要根据具体的使用情况选择适当的封装形式。同时,在绝大多数 MEMS 产品的制造过程中,封装只能单个进行而不能大批量同时进行。种类繁多、需求各异的 MEMS 器件对现有封装技术提出了很大的挑战,使封装难度和封装成本大大增加。微系统产业的很多研究人员和专家都把封装视为产品成功商业化的最亟待解决的关键

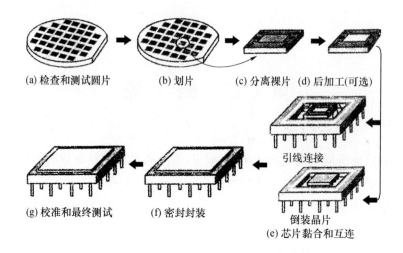

(a) 检查和测试圆片　　(b) 划片　　(c) 分离裸片　(d) 后加工(可选)

引线连接

(g) 校准和最终测试　　(f) 密封封装

倒装晶片
(e) 芯片黏合和互连

图 1.1　典型 MEMS 器件封装工艺过程

问题。另一方面,封装实质上是影响市场上各种 MEMS 器件和微系统产品总生产成本的主要因素。目前,多数 MEMS 器件的封装成本占器件成本的 50%~80%,而对于在高压和温度急剧变化的极端苛刻环境中可持续工作的特殊压力传感器,其封装成本甚至可以达到 95%。由此看出,对于希望通过降低成本来提高自己产品在市场中的竞争力的生产厂家,MEMS 封装是技术关键[1,2]。

MEMS 封装的重要性不仅仅体现在成本上,而是体现在多个层次、多个方面上。首先,MEMS 封装技术是 MEMS 技术链的重要环节,并且这些技术是密切相关的。优秀的设计人员越来越需要系统的理念和封装技术的知识来完成每一项设计任务;先进的加工工艺流程必须在封装方案确定后才能启动;而封装工程更是产品性能、体积和可靠性的关键因素。

1.1　MEMS 封装的功能与要求[2-6]

由于 MEMS 器件的多样性、特殊性和复杂性,它的封装形式和微电子封装有着很大的差别。对于微电子来说,封装的功能主要是电信号输入/输出、热管理、对芯片和引线等内部结构提供支持和保护,使之不受外部环境的干扰和腐蚀破坏。其中,芯片与外界电信号的交互一般是通过引线框架和管脚/焊球实现。微电子封装技术与芯片制作工艺相对独立,具有规范、标准、系统的封装形式。而对于 MEMS 封装来说,除了要具备以上基本功能以外,还需要给器件提供必要的工作环境,大部分 MEMS 器件都包含可动的部件,在封装时必须留有活动空间。由于 MEMS 的多样性,各类产品的使用范围和应用环境存在较大的差异,其封装难于采用统一的形式,而应根据具体的使用情况选择适当的封装,其对封装的功能性要求比微电子产品封装多。

如图 1.2 所示,MEMS 封装与 IC 封装共有的基本功能包括:

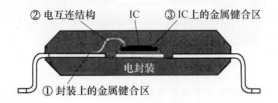

图 1.2　典型 IC 封装结构示意图(IC 组装中的三种主要接口)

(1) 机械支撑:MEMS 器件是一种易损器件,因此需要机械支撑来保护器件在运输、存储和工作时,能避免热和机械冲击、振动、高的加速度、灰尘和其他物理损坏。另外 MEMS 芯片有的带有腔体,有的带有悬梁,其微机械结构尺寸小、强度低,容易因机械接触而损坏及因曝露而沾污,特别是单面加工的器件,是在很薄的薄膜上批量加工,结构的强度更低,所能承受的机械强度远远小于 IC 芯片,对封装的力学性能提出了更高要求。

(2) 环境隔离:环境隔离有两种功能,一种是仅仅用做机械隔离,即封装外壳仅仅起到 MEMS 芯片的保护作用,使得器件受到外力冲击或者操作不当时免受机械损坏;另一种是气密和非气密保护,对可靠性要求十分严格的应用领域必须采用气密性保护封装,防止 MEMS 器件受到使用环境中的化学腐蚀和物理损坏,同时在制造和密封时要防止湿气可能被引进到封装腔内。对工作环境要求不高的MEMS 芯片亦可采用非气密封装。

(3) 提供与外界系统和媒质的接口:封装外壳是 MEMS 器件及系统与外界的主要接口,外壳必须能完成电源、电信号或射频信号与外界的电连接,同时大部分的 MEMS 芯片还要求提供与外界其他媒质的接口。

(4) 提供热的传输通道:对带有功率放大器、其他大信号电路、热致动结构和高集成度封装的 MEMS 器件,在封装设计时热的释放是一个应该认真对待的问题。封装外壳必须提供热量传递的通道。

图 1.3 为典型 MEMS 封装结构示意图,考虑到 MEMS 的特殊性和复杂性,其封装的基本要求还要考虑如下几点:

(1) 低应力:芯片上存在的应力永远是一个需要考虑的问题,但这一问题对MEMS 而言要重要得多。在 MEMS 器件中,微米纳米尺度的零部件的精度高但十分脆弱,对封装残余应力非常敏感。在封装和应用过程中,热膨胀系数不匹配会引入热应力,机械振动会产生机械应力,从而使 MEMS 芯片产生断裂或者分层。因

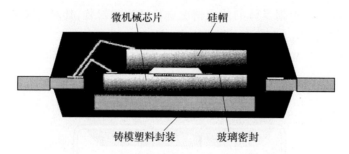

图 1.3　典型 MEMS 封装结构示意图(具有硅帽的铸模塑料封装结构)

此在封装设计时,应减少封装过程中残余应力的产生,并减少由于应用环境温度变化导致的芯片所受应力变化。

(2) 低压或真空环境:部分 MEMS 器件需要在一定程度的低气压或真空环境下工作,器件的可动部件在低气压环境中工作可以减小腔体内气体对结构产生的阻尼,保持器件的灵敏度,达到长期可靠工作的目标。

(3) 高气密性:一些 MEMS 器件,如微陀螺,必须在稳定的气密条件下才能可靠长期地工作,有的 MEMS 封装气密性要达到 $1 \times 10^{-12} \mathrm{Pa \cdot m^3/s}$,超过了目前最灵敏检漏仪器的可检漏能力。

(4) 高隔离度:MEMS 器件常需要高的隔离度,对射频 MEMS 器件就更为重要。由于射频 MEMS 芯片可以实现很高的隔离度和很低的插损,射频 MEMS 的封装对器件最终性能指标起到举足轻重的作用。

(5) 特殊的封装环境和引出:某些 MEMS 敏感结构的工作对象是气体、液体,MEMS 封装就必须保证合适的接口和稳定的环境,使气体、液体稳定流动。

(6) 光信号处理:微光机电系统要求封装提供与光电子器件类似的透光窗口,或采用高精度对位的光纤输入/输出(I/O),保证光信号的低损耗、高保真传输等。

正是 MEMS 器件这些特殊的要求,大大增加了 MEMS 封装的难度和成本,封装已成为 MEMS 发展的瓶颈,严重制约着 MEMS 技术的迅速发展和广泛应用。例如,本书第 6 章介绍的 MEMS 真空封装,涉及微小腔体内气压的获得、保持、测试,是国际 MEMS 公认的难点。我们的研究成果不仅解决了多种微传感器封装瓶颈,更在国际顶级会议和刊物上发表交流。一般的 MEMS 封装比集成电路封装昂贵得多,并且鲜有现成技术与设备借用。同时,在 MEMS 产品的制造过程中,封装往往只能单个进行而不能大批量同时生产,因此 MEMS 封装成本占整个 MEMS 成本的 50% ~90%。此外,总体上讲,MEMS 封装技术滞后于 MEMS 设计和芯片制造技术,不管从经济层面还是从技术链层面上看,必须对 MEMS 封装技术予以足够重视。

1.2　MEMS 封装的分类[3-6]

MEMS 封装类型的划分方法有很多种,包括芯片连接类型、封装材料、芯片外形结构、芯片功能、密封等级以及封装层次等。

按功能及应用来分类,包括压力、惯性、化学、射频(RF)、流体、MOEMS(微光机电系统)、BIOMEMS(生物微机电系统)等。

按封装层次来分,包括芯片级封装(或称零级封装)、器件级封装(或称一级封装)、板级封装(或称二级封装,也称实装)、母板级封装或系统级封装(或称三级封装)等多个层面。图 1.4 示意了典型 MEMS 封装中的多个封装层次。[3]

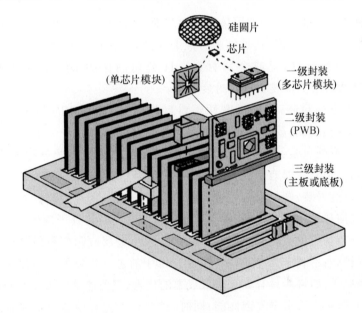

图 1.4　MEMS 封装中的多个封装层次

按密封等级可以把封装分成三种类型:全气密性封装、非气密性封装和准气密性封装。[4]

(1) 全气密性封装:全气密封装早在一百多年前就开发出来了,并且一直在电子工业和光电子工业的各个领域中得到广泛应用。现在,只有一小部分产品是依靠真正的真空环境来工作的。其中,MEMS 器件就是一个典型的例子。一般采用陶瓷、金属或玻璃作为封装材料。陶瓷已成为包括气密性封装在内的中、低成本的首选材料。虽然陶瓷封装的制造成本不像塑料那么低,但从总体上看,陶瓷要比玻璃和金属更加经济。从 MEMS 产品性能和成本的角度看,材料的成本并不是主要问题。在封装的制造总成本中,工艺起着决定性作用,虽然用于封装的金属成型和表面修饰工艺可能会十分昂贵。图 1.5 为金属气密封装管座实例图。

图 1.5　金属气密封装管座

对那些需要大量引出线的固体器件封装而言,玻璃并非理想的选择。不过,光电子器件经常需要一个窗口,玻璃的特点非常适合制作光信号输入/输出窗,而封装体可以采用塑料、陶瓷或金属材料。TI 公司制作的 DLP 微镜芯片等多种MOEMS 器件就采用了带玻璃窗的封装形式。

(2) 非气密性封装:即非气密性塑料封装,一般采用 DIP(双列直插封装)、LCCC(无引线陶瓷封装载体)等低成本大批量 IC 封装方案。

(3) 准气密性封装:按密封特性来分类是一种比较重要的分类方法,长久以来,可用的封装类型主要有两种:气密性封装和非气密性封装。通常金属封装和陶瓷封装为气密性封装,塑料封装为非气密性封装。全气密性封装具有很高的可靠性,常用于空间技术、军事和高性能工业领域。非气密封装处于规模生产的另一极端,最适合于市场竞争激烈的通用电子应用。采用金属或陶瓷材料的传统气密性封装的成本较高,不利于其在 MEMS 封装技术中的进一步发展与应用。有专家提出新的封装概念,如果能具有显著降低成本的优点,只要能最大限度地获得气密性能即可,而并非必须苛求全气密性能;同时,材料和工艺必须适合低成本和大批量生产。因此提出准气密性封装这一封装类型。

按封装材料来分类,有金属封装、陶瓷封装、塑料封装,以及其他(玻璃、混合材料等)封装。

(1) 金属封装:在集成电路工业发展初期,芯片上的晶体管和引脚数目较少,而金属封装由于其坚固性和易组装性而得到应用。出于同样的原因,也有很多MEMS 器件使用了金属封装。同时,金属封装还具有制作周期短,焊封后的密封性和可靠性较好等优点。在样品制作或小批量阶段应用较多,但大规模生产时它的成本还是比塑料封装要高。

(2) 陶瓷封装:可靠、可塑、易密封等特性使得陶瓷在电子封装领域占有重要地位,它被广泛用于多芯片组件以及球栅阵列等先进的电子封装技术中。这些优点也使陶瓷在 MEMS 器件的封装中得到较多的应用,许多已经商业化的微机械传感器都使用了陶瓷封装。

　　(3) 塑料封装:铸模塑料不具备陶瓷或者金属的密封性能,但由于其成本低廉、可塑性强的优点而在封装中得到越来越多的使用。近年来铸模塑料封装在提高可靠性方面的研究取得了很大进展,因而应用更为广泛。在 MEMS 器件封装方面,由于密封性能不够好,限制了塑料封装在某些对密封性能要求较高的领域的应用。目前,吸气剂方面的研究成果则为塑料封装在 MEMS 方面应用提供了新的机遇。吸气剂可以去除 MEMS 器件内部的湿气以及其他一些会影响器件可靠性的多余微粒,使用适量的吸气剂和塑料封装技术就可能获得准密封的封装效果,从而在降低封装成本的同时保证了 MEMS 器件的可靠性。

1.3　MEMS 封装的特点[7-10]

　　MEMS 技术是一门相当典型的多学科交叉渗透、综合性强、时尚前沿的研发领域,几乎涉及到所有自然及工程学科内容,以单晶 Si、SiO_2、SiN、SOI 等为主要材料。Si 材料的机械电气性能优良,其强度、硬度、弹性模量与 Fe 相当,密度类似,热导率也与 Mo 和 W 不相上下。在制造复杂的器件结构时,多采用各种成熟的表面微加工技术和体微机械加工技术;同时,以 LIGA(深度 X 射线刻蚀、微电铸成型、塑料铸模等三个环节的德文缩写)技术、微粉末浇铸和 EFAB(电化学制造)为代表的三维加工也广为关注。

　　1) 专用性

　　MEMS 器件不仅体积小、复杂,而且需要传递的物理量与接口种类很多。如一些光学 MEMS 器件要发送和接收光信号,因此必需有光窗口与外界相通;一些 MEMS 器件用于探测特定的气体成分,还有一些可以处理流体样品的 MEMS 器件甚至能识别 DNA(脱氧核糖核酸)。MEMS 技术涉及多学科技术领域,往往是根据所需功能制作出各种 MEMS 后,再考虑适宜的封装问题,故 MEMS 封装难以形成规范、标准的封装类型。因此,从某种意义上说,MEMS 封装在很多情况下是专用封装,不同 MEMS 器件对于封装都有特殊要求。封装架构取决于 MEMS 器件及用途,对各种不同结构及用途的 MEMS 器件,其封装设计要因地制宜,与制造技术同步协调,专用性很强。表 1.1 显示了各种不同 MEMS 器件所需要的不同封装要求以及不同的封装方式。

表 1.1 MEMS 封装的特殊性

器件		电学连接	流体接口	媒介连接	光学通路	密封键合	应力隔离	散热通道	热学隔离	校准补偿	封装方式
感应器	压力	Y	Y	Y	N	P	Y	N	N	Y	P M C
	流体	Y	Y	Y	N	N	N	N	Y	Y	P M C
	加速度计	Y	N	N	N	Y	P	N	N	N	P M C
	麦克风	Y	Y	Y	N	N	N	N	N	Y	P M C
	水诊器	Y	Y	Y	N	P	N	N	N	N	M C
执行器	光开关	Y	N	N	Y	Y	N	N	N	Y	C
	显示器	Y	N	N	Y	Y	N	P	P	N	C
	阀	Y	Y	Y	N	N	N	P	P	P	M C
	泵	Y	Y	Y	N	N	N	P	N	P	M C
	光电导热学循环器	Y	Y	Y	P	N	N	P	Y	N	P M C
	电泳器	Y	Y	Y	Y	N	N	N	N	N	P M C
被动器件	喷嘴	N	Y	Y	N	N	N	N	N	N	P M C
	流体混合器	N	Y	Y	P	P	N	N	N	N	P M C
	流体放大器	N	Y	Y	N	N	N	N	N	P	M C

注:P——塑料封装;M——金属封装;C——陶瓷封装

2)复杂性

根据应用的不同,多数 MEMS 封装外壳上需要留有同外界直接相连的非电信号通路,例如,有传递光、磁、热、力、化等一种或多种信息的输入。输入信号界面复杂,对芯片钝化、封装保护提出了特殊要求。某些 MEMS 器件的封装不仅工艺难度大,而且对封装环境的洁净度要求远高于 IC 封装环境。

3)空间活动性

为给 MEMS 可活动结构提供足够的可动空间,需要在外壳内部刻蚀或制作一定形状的空间,灌注类 MEMS 封装需要考虑必要的净空,从而确保能提供一个满足要求的空腔。

4)机械保护性

在晶片上制成的 MEMS 芯片在完成封装之前,往往对环境因素极其敏感。MEMS 封装的各操作工序,如划片、烧结、互连、密封等需要采用特殊的处理方法,提供相应的保护措施,防止可动部位受机械损伤。器件的电路部分有时也必须与环境隔离。

5）理论缺失性

MEMS 使用范围广泛,对其封装提出更高的可靠性要求。目前,MEMS 器件的失效机理研究不足、失效模式适用性差,不能完全用微电子器件的理论进行解释,需要在设计、测试和验证等环节下功夫提高器件的可靠性。

6）经济性

MEMS 封装主要采用定制式研发,离系统化、标准化特征的 IC 封装模式相去甚远。目前,降低封装成本是一个热门话题,业内人士预计系统化、标准化、规模化是主要方向。

总之,IC 封装和 MEMS 封装最大的区别在于 MEMS 芯片需要感知外界,一般要和外界进行信息交互,而 IC 恰好相反,其封装的主要作用就是保护芯片与完成电气互连。因此,不能直接将 IC 封装技术和运作模式移植于相对复杂和特殊的MEMS。但从广义上讲,MEMS 封装形式多是建立在标准化的 IC 芯片封装架构基础上。目前的技术大多沿用成熟的微电子封装工艺,并加以改进、演变,适应MEMS 特殊的信号界面、外壳、内腔、可靠性、降低成本等要求。并且微压力传感器、微加速度计等成功制作的经验也验证了合理借用 IC 封装技术也有利于 MEMS产品实现低成本规模化生产。

1.4　MEMS 封装面临的挑战[2,8-11]

MEMS 结构及其器件的微小尺寸和涉及的多物理量给封装和组装带来了很多特殊的挑战。如精密部件之间的静摩擦、结构上的静电累积、运动结构对低气压的要求,以及微加工工艺过程引入的应力常常导致各种不良的附加效应,这些都是封装设计与工艺人员不得不面对的新挑战。归纳 MEMS 封装特点,面临的挑战主要有以下几种。

1）复杂的多物理信号界面

MEMS 芯片与工作介质以及与恶劣环境之间的界面,构成了 MEMS 与集成电路在封装上的主要区别。与传统集成电路不同,MEMS 封装需要提供一个 MEMS芯片到外部环境的特殊通道或界面,包括生物、微流体、气压、磁、电磁、光、高频/射频、热—力等形式,这个界面决定了封装的成本。

对于生物界面,其中的植入式 MEMS 器件或医用微系统必须采用与人体生理系统兼容的方式进行封装,封装界面和材料需要满足一些特殊要求:在使用寿命期内对化学侵蚀是惰性的;不会导致有害的化学反应(如封装的器件与所接触到的人体体液、组织及细胞间的侵蚀);不会对周围生物细胞造成破坏或诱导变异。

对于光学 MEMS,封装必须提供光信号输入/输出的通路,器件表面绝不能够被外来物质污染,封装外壳必须能隔绝腐蚀气体和水汽,因为水汽的存在会使被包封的芯片结构表面产生变化,从而影响结构的运动性能和对光信号的处理。

对于微流体 MEMS 面临的挑战,主要是保持微通道对流体媒介的有效可控性和微流体的密封性,即微流体和外界环境隔绝;选定的液流或者气流要允许进入芯片流体操作区,但是不能直接进入或渗透到同一微系统内相邻的电路和电结构。

另外,对于某些 MEMS 力、电、磁场器件,封装不能破坏待测量的物理场,同时还要保持器件免受外界沾污或损坏。

2)精准的取放技术

对 MEMS 器件进行封装,要求能对细小精密、微米尺寸的组件进行"拾取"操作,把这些组件放置到目标位置。目前,大多数这类的封装任务都是在高倍显微镜下由人工操作完成的。在这些封装过程中,微小的工作面积使得显微镜下的操作距离非常短,很多自动对准的取放工具无法使用。另一个主要问题是,在取放操作中很多微型夹持器在夹取的过程中会产生静态摩擦,由于大多数取放的组件都非常薄,质量可忽略不计,因此由于静态摩擦,在利用夹持器将其放置到指定位置时常常会产生问题。这些问题使得微系统的精确取放和自动化组装成为一大困难。

3)封装效率

MEMS 本身是一个纳米/微米尺度的芯片,绝大部分封装好的器件往往比 MEMS 本身大几倍甚至一到两个数量级,在很大程度上使 MEMS 微小尺度的优点无从体现。创新的、小型化的芯片级 MEMS 封装技术将是未来 MEMS 商业化中需要突破的关键问题。

4)成本

MEMS 封装面临的一个重要挑战是成本。封装制造工艺经常对最终成本产生决定性的影响。而选用的材料又限制了所能采用的工艺。而所需气密性的高低则决定了可选用的材料。因此,封装的气密性的级别就决定了成本的范围。这个等式会随着材料的更新和更经济的合成材料的方法而改变,这些新材料的特性会像昂贵的单组份材料一样。但是确定实际需要什么等级的气密性封装是非常必要的。机械加工的金属封装具有最高的成本,除了非常专用的 MEMS 器件或完整的系统外,都不将其纳入正式考虑的行列。金属帽封装是可以考虑的一种选择,因为它们的成本低得多,尽管它们的尺寸和形状可能限制其使用。陶瓷气密封装比一般的金属封装成本低。目前商业应用最成功的一些 MEMS 商业化的例子,包括得州仪器公司的数字光处理器、摩托罗拉的压力传感器等,它们的封装成本都是非常昂贵的,但是这些产品具有非常大的市场,因此其成本被认为是合理的。对于其他大多数的微系统和 MEMS 的应用,由于具有较小的市场,昂贵的封装是商业化中的瓶颈。之所以出现高成本的封装,与 MEMS 封装的独特性和复杂性密切相关,或

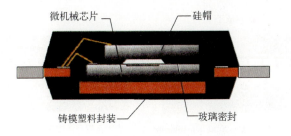

微机械芯片　　　　　硅帽

铸模塑料封装　　　　玻璃密封

图 1.3　典型 MEMS 封装结构示意图

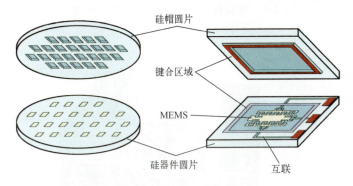

硅帽圆片

键合区域

MEMS

硅器件圆片　　　　　互联

图 2.1　基于硅片键合技术的典型 MEMS 圆片级封装

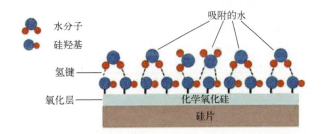

水分子　　　　　　　吸附的水

硅羟基

氢键

氧化层　　　　化学氧化硅

硅片

图 2.2　亲水氧化硅表面示意图（在硅羟端基上吸附有水分子）

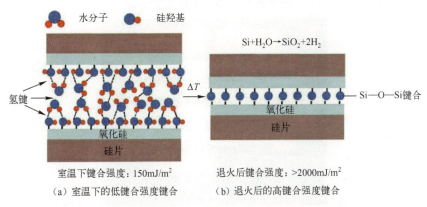

水分子　　　　　硅羟基

$Si+H_2O \rightarrow SiO_2+2H_2$

氢键

$Si\text{—}O\text{—}Si$键合

氧化硅

硅片

氧化硅

硅片

室温下键合强度：150mJ/m^2　　　退火后键合强度：>2000mJ/m^2

（a）室温下的低键合强度键合　　　（b）退火后的高键合强度键合

图 2.3　吸附有单层水分子的亲水氧化硅片间的键合

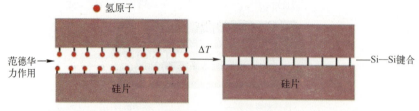

●氢原子

范德华
力作用

硅片

ΔT

硅片

Si—Si键合

室温下键合强度：20mJ/m² – 30mJ/m²

（a）室温下的低键合强度键合

退火后键合强度：>2000mJ/m²

（b）退火后的高键合强度键合

图 2.4　覆盖有氢原子的疏水硅片间的键合

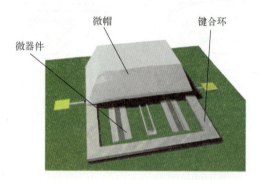

图 2.14　基于圆片键合的微帽封装

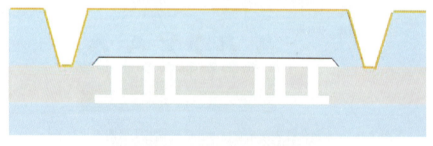

图 2.20　引线孔电极示意图

图 2.21　三维电极加工结果照片

微米纳米器件封装技术

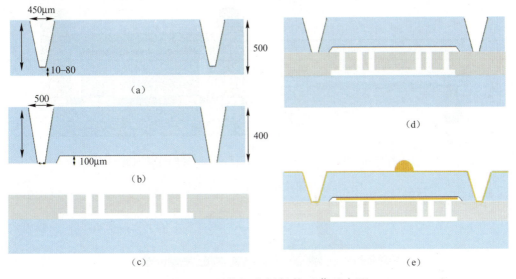

图 2.25　圆片级密封封装工艺示意图

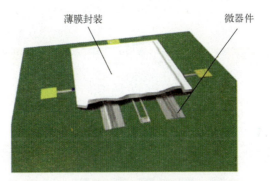

图 2.28　基于牺牲层腐蚀的薄膜封装

图 2.29　几种不同的薄膜封装封口方法

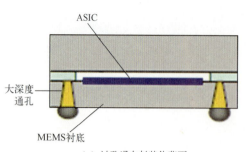

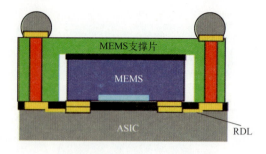

（a）过孔通向封装体背面　　　　　　　　　　（b）过孔通过端盖通向封装体正面

图 2.35　圆片级三维封装基本概念

（a）封帽层上进行丝网涂刷浆料

（b）器件层和封帽层的圆片级对准

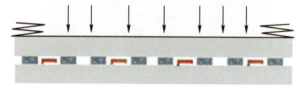

（c）圆片级键合

图 3.1

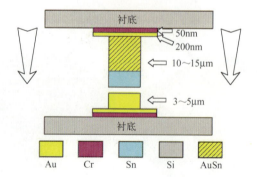

图 3.8　焊凸点的具体结构

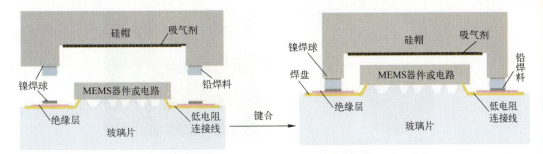

图 3.10　圆片级封装的键合过程

图 3.13　基于塑料硅键合的封装结构示意图

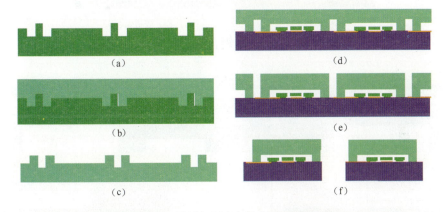

图 3.14　基于塑料硅键合的封装工艺流程图

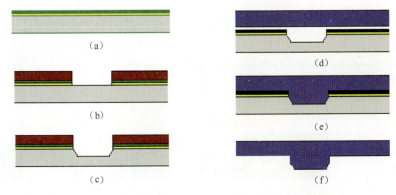

图 3.15　PMMA 的硅模具制作和热压流程图

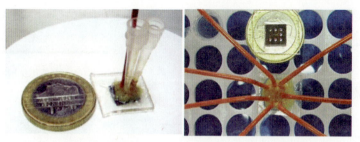

（a）三孔芯片   （b）七孔芯片

图 3.23　完成管道黏合后的三孔芯片和七孔芯片

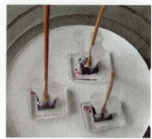

（a）管道黏合前   （b）管道黏合后

3.24　采用 Epo-tek301 键合封装完成的流体芯片

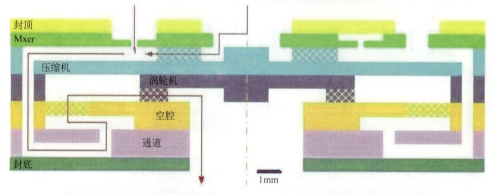

图 3.26　微型燃烧室示意图

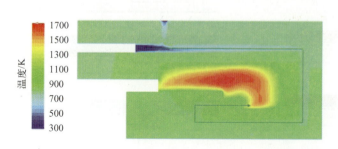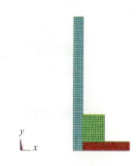

图 3.27 微型燃烧室工作温度分布的截面图（流体仿真结果）　图 3.30 应用有限元网格

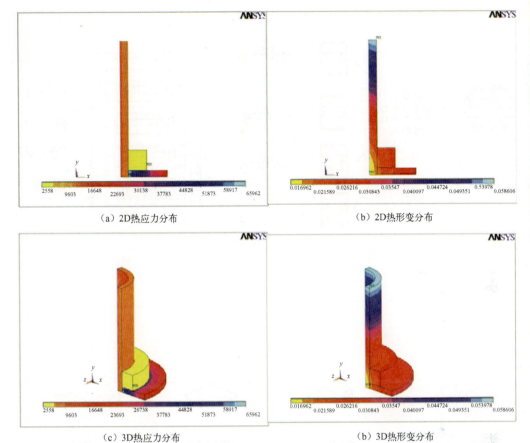

（a）2D热应力分布　　　　　　　　　　（b）2D热形变分布

（c）3D热应力分布　　　　　　　　　　（b）3D热形变分布

图 3.31　在 1000K 下热应力和热形变的分布

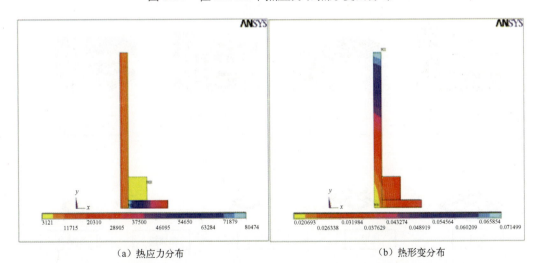

（a）热应力分布　　　　　　　　　　（b）热形变分布

图 3.34　热应力与热形变分布，Tube1 (3.4-4mm)，玻璃高度 H2 (1.5mm)，温度 1220K

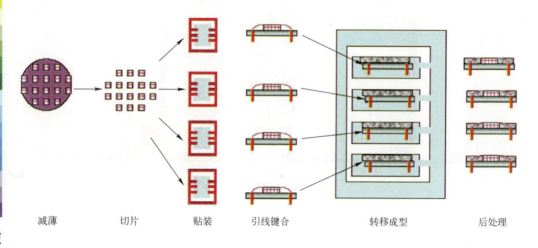

减薄　　　　切片　　　　贴装　　　引线键合　　　　　转移成型　　　　　后处理

图 4.8　典型的塑封工艺流程

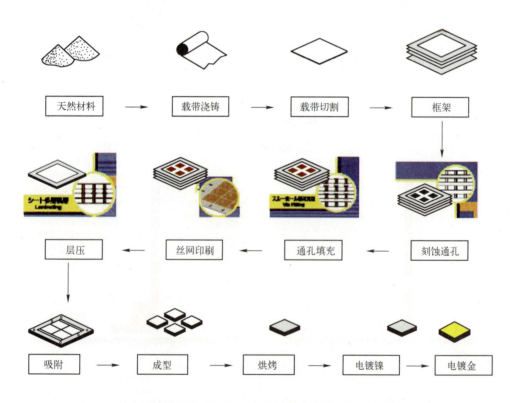

图 4.14　多层陶瓷外壳制作工艺流程图

微米纳米器件封装技术

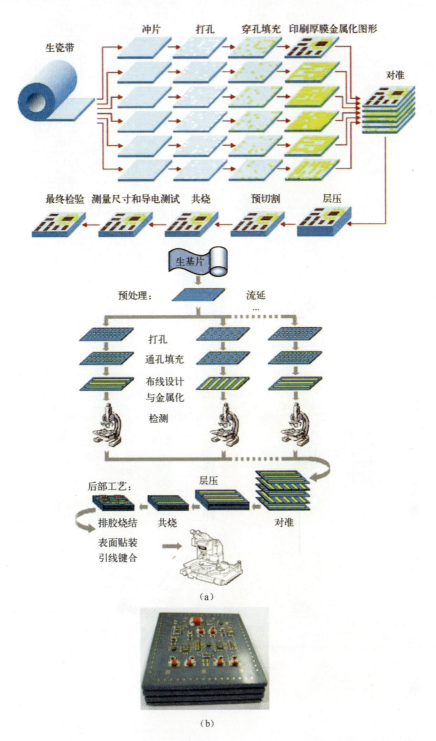

（a）

（b）

图 5.1　LTCC 多层基板的工艺流程（a）以及基于 LTCC 多层基板的先进电路 3D MCM（中国电子科技集团公司第四十三研究所、北京大学）（b）

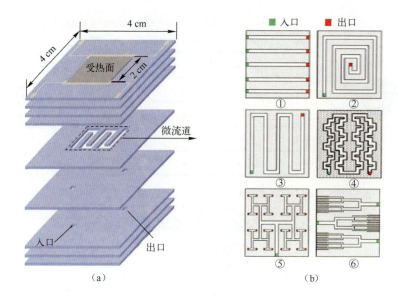

（a）

（b）

图 5.5　基于 LTCC 的多层基板技术

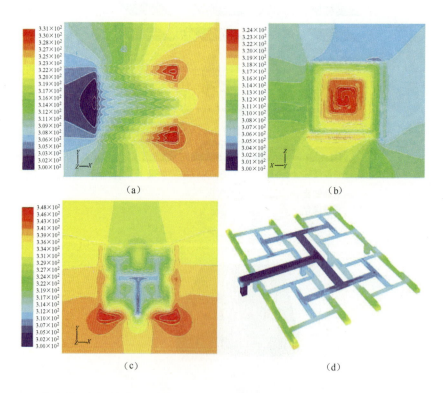

（a）

（b）

（c）

（d）

图 5.7　多排直槽（a）螺旋型（b）和工字型分形树状微流道的表面仿真温度场（c）
及微流体的温度场（d）

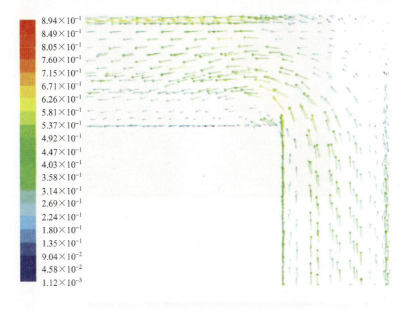

$$
\begin{array}{l}
8.94\times10^{-1}\\
8.49\times10^{-1}\\
8.05\times10^{-1}\\
7.60\times10^{-1}\\
7.15\times10^{-1}\\
6.71\times10^{-1}\\
6.26\times10^{-1}\\
5.81\times10^{-1}\\
5.37\times10^{-1}\\
4.92\times10^{-1}\\
4.47\times10^{-1}\\
4.03\times10^{-1}\\
3.58\times10^{-1}\\
3.14\times10^{-1}\\
2.69\times10^{-1}\\
2.24\times10^{-1}\\
1.80\times10^{-1}\\
1.35\times10^{-1}\\
9.04\times10^{-2}\\
4.58\times10^{-2}\\
1.12\times10^{-3}
\end{array}
$$

图 5.8　微流道直角拐角处的流速场

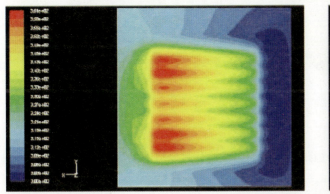

图 5.9　在真空封装条件下的温度分布仿真 [51]

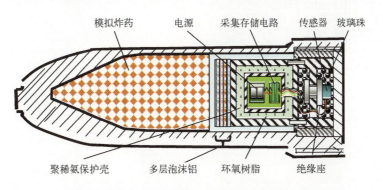

模拟炸药　电源　采集存储电路　传感器　玻璃珠

聚稀氨保护壳　多层泡沫铝　环氧树脂　绝缘座

图 5.46　一体化封装传感测试系统缓冲保护结构图

图 5.47 一体化集成单路高过载存储器实物照片

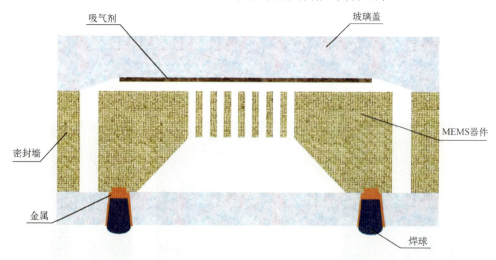

图 6.3 背面引线通孔封装结构示意图

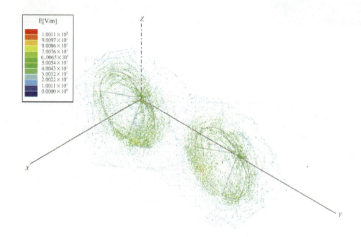

图 6.11 引线通孔之间电场分布模拟结果

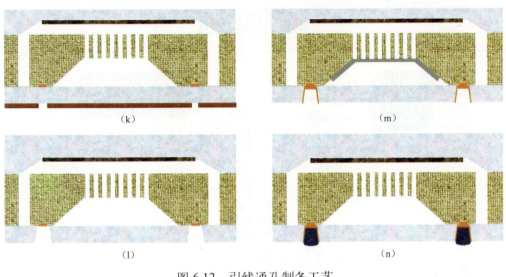

图 6.12　引线通孔制备工艺

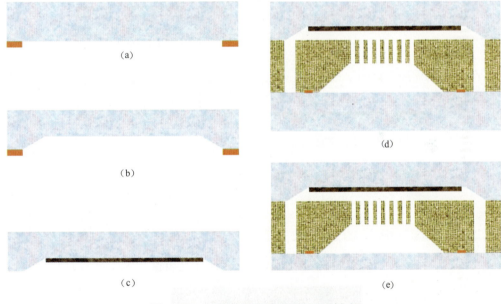

图 6.20　玻璃盖的制备以及三层键合

在玻璃片上制备吸气剂涂层　　　　　　　　MEMS芯片制作

晶片键合与吸气剂活化

图 6.22　传感器采用 NEG 厚膜技术封装过程示意图

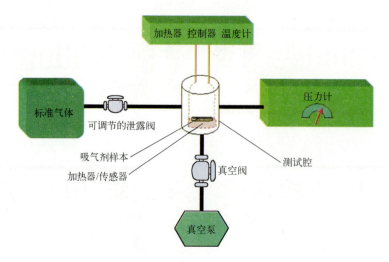

图 6.26　测量 NEG 厚膜吸收能力的实验装置示意图

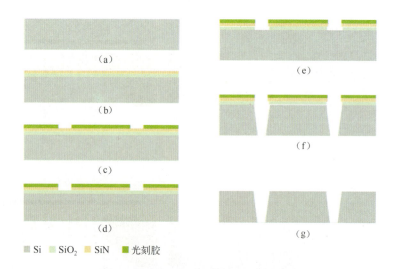

■ Si ■ SiO₂ ■ SiN ■ 光刻胶

图 6.29　制作 shadow mask 工艺步骤

图 6.47　模拟得到微型皮拉尼计的温度分布图

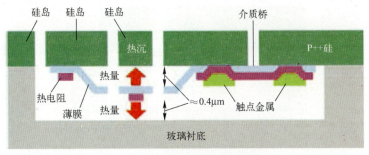

（a）纵向MEMS皮拉尼计结构

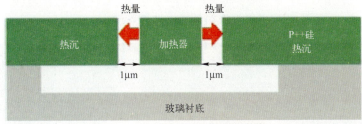

（b）横向MEMS皮拉尼计结构

图 6.36 横向和纵向 MEMS 皮拉尼计结构示意图[24]

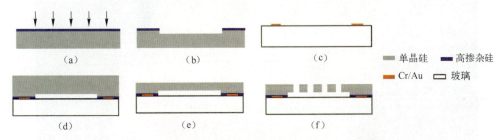

图 6.53 单晶硅微型皮拉尼计工艺加工步骤

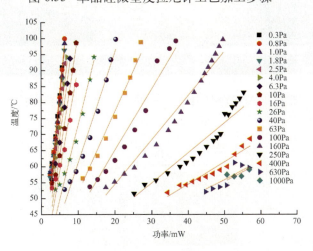

图 6.63 MEMS 皮拉尼计在不同气压下测量加热功率与稳定温度曲线

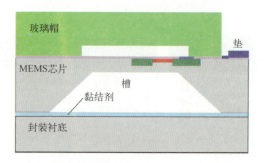

图 7.1 高 g 值压阻加速度计封装结构示意图

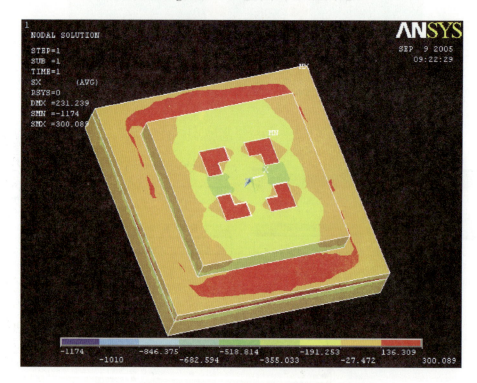

图 7.2 ANSYS 有限元分析的一个典型应力分布结果

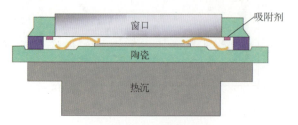

图 7.5 TI 公司的 DMD 封装结构示意图

者说与 MEMS 封装通常只能是定制的原因密切相关。由于在尺寸和对准方面缺乏设定误差容限的标准,使得在封装时只能进行人工校正。

5）公差控制

对于运动结构间的公差控制是一般工程设计和装配工艺的关键,适当的公差对于 MEMS 产品的质量十分重要。公差过小会导致结构不能进行装配或装配得太紧,从而造成安装时应力过大,引起连接过早失效;公差过大将导致结构装配松散,造成组装质量差和成品质量低劣。由于 MEMS 在微细加工过程之中和之后都缺乏对组件、器件或结构表面形态的控制,因此设置适当的公差标准对封装和组装都具有重要的意义。目前遇到的 MEMS 公差主要有以下几种。

（1）尺寸误差:涉及加工制作过程允许的结构线性尺寸,如湿法各向异性刻蚀这一工艺过程的尺寸误差为 $1.0\mu m$,干法刻蚀和 LIGA 的尺寸误差分别是 $0.1\mu m$ 和 $0.3\mu m$。

（2）几何误差:如由 DRIE(反应离子深刻蚀)过程产生的深槽倾斜度构成的几何误差对于 MEMS 的封装也比较重要。

（3）对准误差:是指在一个可接受的范围内允许配套结构的对准误差,对 MEMS 的性能不会产生明显的影响。在某些情况下,对准误差的设定对 MEMS 的封装非常重要。如在光 MEMS 的封装中,对准精读尤为重要,此时要求输入光纤中的光束必须准确地对准转换单元(反射镜或透镜),从而可将这些光束导入预期的光纤中。

1.5　封装历史与发展趋势

1.5.1　MEMS 封装的发展[2,3]

MEMS 的开发目标是通过微型化、集成化来实现特定器件与系统,从而开辟一个新技术领域和产业,其封装就是确保这一目标的实现。几乎每次国际性 MEMS 会议都会对其封装技术进行热烈讨论。主要思路有两类:一是首先进行片上集成微传感器及其阵列芯片功能的实现,即先进行功能单元的集成,再进行整体封装;另一是将处理电路做成专用芯片,并与 MEMS 组装在同一基板上,最后进行多芯片组件 MCM 封装、系统级封装 SiP(System in Package)。

在商用 MEMS 产品中,封装是最终确定其体积、可靠性、成本的关键技术,期待值极高。MEMS 封装大致可分为圆片级、器件级、多芯片级、模块级、SiP 级等多个层面。

圆片级为 MEMS 制作的前、后道工序提供了一个技术桥梁,芯片尺寸封装的特点明显。该方案对灵敏易碎的结构、执行元件可进行低成本、大批量制作的特殊保护,使其免受划片等后续工艺的损害,也可避免有害工作介质和潮气侵蚀,不受或少受其他无关因素的干扰,避免降低精度,提高 MEMS 芯片与管壳的焊接和键合等封装成品率。

器件级封装是指将单个芯片进行封装形成一个器件的过程,也可以将多个芯片固定在一个基板上,进而集成在一个封装之内,形成一个器件。后者所涉及的不同芯片可用不同材料和工艺制作,优点是可以充分利用已有的条件和设备,分别地制造一个 MEMS 器件的不同部分,再通过封装内集成技术将它们组装到一起,从而形成一个器件或微系统。这类封装在小体积、多功能、高密度、提高生产效率方面显出优势。

多芯片组件是在一个基板上实现多个芯片、器件和元件的集成,也可将该集成体进行适当的模件封装。其主要技术问题是如何将不同的芯片、器件有效地连接起来。目前有两种方式:一种是将芯片固定在基板的表面上,通过基板上的金属导线连接各个芯片;另一种是将芯片埋入基板之中,然后通过位于芯片顶面上的连接层,使用焊线或者倒装芯片等技术实现芯片之间的连接。一般 MEMS 器件在投入使用之前还要经过一次蚀刻从而最终形成三维结构或者可移动部件,问题是 MEMS 器件上的微结构比较脆弱,容易被损坏。所以,MCM 应用的另外一个问题就是这道蚀刻工序应该安排在封装前还是封装后,从 MEMS 器件角度出发,是希望在封装后再完成这道工序,但是蚀刻又可能对芯片上的微电子结构造成破坏,这一矛盾有待在实践中解决。

MEMS 模块级封装概念首先由德国 Fraunhofer IZM 提出。模块式 MEMS 与传统的微系统的最大差别在于它旨在为 MEMS 设计提供一些模块式的外部接口,从而使 MEMS 器件能使用统一的、标准化的封装批量生产,进而降低 MEMS 器件的生产成本,缩短产品生产周期。模块式 MEMS 设计依赖于许多微加工和精密工程的加工技术,其封装设计的主要特点之一是要求封装可以向三维空间自由扩展和连接,形成模块并能够完成一些功能,同时要保证尽可能高的封装密度。模块式 MEMS 封装设计要同时考虑封装的兼容性、功能性和可靠性等重要因素。不同的外部接口对应于不同的应用领域,也可以按其结构和用途划分接口,一般分为光学接口、流体接口和电学接口,信号则由总线系统进行传输。

SiP 是封装系统的英文缩写,可在集成异种元件方面提供最大的灵活性。采用倒装结构和高密度三维集成结构的 SiP 近年来得到了很快的发展,RF MEMS 的应用也越来越多采用 SiP 模式。在目前的通信系统使用了大量射频片外分立单元,无源元件(电容、电感、电阻等)占到射频系统元件数目的 80% ~ 90%,占基板面积的 70% ~ 80%,这些可以 MEMS 化来提高系统集成度及电学性能,但往往没有现成的封装可以利用,而 SiP 是一种很好的选择,完成整个产品的组装与最后封装。

在 MEMS 封装技术中,倒装芯片互连封装以其高 I/O 密度、低耦合电容、小体积、高可靠性等特点而独具特色。倒装芯片技术是一种将晶片直接与基板相互连接的先进的封装技术。在封装过程中,芯片以面朝下的方式让芯片上的结合点透过金属导体与基板的结合点相互连接。和传统的引线键合技术相比,使用倒装芯片技术后,引脚可以放在晶粒正下方的任何地方,而不是只能排列在其四周,这样就能使得引线电感变小、串扰变弱、信号传输时间缩短,从而提高电性能;同时,由于倒装芯片技术可以将导电晶体直接覆盖在晶粒上,从而能够大幅度缩小晶粒的尺寸,实现芯片尺寸封装(CSP)。

倒装芯片技术对 MEMS 产业的另一个吸引力在于它能够在一个基板上安装数个独立的 MEMS 芯片,使这些芯片通过基板内的多层电气连接层形成一个系统。例如,可以使用倒装芯片技术在一个封装内安装三个加速度计、一个速度传感器和一个专用集成电路,从而形成一个全内置的导航系统。也就是说,使用倒装芯片技术有可能实现多芯片混合封装,从而形成一个复杂的系统。尽管使用引线键合技术也可以制造相同的系统,但由于布线方面的限制而不能够充分有效地利用基板上的空间,并且封装中过多的金属引线也会影响整个系统的可靠性。

鉴于倒装芯片技术本身的一系列优点,它已成为 MEMS 封装中有吸引力的选择。因为倒装芯片是芯片正面朝下,这样就很适合于光电器件的封装。面朝下的 MEMS 芯片可以方便地选择需要接收的光源,而免受其他光源的影响。但是对于那些有结构曝露在外的部分 MEMS 器件来说,倒装芯片技术就不太适用了,例如,压力传感器的振动膜就有可能在封装过程中被损坏。

1.5.2　MEMS 封装的发展趋势[3,10,11]

从 MEMS 封装的发展可以明显看出,MEMS 的封装形式取决于很多因素,如它的类别和用途等,由于这些影响因素的存在使得系统封装形成了自身独特的一面。随着封装技术的飞速发展,它的应用会更加广泛,封装形式也会更加复杂化和多样化。可以认为,MEMS 封装将会沿着以下的方向发展:

首先,MEMS 封装设计向系统化和标准化发展。目前还没有统一标准的封装方法和材料,市场对 MEMS 的需求也大不相同,大多数 MEMS 封装仍然是面向特定应用的。虽然也有成功的例子,如 AD 公司的微加速度计、TI 公司的数字微镜(DMD)等,但是封装成本较高。MEMS 封装向系统化、标准化发展,是满足批量生产、降低封装成本的最有效途径。

其次,MEMS 封装发展趋势是微型化。微型化是对 MEMS 封装的基本要求,未来的 MEMS 封装级数会逐渐降低,即从三级降到二级或一级,这会大大减小封装的外形尺寸。同时,随着 MEMS 封装向微型化发展,器件内各部分结构及功能单元之间的距离会变得越来越小,相互间的影响会逐渐增大,封装将会变得更加复杂,封装难度也会随之增加。

再次,研究和开发新型封装材料。由于封装材料对器件和系统的性能、封装形式以及封装成本都有较大的影响,新材料的应用往往会带来出人意料的效果。20 世纪 80 年代初,IBM 公司采用改进的陶瓷材料开发出的热导模块(TCM)不仅降低了封装级数,还大大改善了器件的性能。因此在进行先进的 MEMS 封装技术研究时,加强对新型封装材料的开发和利用,既是发展 MEMS 封装的一个有效途径,也可以向无毒害绿色封装方向发展。

最后,封装设备和工具的开发和利用,对 MEMS 封装也非常必要,特别是对于缩短 MEMS 开发周期。随着 MEMS 器件特征尺寸不断减小,结构日益复杂,微尺度效应也随即更加明显,容易产生黏附现象和机械接触损坏,这对 MEMS 器件的装配和封装提出了更高要求。

MEMS 技术从 20 世纪 80 年代末开始受到世界的广泛重视,到现今短短的十几年里,已经在几乎所有的自然和工程领域产生了重大影响。为成功实现 MEMS 和微系统的商品化,人们对有效封装和组装的需求意识正在逐渐增加,这大大激励了人们对这一领域的研究兴趣。预计在未来的几年中或更长一段时间内新的封装技术将不断产生和突破。

参 考 文 献

[1] Tummala R Rao. Fundamentals of Microsystems Packaging[M]. New York:McGraw-Hill,2001.

[2] 田民波. 电子封装工程[M]. 北京:清华大学出版社,2003.

[3] 金玉丰,王志平,陈兢. 微系统封装技术概论[M]. 北京:科学出版社,2006.

[4] Hsu Tai-Ran. 微机电系统封装[M]. 姚军译. 北京:清华大学出版社,2006.

[5] 陈一梅,黄元庆. MEMS 封装技术[J]. 传感器技术,2005,24(3):7 - 9.

[6] 张昱,潘武. MEMS 封装技术[J]. 纳米技术与精密工程,2005,3(3):194 - 198.

[7] Ken Gilleo. MEMS/MOEMS 封装技术[M]. 电子封装技术丛书. 北京:化学工业出版社,2008.

[8] Hsu Tai-Ran. MEMS Packaging[M]. London:INSPEC,2004.

[9] 郝一龙,张立宪,李婷,等. 硅基 MEMS 技术[J]. 机械强度,2001,23(4):523.

[10] 张兴,郝一龙,李志宏,等. 跨世纪的新技术——微机电系统[J]. 电子科技导报,1999(4):2 - 6.

[11] 石庚辰,郝一龙. 微机电系统技术基础[M]. 北京:中国电力出版社,2006.

第 2 章　硅圆片级封装技术

传统微电子封装的主要工艺步骤包括减薄、切片、键合、包封等,在圆片上完成芯片加工后将芯片切割成为一个个独立的芯片进行后封装操作。圆片级封装(Wafer Level Package)也称零级封装,将键合、互连、包封、密封等工艺提前至圆片上进行,最后进行切割,形成一个个独立的器件。这种新型工艺流程极大地提高了生产效率,被认为是封装技术的重要发展方向。

MEMS 封装不仅要求低成本、大批量制作,还要实现 MEMS 芯片的保护,确保在相应的温度、气氛等环境中稳定地发挥其功能;此外需提供必要的机械支撑、保护和隔离,提供与其他系统电气、光学等物理连接,也需要提供抗外界冲击和抗外界干扰的能力。MEMS 圆片级封装主要有两种实现方式,薄膜封装(Thin Flim Package)和基于圆片键合的微帽封装(Micro - Cap Package)。圆片级封装的全部工艺流程都可以在超净间里完成,可明显提高 MEMS 器件的成品率,并降低后续器件级封装的难度。由于一次可以同时封装许多个微传感器和执行器等芯片,圆片级封装正成为未来 MEMS 封装的发展趋势。图 2.1 是一种典型的基于硅片键合的典型 MEMS 圆片级封装示意图。

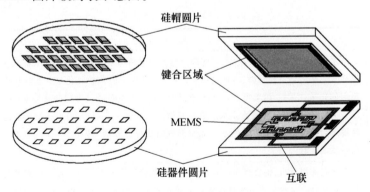

图 2.1　基于硅片键合技术的典型 MEMS 圆片级封装

圆片键合技术是实现圆片级封装的关键,键合总体上可以分为直接键合和中间层键合两种。本章将首先介绍硅—玻璃直接键合技术和硅—硅直接键合技术,并以若干器件封装实例分别讲述基于直接键合的微帽封装技术和薄膜封装技术,最后介绍正在兴起的圆片级三维封装技术。

2.1 硅片直接键合技术

硅片直接键合是指将两片具有平整抛光镜面的硅片直接贴合并黏结在一起，不需要任何的黏结层，可在室温下、空气或者真空中完成[1-4]。黏结的物理实现原因是长程范德华力或氢键力，键合前表面必须光滑平坦。硅直接键合技术又称为硅熔融键合技术，或直接样品键合技术，已在压力传感器、加速度传感器等 MEMS 器件中广泛应用。室温下黏结的界面键合能较低，键合强度不高，因此需要通过更高温度的退火提高键合强度。

硅直接键合工艺包括三个基本步骤：一是抛光硅片的清洗和活化；二是在室温下将两硅片对准贴合在一起；三是将贴合好的硅片在 O_2 或 N_2 环境中经数小时的高温处理形成良好的键合。

2.1.1 硅片直接键合技术的分类

键合方式有三种：亲水键合、疏水键合、超高真空键合。表 2.1 给出了键合技术的分类。其中，亲水和疏水键合是由范德华力或氢键力促成的。在室温下键合后强度很低。而超高真空键合在室温下即形成共价键，因此强度很高，它等效于一般的键合和其后的退火过程。亲水键合是目前常用的键合技术，常被用于制备 SOI（绝缘衬底上的硅）。

表 2.1 键合技术的分类

键合方法	工 艺 描 述
亲水键合	亲水键合通常在大气中进行，因此硅片表面通常覆盖有 1nm～2nm 的本征氧化层。在使用强氧化溶液清洗硅片时，本征氧化层被去除，形成一层化学氧化层。这种氧化层具有不稳定的化学计量比，因此可以与水迅速反应，在硅片表面形成所谓的硅羟基（Si—OH），如图 2.2 所示，使得硅片表面亲水。硅羟基被数层水分子层覆盖，带有水分子层的表面通过氢键键合在一起，如图 2.3 所示。此时形成的键合能较低，通过进一步的热退火可以实现高强度的键合
疏水键合	在某些应用场合，键合界面处的绝缘氧化硅层是不需要的。它可以由稀释的氢氟酸或者氟化铵去除。这种处理方法使得硅片表面暂时被共价氢原子覆盖，这样的表面是疏水的。氢原子通过单氢物和二氢化物的形式与衬底连接在一起。不同的连接方式决定于氢氟酸的浓度以及硅片的晶向。疏水表面更易被碳氢化合物沾污，因此经过氢氟酸处理后应该尽快进行键合。贴合后硅片通过弱极化 Si—H 键产生的范德华力键合在一起。这种键合的强度比氢键键合的强度低。通过热退火可以产生更高的键合能。此时，Si—H 键已经被共价键 Si—Si 所替代，如图 2.4 所示

键合方法	工 艺 描 述
超高真空键合	首先在超高真空中，通过 450℃ 的加热，经适当 HF 处理的硅片表面的氢原子被去除。冷却至室温后将两硅片贴合在一起，在超高真空中，即使是室温，界面处也可以迅速形成 Si－Si 键。和前面提到的两种键合方式相比，由于共价键的形成，即使在室温下进行键合，键能依然很高。如果考虑到硅片可能已经进行了某些加工，不能承受较高的温度，如金属互连限制在 450℃ 以下的温度加工，则超高真空键合的优势就体现了出来。如果硅片上没有金属，比如只有注入的 pn 结，则温度的限制可以放宽（<900℃）。在实际应用中，希望不通过加热，在键合前实现氢原子的释放，如可通过短时间的脉冲激光照射来完成

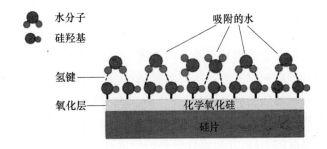

图 2.2　亲水氧化硅表面示意图（在硅羟端基上吸附有水分子）

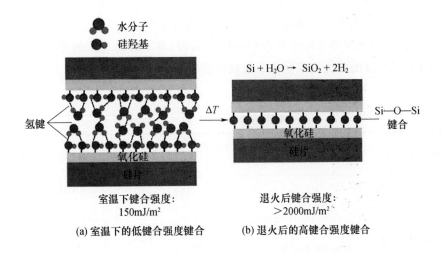

图 2.3　吸附有单层水分子的亲水氧化硅片间的键合

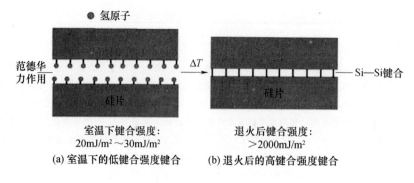

室温下键合强度：
20mJ/m² ~ 30mJ/m²

退火后键合强度：
>2000mJ/m²

(a) 室温下的低键合强度键合   (b) 退火后的高键合强度键合

图 2.4　覆盖有氢原子的疏水硅片间的键合

2.1.2　键合前的清洗

　　硅片直接键合对键合表面具有较高的要求,必须是平整、光滑、洁净的表面,不能有沾污。在键合中影响较大的沾污有颗粒沾污、有机物沾污、离子沾污。其中颗粒沾污往往是引起问题的主要原因,即使几微米大的颗粒也会引起远大于颗粒尺寸的键合失效面积。因此键合通常在超净间中完成。有机沾污,如碳氢化合物分子等会引起键合强度的下降,并与键合空洞的形成有关。在最初的低温步骤,它们并不会影响硅片的键合,但是在随后的热处理中,空洞会扩展。镊子或器皿带来的金属离子等金属沾染对最初的键合和空洞都没有影响,因此对于大部分键合来说并不重要,但它对周围半导体器件的电子特性造成影响。

　　键合前的清洗需要去除硅片表面的所有沾污,并不破坏硅片的光滑性。基于双氧水的 RCA 湿法清洗是半导体工业最常使用的清洗方法。典型的 RCA 溶液的配比及使用方法等如表 2.2 所列。

表 2.2　几种键合前清洗溶液的成分和使用条件

腐蚀液	成分(质量比)	处理温度 /℃	处理时间 /min	去除物种类
RCA1	$NH_4OH : H_2O_2 : H_2O =$ $1:1:5 \sim 1:2:7$	75 ~ 85	10 ~ 20	颗粒,有机物, 某些金属
改进的 RCA1	$NH_4OH : H_2O_2 : H_2O =$ $0.01 \sim 0.25:1:5$	70 ~ 75	5 ~ 10	颗粒,有机物, 某些金属
RCA2	$HCl : H_2O_2 : H_2O =$ $1:1:6 \sim 1:2:8$	75 ~ 85	10 ~ 20	钾离子和 重金属

RCA1 用于去除有机物沾污，RCA1 中的 NH_4OH 对 Cu、Ag、Ni、Co 和 Cd 等金属也具有腐蚀作用。同时 RCA1 溶液可以降低毛细力和表面电荷并改善有颗粒的表面，使得颗粒沾污从硅片表面去除。在 RCA1 清洗之后，通过去离子水进行冲洗，接着使用 RCA2 溶液去除 K 离子以及 Al、Fe、Mg、Au、Cu、Cr、Ni、Mn、W、Pb、Nb、Co、Na 等金属。

如果清洗前硅片经过了 HF 处理，则 RCA1 中的 NH_4OH 会腐蚀硅，虽然反应立即被 H_2O_2 作用产生的氧化层所阻止，但是硅片表面的粗糙度将从 1Å 左右上升到 5Å 左右，于是，改进的 RCA1 用于解决这一问题。其缺点是过低的 NH_4OH 配比将减弱对颗粒的去除能力。折中的方案是将 NH_4OH 的配比设计为 0.25。

2.1.3　键合表面的活化

由于范德华力的作用，理论上，任何平整洁净的材料都可以在室温下进行键合，只要键合表面足够贴近即可。但是实际情况中，为了满足如此理想的平整度必须付出昂贵的成本，并且不是对于所有的材料都适用。因此，希望制备出活化的键合表面以降低对平整度的要求。表 2.3 给出了表面活化分类。

表 2.3　表面活化方法

活化类别	工艺描述
湿法化学	具有本征氧化层或热氧化层的硅表面可以通过基于氧化硅与 H^+ 基团或 OH^- 基团的反应进行活化。常用的处理溶液包括 NH_4OH、H_2SO_4 等。经过处理的硅片表面吸附有大量的羟基。表面的羟基是极化的，因此具有活性，它们是亲水键合的重要吸附点。 疏水键合的活化处理是将硅片放入稀释的 HF 中漂洗，去掉本征氧化层。处理后硅片表面主要由 H 原子覆盖，这样的硅片也可以进行室温下的键合。但是，为了避免 HF 漂洗过程中 Si 表面变得粗糙，必须使用很稀的 HF，一般可选择 0.6% ~1%；漂洗时间也不能太长，建议室温下 15s ~5min
等离子体	利用等离子体可以对硅表面进行活化处理。将带有本征氧化层或热氧化层的硅片置于气体放电形成的等离子体中 6min，气压约为 0.1Torr（1Torr = 133Pa），温度约为 300℃。经过等离子体处理后的表面表现出很强的化学活性。 由于不同的气体，包括 O_2、N_2 和 NH_3 等形成的等离子体产生的处理效果相似。因此除了清洁表面之外，等离子体引起的表面化学键缺陷，对化学活性的增强起到了主要作用。与标准 RCA 溶液预处理后进行的室温下键合相比，等离子活化键合具有更高的键合强度。NH_3 等离子体处理常被用于活化各种衬底上的氮化硅表面，进而进行 90℃ ~300℃ 低温键合。另一方面，氧等离子体轰击实现的表面活化或者利用射频磁控溅射一层 SiO_x（$x < 2$）的方法亦可增加键合强度。通过 10min，200℃，Ar:H = 1:1 的氢等离子体处理可以去除本征氧化硅和覆盖在本征氧化硅上的碳氢化合物。处理后硅片表面的化学键终端完全由氢原子覆盖，超过 50% 的终端氢原子可以由下一步 600℃，时间为 4min 的高真空退火去除，形成洁净活泼的疏水硅表面

（续）

活化类别	工 艺 描 述
超高真空退火	RCA 溶液清洗后,硅表面留下的本征氧化层可以在 30min、850℃、2×10^{-8} Torr 的超高真空退火中去除。这种异常洁净的硅表面必然是活泼的,可以通过它的亲水性证明。将超高真空处理后的硅片立刻进行键合,可以得到接近完美的键合界面,这是由于键合的硅片表面上几乎没有其他原子。 另外,如果将选定的气体通入反应腔中,则硅片表面可以覆盖特定的分子层,这种干法活化工艺具有一个潜在的优点,在一些特殊应用中,可以在键合前自由地选择所需的表面化学键

2.1.4 平整度对键合的影响

抛光硅片的表面或热氧化硅片的表面并不是理想的镜面,而总是有一定的起伏和表面粗糙度。图 2.5 给出了一个典型抛光硅片表面的起伏和表面粗糙度情况,由图可见,表面存在数千 Å 的起伏及数十 Å 的表面粗糙度,若硅片有较小的表面粗糙度,则在键合过程中,会由于硅片的弹性变形或者高温下的黏滞回流,使两键合片完全结合在一起,界面不存在空洞;但对于表面粗糙度较大的硅片,因为有限的弹性变形会使界面产生空洞。因此,就键合工艺而言,对硅片表面的平整度有相当的要求。

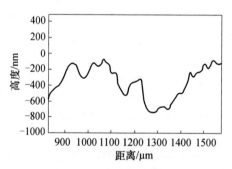

图 2.5 硅片的表面起伏

通过对圆片键合所需的表面平整度的研究证实,一般要求 4 英寸硅圆片的表面粗糙度不能大于 10Å,弯曲小于 5μm。此外,前面的工艺产生的 10 Å 以上表面粗糙度在键合过程中会产生问题。

2.1.5 键合后的热处理

键合过程的最后一步是高温退火,温度从室温升到 1200℃。如果在室温下样品贴合得很好,更高温度(800℃～1200℃)的退火可以使键合强度提高一个数量

20

级以上。在大于 800℃ 高温下,键合强度在退火几分钟内达到饱和。在更低的退火温度下,键合强度的提高需要很长时间,有时需要数天的时间。

1)键合强度与退火温度的关系

无论进行亲水键合还是疏水键合。硅片间的键合强度随温度增加而增强,如图 2.6 所示。在长时间的退火处理下,亲水表面的键合能在 110℃ 附近已经有了迅速增加,此时羟基因获得热能而具有更大的表面迁移率,有更多的氢键跨越间隙,硅片被紧密地吸在一起。温度继续增加,氢键被 Si—O—Si 键逐步取代,多余的水或氢从界面扩散出来。同时硅片的弹性变形增加,使得未键合的微小区域键合,键合能增加。当温度达到 150℃ 左右时,键合的有效接触面积受到限制,键合强度维持稳定。到 800℃ 左右,SiO_2 的塑性变形,固态扩散和粘滞流动,使得键合界面处的微观间隙逐步消失并形成共价键,键合强度增加(图 2.6)。

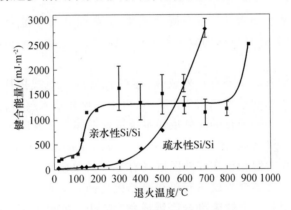

图 2.6　键合能与退火温度的关系

对于疏水键合,150℃ 以下,键合强度保持稳定,表明此时界面处没有进一步键合反应发生。温度进一步升高,HF 分子发生分解、重构,形成额外的化学键,键合强度增加。当温度上升到 300℃ 以上时,H 元素解吸附,形成牢固的 Si—Si 键,键合强度进一步增加,当温度上升到 700℃ 时,键合面的能量与体硅相当,硅原子在键合界面处进行扩散,使得界面间的微间隙减小,键合强度增强。

2)界面空洞与退火温度的关系

键合形成空洞的主要原因是:①室温下贴合时陷入界面的气体;②表面不平整;③外界粒子的沾污;④退火过程中产生的气体。前三种空洞在退火过程中不会发生明显的改变,只能通过提高键合表面质量和良好的超净间环境来改善。而最后一种空洞与退火条件有关。

对于疏水键合,温度在 300℃～400℃ 之间时,氢化物变得不稳定,氢元素被释放出来形成氢气沿着键合面扩散。由于界面上没有吸收氢的氧原子,因此疏水键合在退火时特别容易形成空洞,然而在更高的温度下(一般大于800℃),随着H_2扩散到体硅中,这些空洞可能消失。需要指出的是氢从硅片表面解吸附是通过热激活来实现的,因此决定于退火的时间和温度。气泡通常只会在疏水键合也就是没有中间氧化层的键合中才会出现,并通常是由于碳氢化合物的污染产生的。

鉴于前面的讨论,要消除上述空洞可以采取两种方法:一种方法是键合硅片需要经过大于900℃的高温处理,通常是采用1100℃退火数小时;另一种方法是对于某些应用,如高掺杂浓度硅片键合,不希望采用1100℃的高温处理,则可以在键合前,将硅片放在高温下先进行退火,例如,在800℃ Ar气环境中退火30min,然后再进行正常的键合,这样,在退火的过程中,硅片表面的碳氢化合物已经被解吸附。

2.1.6 键合质量的表征

对键合质量常见的表征技术有键合成像、横截面分析和键合强度测试。键合成像是非破坏性的,并且可以用做工艺过程的监测,而横截面分析和键合强度测试是破坏性的。

键合片的成像方法主要有红外成像,超声成像和X射线拓扑成像等。两组4英寸键合片红外成像的结果如图2.7所示,由于颗粒和陷入气体,右边一组的键合片中出现了空洞。一个简化的红外成像系统示意图如图2.8所示。系统由红外光源和红外敏感照相机组成,简化的红外光源也可以直接采用白炽光灯泡。利用硅电荷耦合技术实现的照相机在红外区域具有足够的灵敏度,在安装了可见光滤波片后就可以使用。将键合片放在光源和照相机之间。对照红外图像,不理想的键合区域就会显现出来。大的未键合区域或称"空洞",显示出了"牛顿环"的特征。这种成像方法一般不能对表面间隙小于红外光源波长1/4的空洞进行成像。对于典型的微粒空洞,它具有数毫米的横向分辨力。图2.9利用相同的硅片比较了三种成像方法,在红外成像中显示没有空洞,但是其他方法却显示出空洞。红外成像方法对于表面光滑、普通掺杂浓度的硅片是有效的。重掺杂或者粗糙表面,如未经处理的硅片背面,有可能限制成像的质量。尽管存在分辨力的限制,红外成像还是具有简单、迅速和成本低的优点。它可以在超净间中对退火前后的圆片直接进行成像。X射线拓扑成像和超声成像两种成像技术能提高分辨力,但却以牺牲速度和增加费用为代价。

横截面分析可以通过切割样品的键合面来实现。扫描电镜(SEM)和透射电镜(TEM)技术已经用于键合界面的亚微米成像。这些研究有助于了解键合界面的组成。此外,还可以通过简单的缺陷腐蚀获取很多关于键合界面的信息。尤其体现在对数十微米空洞(微空洞)的观测上。

键合强度可以由不同的技术进行表征,图2.10给出了最常用的几种技术。压

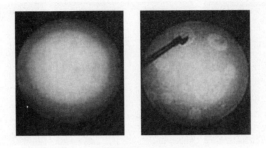

图 2.7 两组键合片的红外成像

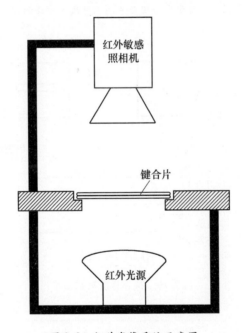

图 2.8 红外成像系统示意图

力鼓胀测试如图 2.10(a)所示,可以为传感器设计提供一个重要的参数,但是加载界面复杂;剪应力测试如图 2.10(b)所示,可以更好地表征键合质量,但是在不同加载和样品夹持方面受到限制;刀片插入技术如图 2.10(c)所示,优点是可以对键合界面精确加载。将给定厚度的刀刃插入键合界面,使键合面产生裂缝。使用红外成像技术,测量裂缝的长度。由此,键合界面的表面能可以从刀刃的厚度和硅片的弹性特性等推测出来。这种方法使用十分成功,但是需要注意裂缝的长度和时间(及湿度)相关。但是表面能和裂缝长度是四次方的关系,因此,裂缝长度的误差会造成表面能提取的误差。

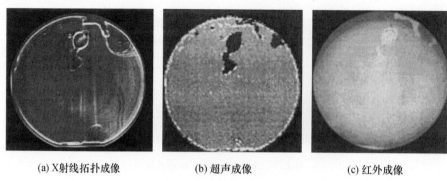

(a) X射线拓扑成像   (b) 超声成像   (c) 红外成像

图 2.9　对于同一键合片的三种成像方法的比较

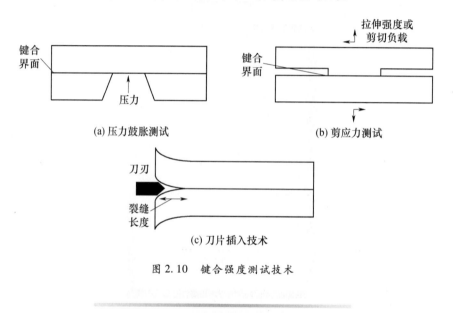

(a) 压力鼓胀测试   (b) 剪应力测试

(c) 刀片插入技术

图 2.10　键合强度测试技术

2.2　阳极键合技术

　　阳极键合,又称静电键合或者场助键合,可将玻璃与金属、合金或者半导体材料键合在一起。在 MEMS 技术领域中,主要是玻璃与 Si 材料的表面键合工艺。玻璃是具有玻璃化转变温度的非晶态固体,其主要成分是二氧化硅以及各种微量金属氧化物。在 MEMS 技术领域大量使用的玻璃材料主要是硼硅玻璃和磷硅玻璃。这类玻璃在 0℃~300℃的温度范围内,典型热膨胀系数为 3.3×10^{-6} K^{-1},与 Si 材料基本匹配。比较常见的有美国 Corning 公司的 Pyrex7070、Pyrex7740,德国 Schott 公司的 BOROFLOAT33,国产的 95#玻璃等。

　　目前,玻璃材料在微流控芯片、微光机电系统(MOEMS)、压力传感器等方面应用广泛。

阳极键合的工艺原理:将直流电源正极接 Si 片,负极接上述如 Pyrex7740 玻璃。玻璃在一定高温下的性能类似于电解质,而 Si 片在温度升高到 300℃~400℃ 时,电阻率将因本征激发而降至 $0.1\Omega \cdot m$。此时玻璃中的导电离子如 Na^+,在外加电场作用下漂移到负电极的玻璃表面,而在紧邻 Si 片的玻璃表面留下负的电荷,由于 Na^+ 的漂移使电路中产生电流流动,紧邻 Si 片的玻璃表面会形成一层极薄宽度约为几 μm 的空间电荷区(或称耗尽层)。由于耗尽层带负电荷,Si 片带正电荷,所以 Si 片和玻璃之间存在较大的静电吸引力,使两者紧密接触,并在键合面发生物理化学反应,形成牢固结合的 Si—O 共价键,从而键合完成。图 2.11 和图 2.12 是阳极键合工艺示意图和工艺原理图。

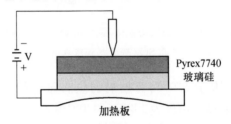

图 2.11　阳极键合工艺示意图

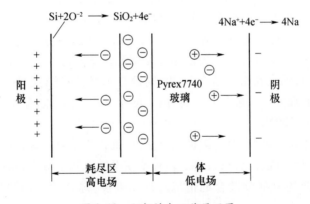

图 2.12　阳极键合工艺原理图

与阳极键合相关的工艺条件:键合温度、键合电压、键合压力、键合片表面质量和键合方式等。

(1)键合温度:键合温度对键合过程的影响很大,过低的温度会使玻璃的导电性变差,同时玻璃无法软化,则无法克服表面起伏对键合的影响;过高的温度又会带来玻璃和 Si 片之间产生热失配,增加键合应力。图 2.13 是 Corning 公司的 Pyrex7070 和 Pyrex7740 玻璃与 <110> 单晶 Si 材料的热膨胀系数曲线对比。一般玻

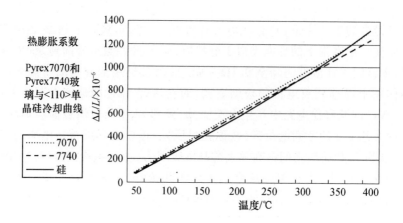

图 2.13   Pyrex7070 和 Pyrex7740 玻璃与 <110>
单晶 Si 材料的热膨胀系数

璃开始导电的温度为大于 150℃,而玻璃的热膨胀特性开始偏离 Si 的温度为350℃,所以一般推荐的键合温度为 200℃ ~400℃左右。

(2)键合电压:键合电压对键合质量的影响很大,过低的电压导致键合片之间静电引力减弱,不能有效完成键合,即使键合反应发生,也无法实现较好的键合强度;过高的电压有时会使玻璃被击穿,使键合无法进行。所以玻璃的阳极键合一般使用 200V ~1000V 左右的直流电压,具体选择的电压上限与玻璃厚度有关。

(3)键合压力:键合压力是促使键合反应更好进行的一个条件,过低的键合压力下,软化的玻璃无法紧密地贴合 Si 片,则键合质量低;过高的键合压力下,键合片容易发生碎裂现象。一般针对 4 英寸(1 英寸 = 2.54cm)键合片而言,合适的键合压力为 200N ~800N。

(4)键合片表面质量:对于阳极键合来说,键合片表面质量包括粗糙度和 SiO_2膜的厚度,直接影响键合结果,过高的粗糙度使得键合间距过大,从而键合质量差,产生键合强度低甚至部分键合的情况。总体来说,键合片表面起伏最大不能超过 1μm。

阳极键合的键合方式分为点电极、线电极和面电极。点电极是传统的键合方式,在键合过程中,键合区域以点电极为中心向四周扩散,最终全部键合。采用点电极的优点是键合区域无气泡;缺点是键合速度慢,键合面不均匀。采用面电极的优点是键合速度快,反应均匀;缺点也很明显,有时候键合区域的气泡无法排出,影响键合质量。而采用线电极则是上述两种方法的折中方案,既兼顾了键合速度,又可以保证键合质量。

2.3 微帽封装技术——基于玻璃/硅/玻璃 三层结构的圆片级封装

微帽封装原理如图 2.14 所示,它是在圆片键合技术的基础上发展起来的。带有微器件的圆片与另一块经腐蚀带有空腔的圆片经过键合,在微器件的上面就产生了一个带有密闭空腔的保护体,使得微器件处于密闭或者低压环境中。由于使用体材料键合,可以有效地保证晶片的清洁和结构体免受污染,同时也可以避免划片时器件遭到损坏。

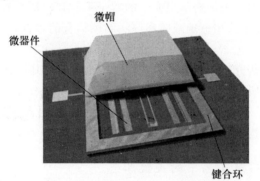

微器件　微帽　键合环

图 2.14　基于圆片键合的微帽封装

在保证圆片级封装气密性的同时,还需要和外界进行信息和能量的交换,为此,封装的设计必须与相应的 MEMS 加工工艺联系起来,在器件加工一开始就加以考虑和设计。目前,北京大学微米/纳米加工技术国家级重点实验室开发的采用硅/玻璃键合和硅深刻蚀释放技术的标准体硅工艺已经比较成熟,拥有不少客户。这套工艺具有可实现高深宽比结构和大电容等优点,可用于加工高性能的微机械陀螺、加速度计、谐振器等 MEMS 器件。在此基础上利用硅/玻璃三层结构实现 MEMS 芯片的圆片级封装可以避免芯片在后续的划片、裂片工艺以及封装测试过程中的沾污和破坏,降低芯片封装工艺难度和成本。[5]

将硅/玻璃三层结构应用于气密性的圆片级封装,一个关键性的技术难题是在保证气密性的前提下如何实现密封腔内器件到外部的电学连接。此外,降低互连引入的寄生电容和减小芯片面积也是实现高性能 MEMS 传感器需要解决的重要问题。

对于键合工艺实现的硅/玻璃或硅/硅多层结构的电学连接,从目前的成果看主要分为两大类:横向的平面互连或纵向的垂直互连。如韩国三星研究院开发了针对外延硅和玻璃键合的封装工艺,采用了衬底上的平面电极,但这种工艺不能用于单晶硅结构的互连。单晶硅和玻璃键合实现虽然也可采用横向电极,但很难实现气密性封装。更多的三层结构采用玻璃浆料辅助的键合工艺,电极为横向引出,如 Bosch 公司的陀螺产品。横向互连中的电极会占用较大的芯片面积,不利于实现高密度的封装。此外,横向电极也会引入较大的寄生电容,不利于器件性能的提高。目前,更多的三层结构采用了纵向引线孔,由于引线孔在器件顶部,可以充分利用芯片面积,提高封装密度。同时,垂直引线孔还可以增加器件电极布局的灵活性,减小寄生电容的影响,提高器件的总体性能和成品率。如韩国三星公司开发的利用垂直三维互连技术实现的陀螺,与横向互连相比成品率得到了显著的提高。Receveur 等人也研究了垂直互连在生物传感器中的应用,他们的垂直引线孔利用在玻璃衬底上的湿法腐蚀实现。Ngo 等人也研究了利用干法刻蚀技术在硅片上实现垂直引线孔的技术。美国密歇根大学的 Najafi 小组开展了多年的圆片级封装和互连技术研究,开发出采用玻璃减薄和湿法腐蚀结合的垂直互联技术,并成功实现了圆片级真空封装工艺。[6-13]

国内也有多家研究单位开展了硅/玻璃三层结构的圆片级封装工艺研究。如中科院上海微系统研究所利用重掺杂硅和玻璃的多层键合和垂直引线孔实现了真空传感器,中北大学利用垂直引线孔实现了微陀螺的圆片级封装,华中科技大学也开展了基于三层结构垂直互连的圆片级封装研究。[14-16]

2.3.1 圆片级封装工艺中的关键工艺

2.3.1.1 玻璃/硅/玻璃三层键合技术

当进行玻璃/硅/玻璃三层键合时,其键合加电情况如图 2.15 所示。玻璃片 A 与硅片进行第一次键合后,进行硅片减薄抛光,再与玻璃片 B 进行第二次键合,此次键合的难点在于在第一次键合完成后,玻璃片 A 和硅片界面处已经由于钠离子的迁移形成了一个耗尽区,而第二次键合电极需要通过玻璃片 A 将正向偏压施加到玻璃片 B 与硅片的界面处。由于玻璃片 A 与硅片界面耗尽层的存在会形成一个较高的电阻,造成一定的分压,从而导致玻璃片 B 与硅片界面处的有效分压降低,影响键合效果。[17-18]

为了保证键合质量,一种解决方案是通过提高键合工艺的电压,从而相应提高有效的键合界面分压。但由于第二次键合时硅结构已经完全释放,形成可动的微结构。键合时施加的电压在可动硅结构与玻璃衬底之间会形成很大的静电吸引力,导致可动微结构与玻璃衬底吸合并键合在一起,造成器件失效。因此,键合时施加的电压不宜过高。实际上,单纯的增加键合电压对键合质量的提高是非常有限的,键合时仍会发生键合面积不足、键合强度不够等问题,实验结果的重复性也较差。虽然可以采用多次重复键合的方式在一定程度上提高键合的质量,但最终

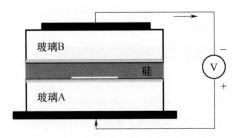

图 2.15 玻璃/硅/玻璃三层阳极键合示意图

的效果仍不能满足实际器件的加工要求。

对于改善多层结构键合的质量,另一种可行的方案是提高键合温度。随着温度的提升,玻璃中钠离子的活性增强,玻璃以及硅/玻璃界面上的等效电阻会降低,从而使电压更有效地施加在需要键合的硅/玻璃界面处,提高键合的质量。初步的实验结果表明,该种方案确实可以有效地提高三层键合的质量。但在试验中发现,随着键合温度的提高,第一次硅结构加工时在玻璃片 A 上形成的部分金属电极会退化,产生所谓的"糊金"现象。发生"糊金"的电极的电阻值会增加,电极与硅的接触面键合强度会降低,严重影响器件的性能和可靠性。产生"糊金"的原因目前还没有成熟的理论解释,一种可能的原因是由于金属电极主要由金组成,在温度升高以及高强度电场作用下,金与玻璃发生了类似"金硅"共熔的现象。其发生机理还有待于进一步的理论分析和实验验证。

通过对比第一次键合和第二次键合的实验结果可以发现,第一次键合重复性比较好,键合强度高,电极也很少出现"糊金"现象。产生第二次键合质量较差的主要原因在于键合电压的施加方式导致键合界面有效的静电场强度不够,因此欲从根本上解决这一问题,则需要从改进电压施加方式入手。如果能将加在玻璃 A 上的电极直接施加在硅片上,则第二次键合与第一次键合的条件将非常近似,可以得到较好的键合质量。为了实现这一目标,可以采用改进的加电方式,如图 2.16 所示。改进方案的关键一点是在玻璃片 A 表面加工一薄层电极,并使之与硅片相连。由于在第一次硅/玻璃键合后,硅片要经湿法腐蚀减薄抛光后再完成器件结构的刻蚀释放,因此,第二次键合前的硅片一般比玻璃片尺寸略小,如图 2.16 中所示。为了使键合电压直接施加在硅片上,可以先在玻璃片背面溅射一层金属电极,边缘部分可以用金属将硅与玻璃上电极连在一起。

在采用改进的键合电压施加方式后,键合质量得到了明显提高。图 2.17 显示了改进电极后,键合过程记录的键合电流曲线,与典型的硅/玻璃键合过程基本一致,说明新的电压施加方式非常有效。初步的实验结果表明采用新电极后,一次键合的有效键合面积和键合强度比之前多次键合的结果均有显著提高。

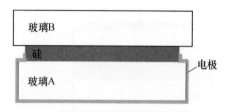

图 2.16　改进的三层键合施加电压方式

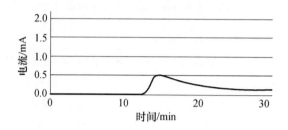

图 2.17　硅/玻璃键合过程电流曲线

2.3.1.2　通孔制备

为了实现玻璃/硅/玻璃三层键合结构的垂直互连,必须在玻璃上完成垂直引线孔的加工。为此可以采用湿法腐蚀的方式,也可以采用超声、喷砂或激光等方式打孔。虽然采用湿法腐蚀工艺和玻璃减薄可以完成满足芯片加工尺寸要求的垂直引线孔,但由于减薄需要的硅/玻璃键合完成之后才能进行,因此会影响整个工艺流程设计的灵活性。在实际的工艺流程中,采用了玻璃喷砂打孔和湿法腐蚀相结合的工艺,其基本流程如图 2.18 所示。首先在玻璃上利用喷砂工艺形成垂直引线孔,但不完全穿通,余厚 $50\mu m \sim 100\mu m$。喷砂工艺可以较好地控制引线孔的形貌,孔壁与玻璃表面的夹角可以控制在 $60°$ 左右,因此即使利用厚度 $525\mu m$ 的标准玻璃片,引线孔的开口直径也可以控制在 $600\mu m$ 以下。

喷砂工艺虽然可以较好地控制形貌,但对玻璃侧壁有一定的损伤,加工后的侧壁不够光滑,从而影响后续的电极加工。针对这一问题,工艺设计时采用了喷砂加工与湿法腐蚀结合的流程。喷砂工艺加工的引线孔并不完全穿通,之后进行一次湿法腐蚀工艺才使引线孔完全穿通。湿法腐蚀使引线孔在穿通的同时,可以将引线孔侧壁一些尖锐的缺陷腐蚀去除,优化引线孔的侧壁形貌。在这一部腐蚀工艺中,玻璃上还可以利用溅射和光刻形成金属掩膜图形,同时完成玻璃腔体的腐蚀加工。

加工完成的玻璃引线孔如图 2.19 所示。玻璃引线孔的开口直径在 $550\mu m$ 以下,在不增加芯片面积的前提下,可以满足多数 MEMS 器件的引线电极的加工要求。

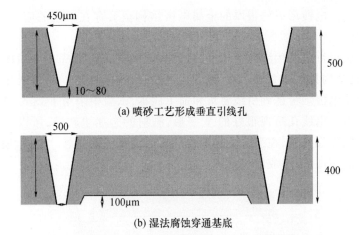

(a) 喷砂工艺形成垂直引线孔

(b) 湿法腐蚀穿通基底

图 2.18　玻璃上引线孔加工工艺示意图

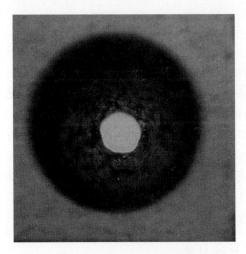

图 2.19　玻璃上引线孔照片

2.3.1.3　垂直电极工艺

由于加工完成的引线孔深度达 $500\mu m$，因此，在引线孔中加工完好的电极使信号由引线孔引出是完成圆片级封装的关键工艺之一。电极的加工可以采用电镀的方法实现，但由于各引线孔对应的硅结构往往是相互独立的，因此施加电镀的电极有一定的难度，需要进行专门的考虑。采用无电镀(Electroless Plating)的方法也可以实现电极的加工。因为只有引线孔底部开口对应的硅结构会曝露在电镀液中，因此可以实现电极的选择性生长。但是，利用电镀或化学镀的方法加工引线电极，需要电镀的金属厚度与玻璃厚度相当才能实现良好的互连和信号引出，需要的工艺时间较长。电镀形成的很厚的金属电极结构也会存在一定的应力,可能影响器件的可靠性。

垂直电极也可以采用溅射金属电极,然后通过光刻方式完成金属图形化的加工工艺,电极结构如图 2.20 所示。该工艺中首先在整个加工完引线孔的玻璃片上溅射一层金属电极。考虑到引线要求和加工成本,试验中采用了 $2\mu m$ 厚的铝作为电极材料。由于引线孔呈现很好的 V 字形,溅射的金属也较厚,所以溅射后的电极具有良好的保形特性,在引线孔底部与硅片形成良好的接触。之后,通过厚胶光刻曝光后湿法腐蚀铝,形成电极图形。

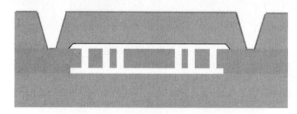

图 2.20 引线孔电极示意图

三维电极加工中的厚胶光刻工艺非常关键。因为玻璃片上已经存在贯穿整个玻璃片的引线孔,即使采用厚胶,常规的甩胶方法也很难实现完好地涂胶覆盖,特别是引线孔部分容易形成气泡而造成部分电极曝露在光刻胶保护之外。这样的引线孔在腐蚀后会因金属被去除而完全失效。为了保证完好的光刻胶覆盖,涂胶时必须先旋涂大量的光刻胶在玻璃片上,然后通过扭转玻璃片使光刻胶覆盖所有的引线孔,之后再进行正常的甩胶操作。经过优化厚胶涂胶和光刻步骤后,三维电极加工顺利完成,如图 2.21 所示。采用喷胶工艺可以更好地控制光刻胶的厚度,提高光刻质量,但需要专门的喷胶设备。

2.3.2 圆片级保护性封装

由于 MEMS 器件具有活动部件,在加工后的划片、保存和测试过程中非常容易被破坏。同时,MEMS 器件的特征尺寸在微米量级,即使一粒很小的灰尘都可能会卡住活动结构或显著影响器件的特性。通常的封装操作环境很难达到超净实验室的洁净级别,而且封装工艺本身也可能引入一定的灰尘污染。图 2.22 是在后续加工或测试过程中损坏的结构。

为了减少压焊封装过程中的 MEMS 器件结构损伤和灰尘污染,提高成品率,并保持 MEMS 低成本的优势,开发了采用玻璃帽进行芯片保护封装的圆片级封装工艺,保护 MEMS 器件不受沾污和破坏,并增强器件的抗冲击能力,如图 2.23 所示。在 MEMS 器件芯片完成后,通过静电键合等工艺增加圆片级玻璃帽保护性封

图 2.21　三维电极加工结果照片

(a) 灰尘玷污

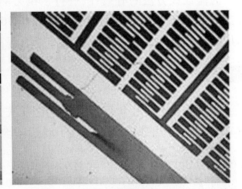

(b) 梁断裂

图 2.22　MEMS 器件结构失效照片

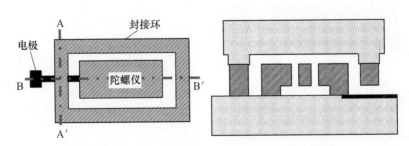

图 2.23　MEMS 器件结构保护性封装结构示意图

装,提高 MEMS 器件的可靠性和成品率。图 2.24 为完成保护性封装后的表头样品照片。

(a) 整个圆片

(b) 单个MEMS芯片

图 2.24　MEMS 器件保护性封装结果

为验证该方法的有效性,进行了拉力测试和初步的冲击试验,试验结果表明玻璃盖与 MEMS 器件结构的键合强度高于 50MPa,带有玻璃盖保护的 MEMS 传感器芯片能够比未加保护的芯片抗冲击能力提高将近一倍。

2.3.3　圆片级密封封装

利用垂直引线孔和垂直电极工艺开发了一套圆片级密封封装工艺,其流程如图 2.25 所示。首先完成带垂直引线孔的玻璃片加工,并在引线孔腐蚀的同时形成

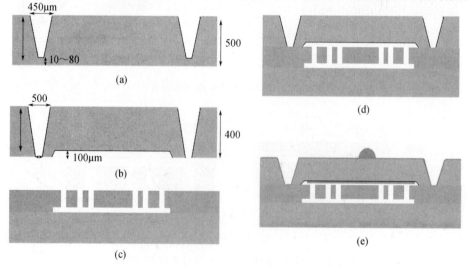

图 2.25　圆片级密封封装工艺示意图

封装所需的腔体结构(图 2.25(a)和(b))。封装工艺流程包括:按标准硅/玻璃键合的深刻蚀工艺完成 MEMS 器件的加工并完成表面去掩膜等处理后(图 2.25(c)),与带引线孔的玻璃片键合完成密封封装(图 2.25(d)),再在引线孔上形成三维电极(图 2.25(e))。

为了检验封装的效果,选择 MEMS 陀螺作为测试结构进行了封装测试。图 2.26 为完成封装的 MEMS 陀螺芯片阵列照片。

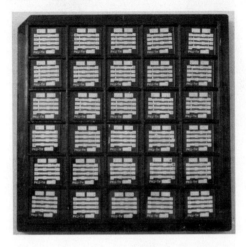

图 2.26　完成三维电极的 MEMS 芯片阵列照片

对封装后的 MEMS 陀螺进行了初步的测试,图 2.27 为陀螺驱动模态测试结果。根据测得的 Q 值与陀螺振动特性随压力变化曲线的比较,可以确定腔内封装压力约为 100Pa。测试结果验证了圆片级密封封装工艺的可行性。

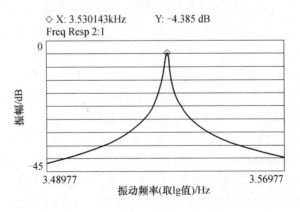

图 2.27　封装后的 MEMS 陀螺驱动模态测试结果

2.4 薄膜封装技术

薄膜封装基于牺牲层腐蚀技术,其原理如图 2.28 所示,步骤如下:

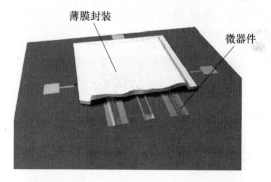

图 2.28 基于牺牲层腐蚀的薄膜封装

(1) 在器件完成之后,在需要保护的部分覆盖一层较厚的磷硅玻璃(PSG)等牺牲层;

(2) 生长一层低应力氮化硅等薄膜作为封装外壳,并进行光刻形成腐蚀通道或小孔;

(3) 腐蚀通道或小孔在腐蚀液中去除牺牲层,这样就在器件上方形成了一个空腔;

(4) 最后用薄膜淀积或者机械的方法将腐蚀通道封闭,完成结构的气密封装。

薄膜封装所使用的工艺完全在超净间内实现,与大多数 MEMS 工艺尤其是表面微机械加工工艺完全兼容,可用于器件加工进行工艺集成,所占据的芯片面积相对较小,但是工艺的实现尚存在若干难题。首先是牺牲层材料的选择,考虑到后续密闭工艺的困难,腐蚀通道比较小,通常至少有一维的尺度小于 $1\mu m$,如果使用普通的 PSG 常规设计,其牺牲层释放的过程往往长达数天,长时间的释放可能会损坏芯片上的 MEMS 和电路结构。目前美国密歇根大学的研究人员使用光刻胶作为牺牲层材料,使用 TMAH 溶液进行释放,释放时间减少为 3h 左右。其次,外部环境对 MEMS 敏感元件来说都是非常苛刻的,薄膜封装要有承受器件工作或者后续加工中各种环境影响的能力,比如应力、振动、冲击等机械的,气体、湿度、腐蚀介质等化学的,温度、压力、加速度等物理的影响等,这就要求薄膜必须有一定的厚度。而使用传统的低压化学气相淀积(LPCVD)方法淀积的薄膜不可能做得很厚,通常只能达到几个微米,造成封装的强度不够。已有研究小组尝试利用电镀的方法,使用金属作为第(2)步中的封装外壳,厚度较 LPCVD 薄膜提高了 1 个 ~2 个数

量级。最后,第(4)步中所描述的封口技术一直以来都是一个难题,使用薄膜淀积
的方法封口不容易形成台阶覆盖,腐蚀通道必须设计得非常小,通常只有几百纳
米。腐蚀通道越小,封口越容易,但是牺牲层腐蚀时间将数十倍增加。较大的腐蚀
通道需要使用激光焊接、超声焊接、热阻焊接进行卷边处理或者焊锡球进行填充处
理,对封装结构加以封闭,如图 2.29 所示。这些方法不仅必须使用专用的设备,而
且只能手工逐芯片加工,失去了圆片级封装大批量生产的优势。

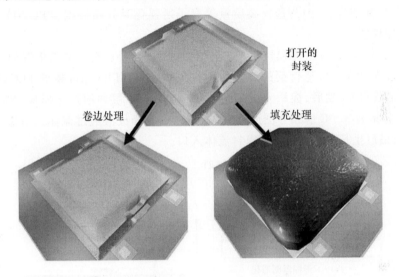

图 2.29　几种不同的薄膜封装封口方法

2.4.1　薄膜封装实例——谐振器 Poly – C 薄膜封装

在这个实例中,Poly – C 薄膜封装被应用到了悬臂梁结构的谐振器中。[19]谐振
器的结构如图 2.30 所示。

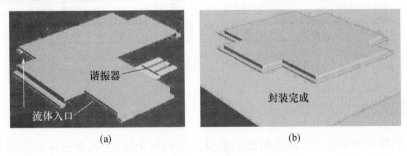

图 2.30　Poly – C 薄膜封装结构图

从机械的角度来考虑,薄膜封装必须能够承受各种强度的压力。而 Poly - C 之所以被选作封装材料,是因为其非常高的弹性模量,以及和硅相近的低热膨胀系数。并且 Poly - C 不活泼的化学特性可以保护器件免受外界恶劣环境侵蚀。Poly - C 薄膜封装技术可以与 MEMS 加工技术兼容。从封装之前和之后测试的对比可以体现出 Poly - C 薄膜封装的功效。封装之前和之后测试谐振器的频率均为 240kHz ~ 320kHz,实验结果与理论计算相符。考虑到牺牲层材料必须可以经受 Poly - C 的淀积温度,因此选择高质量等离子增强化学气相淀积(PECVD)二氧化硅作为牺牲层。

加工的步骤把谐振器和封装工艺整合在一起,4 次光刻的加工步骤如图 2.31 所示。首先,Poly - C 悬臂梁的加工用到前两次光刻,其中 1μm 厚的 PECVD SiO₂ 层用做牺牲材料;然后,淀积 4μm ~ 5μm PECVD SiO₂ 层并图形化形成封装锚点;再生长 4μm Poly - C 薄膜并图形化流体入口;接着释放液通过流体入口进入去除牺牲层;最后生长 Poly - C 薄膜密封流体入口。

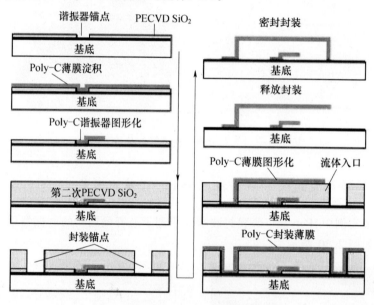

图 2.31   Poly - C 工艺流程示意图

2.4.2   CVD Poly - C 技术

一个典型的 Poly - C 薄膜制造工艺包含淀积种子层、生长和图形化。首先,采用 DPR(Diamond - loaded Photoresist)技术可以将平均尺寸为 100nm 的钻石粉末淀积在样品表面。然后,采用微波等离子 CVD 淀积 Poly - C 薄膜,条件是 CH₄:

H_2（1.5sccm∶100sccm）气氛，40 Torr，700 ℃。这个微封装工艺包括三个不同的 Poly－C生长步骤，但是采用相同的生长参数。采用微波电子回旋加速（Electron－cyclotron－resonance（ECR））反应离子刻蚀（RIE）系统干法刻蚀 Poly－C 薄膜，使用参数如表 2.4 所列。

表 2.4　ERC 等离子刻蚀参数

气体流量/（sccm）①	Ar	8.0
	O_2	28.0
	SF_6	2.0
微波输入功率/W		400
射频功率/W		100
直流偏置/V		－130
气室压强/Torr		5
典型腐蚀速率/（μm/h）		4.5
① sccm ＝ mL/min（标准状态）		

2.4.3　谐振器设计和测量

悬臂梁被设计成 100μm 长、40μm 宽、1μm～1.2μm 厚。谐振器频率的理论计算公式为

$$f_r = K \times \frac{t}{L^2} \sqrt{\frac{E}{\rho}}$$

式中：t 和 L 分别是悬臂梁的厚度和长度；E 是弹性模量；ρ 是 Poly－C 的密度；K 是悬臂振动模式的常量，悬臂第一振动模式时，$K = 0.1615$。

制造工艺流程中应用前两次光刻形成的谐振器，其中 1μm PECVD SiO_2 层作为牺牲材料，图 2.32 是未封装的 Poly－C 悬臂梁谐振器。图 2.33 显示了加工的 Poly－C 薄膜封装：图（a）在最终密封前释放封装，图（b）完全密封的封装。图 2.34 显示了封装的悬臂梁谐振器，其封装在工艺结束后被有意打开。

在完成谐振器加工之后，淀积层 4μm～5μm 的 PECVD SiO2 作为牺牲层，并图形化定义封装的锚点。生长 4μm 厚的 Poly－C 薄膜并图形化定义流体入口，以释放牺牲层。最后再次生长 Poly－C 薄膜密封流体入口。图 2.33 显示的是 Poly－C 加工的具有 4 个流体入口的微封装。嵌入的图（a）显示了用于释放的 4 个流体入口微封装，嵌入的图（b）显示最终密封了流体出口的封装。在优化的生长条件下，Poly－C 薄膜几乎没有应力。密封流体入口时，Poly－C 只会在已经有 Poly－C 的

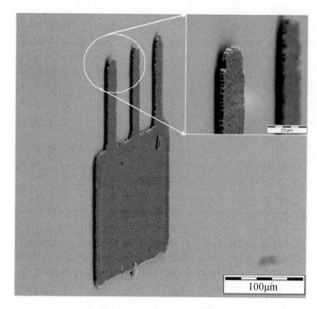

图 2.32　封装前的 Poly – C 悬臂梁谐振器

区域生长,密封压力是 40Torr。封装时需要更低的压力,据报道 ECR CVD 金刚石生长压力是 10mTorr,可以被用于最终的密封工艺。

2.4.4　悬臂梁谐振器封装前后测试比较

Poly – C 悬臂梁谐振器采用压电驱动和激光探测设备进行测试。表 2.5 列举了 Poly – C 的测量参数,包括测量的频率和品质因子。

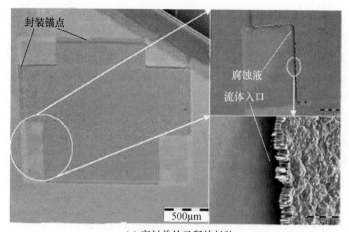

(a) 密封前的已释放封装

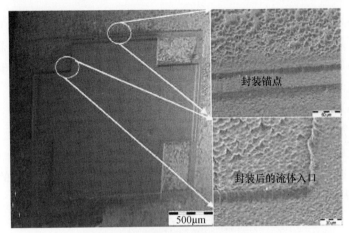

(b) 密封后的封装

图 2.33 Poly-C 薄膜谐振器封装

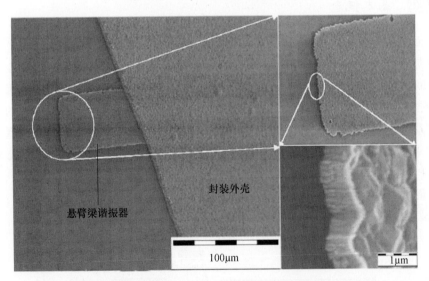

图 2.34 封装悬臂梁谐振器

表 2.5 Poly-C 测量参数

K	0.1615	K	0.1615
ρ	3520kg/m³	$f_{calculated}$	272kHz ~ 236kHz
E	100GPa	$f_{measured}$	249kHz ~ 316kHz
L	≈100μm	$Q_{measured}$	3500 ~ 4500
T	1μm ~ 1.2μm		

封装前谐振器频率稍稍偏离理论计算结果。这也许是由于 Poly - C 实际的弹性模量低于用于理论计算的 1000GPa。测得的 Q 值为 3500 ~ 4000。悬臂梁的谐振频率和品质因子在封装前后测试中没有明显变化。这说明 Poly - C 薄膜封装工艺不影响被封装的谐振器的产出率。

Poly - C 薄膜封装技术可以集成到 MEMS 后加工工艺，并被用于生物和环境 MEMS。这个 Poly - C 封装被用来封装 Poly - C 材料的悬臂梁谐振器。测试悬臂梁谐振器可以检测封装的有效性。通过封装前后对样品的测试，显示 Poly - C 封装技术可以被整合进传统的 MEMS 加工工艺，并且不影响被封装期间的成品率。

2.5 圆片级三维封装技术

2.5.1 基本概念

面向系统级集成的三维封装已经成为今后先进封装技术发展的总趋势[19-20]。当前圆片级封装 TSV（Through - Si - Via）等三维封装新技术与圆片级封装 WLP（Wafer - level Packaging）这一高度并行化的封装技术的结合，催生了圆片级三维封装技术。该技术与基于 TSV 的三维芯片叠层和基于转接板（Interposer）的三维多芯片组件（MCM）一起，被视为今后较长时间内三维封装平台技术的三个重要技术发展方向，而且随着技术的成熟，三个平台有望合而为一，从而构成真正的 SiP。[20,21]

图 2.35 所示为圆片级三维封装的结构示意图。其中过孔的尺寸一般为：直径 80μm ~ 100μm、深度 50μm ~ 200μm。

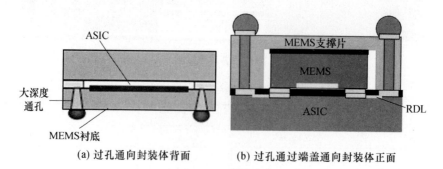

(a) 过孔通向封装体背面　　　　(b) 过孔通过端盖通向封装体正面

图 2.35　圆片级三维封装基本概念

目前,WLP 也已成为微纳器件的一种优选封装方式。而三维的圆片级封装技术(3D WLP)由于具有如下的特点和优势,很有可能成为下一代微纳器件并行化封装的一种重要技术选择:①封装尺寸极小;②成本低;③端盖或者基板带空腔等结构,可以容纳大高宽比的微机械结构,具备气密性;④采用穿通基板或者端盖的过孔,气密性好;⑤封装腔体中可以容纳衬底减薄后的多种异质芯片构成的叠层;多个圆片级的封装体、芯片可以进一步堆叠,包括圆片级封装后的 MEMS 芯片、圆片级光学元件、DSP 圆片、存储器圆片等。

目前,采用 3D WLP 的微纳器件类型包括:CIS(CMOS 图像传感器)、RF MEMS(射频微机电系统与器件)、微惯性器件等。

圆片级三维封装涉及的关键支撑技术包括:硅穿孔、玻璃、有机衬底实现垂直互连的深三维过孔加工及填充技术;过孔及封装体结构设计技术、大尺寸圆片对准键合;压力、流体等 I/O 接口的封接技术、可靠性设计及分析技术等。其中深三维过孔的加工与设计居于中心地位。由于篇幅所限,作者结合自己的科研实践,在本书中专门针对深三维过孔加工与填充技术进行简要论述。

2.5.2 圆片级三维封装中的深过孔电互连技术

2.5.2.1 TSV 深孔刻蚀

TSV 深孔刻蚀直接关系 TSV 的加工难度、整体工艺质量和机、电特性。在研究工作中,需要在已有 MEMS 深槽加工技术基础上,形成初步工艺参数,结合工艺仿真程序的仿真进行优化,并通过单项工艺试验进行验证,得到 TSV 的深通孔并行化钻孔加工工艺配方,该工艺可以形成具有所需形状的、高深宽比、侧壁粗糙度满足电镀填孔工艺要求的结构。图 2.36 所示为 TSV 深孔刻蚀试验的扫描电镜照片,每个 TSV 深孔的形貌、深度都需要很好地控制。图 2.37 展示的是一个 TSV 深孔截面的扫描电镜照片,孔径约 $50\mu m$,深度 $109\mu m$。

2.5.2.2 TSV 深孔绝缘

TSV 深孔绝缘是立体互连研究的一个重点,它将关系到 TSV 的电学特性。而且由于实际应用背景的限制,TSV 深孔绝缘层的淀积必需在一个较低的工艺温度($<400℃$)下进行,这就更加大了工艺难度。等离子增强化学气相淀积是常用的低温 SiO_2 绝缘层的淀积方法,但是由于 TSV 为深孔结构,等离子增强化学气相淀积的 SiO_2 绝缘层不能获得很好的均匀性,TSV 深孔侧壁下部的 SiO_2 绝缘层的厚度大约只有表面的 $1/5$,如此薄的 SiO_2 绝缘层,在经过底部 SiO_2 刻蚀等工艺后,会进一步减薄而变得不连续,严重影响绝缘效果。

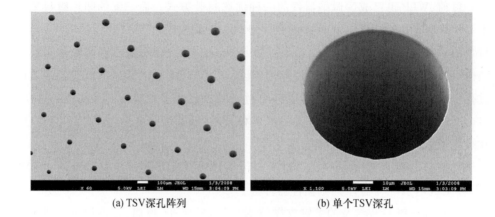

(a) TSV深孔阵列　　　　　　　　(b) 单个TSV深孔

图 2.36　TSV 深孔刻蚀扫描电镜照片

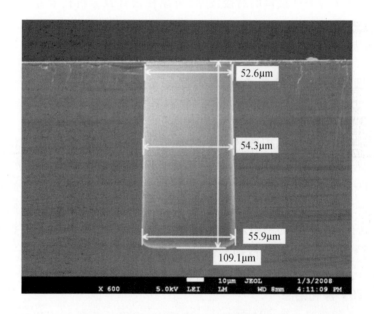

图 2.37　TSV 深孔截面扫描电镜照片

　　针对以上问题,北京大学微电子学研究院开发出了一种有 Parylene(聚对二甲苯有机材料)保护的 SiO_2 侧壁制作工艺。该工艺方法是在 SiO_2 淀积后,又淀积一层 Parylene 薄膜作为保护材料。而 Parylene 作为一种在室温下淀积的有机物薄膜材料,具有淀积均匀的特点,如图 2.38 所示。然后进行 Parylene 的刻蚀,以及 SiO_2 刻蚀等工艺,就不会对侧壁上的 SiO_2 绝缘层产生影响。

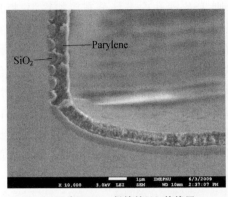
(a) 有Parylene保护的SiO₂绝缘层

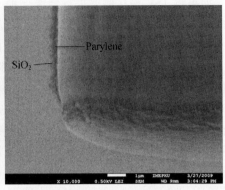
(b) 底部Parylene和SiO₂刻蚀后

图 2.38　添加侧壁 SiO_2 绝缘层的 Parylene 保护后 TSV 深孔截面的扫描电镜照片

2.5.2.3　电镀填充

　　TSV 深孔填充技术不仅关系到 TSV 的电学特性,同时对 TSV 的热机械可靠性也有很大影响。由于 TSV 深孔尺寸较大,深宽比较高,因此对电镀填充有着很大的挑战性。由于使用一般的直流电镀,难以获得无缺陷的电镀填充,需要使用反向脉冲电镀等工艺手段。由于高电流密度的反向脉冲可以切削电镀铜中凸出的部分,同时可以富集芯片表面的铜离子,因此可以实现对 TSV 深孔的无缺陷填充。图 2.39 所示的是对孔径 $100\mu m$、深 $100\mu m$ 的 TSV 深孔的电镀铜填充。

(a) 无缺陷电镀填充

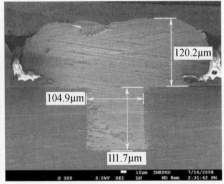
(b) 图形化电镀填充

图 2.39　TSV 深孔电镀填充截面的扫描电镜照片

　　同时还开发了一种自下而上(bottom‑up)的填充工艺,这种工艺针对大尺寸 TSV 深孔可以获得更高的电镀速率,而且填充质量可以得到保证。

如果将 TSV 深孔侧壁进行绝缘保护,则 TSV 深孔内电场分布更加均匀,特别是底部电场,均匀度小于 5% 。这样,可以实现一种自下而上的电镀填充,而且得到一个很平整的电镀表面,也有利于后续的化学机械抛光工艺。

　　北京大学微电子学研究院在工艺开发中,采用 Parylene 作为 TSV 深孔侧壁绝缘保护材料,因为该材料绝缘性好,而且易于淀积形成一层均匀的薄膜,而且刻蚀相对简单。图 2.40 所示为淀积 Parylene 后的 TSV 深孔截面的扫描电镜照片,可以看出 Parylene 在整个 TSV 深孔侧壁表面形成了一层厚度均匀的薄膜。在电镀中该薄膜可以有效地保护侧壁不被电镀,从而以普通电镀液就可以实现 Bottom－up 的电镀填充,从而解决深孔填充问题。

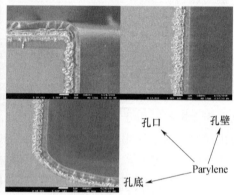

图 2.40　侧壁 Parylene 保护的 TSV 深孔截面扫描电镜照片

　　反向脉冲电镀方法的填充速率较慢,但具有较好的保形性,可以用于深孔底部的填充。在去除 TSV 深孔底部的 Parylene 之后,先采用周期反向电镀填充底部至 $20\mu m$ 后,采用高速直流电镀,可以获得自下而上的 TSV 深孔电镀填充,如图 2.41 所示。

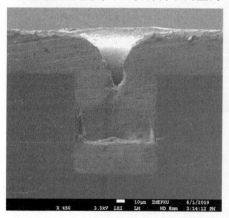

图 2.41　自下而上 TSV 深孔电镀填充截面扫描电镜照片

参 考 文 献

［1］黄庆安．硅微机械加工技术［M］．北京：科学出版社，1996．

［2］Tong Q Y, Gosele U．Semiconductor Wafer Bonding：Science and Technology［M］．New York：John Wiley & Sons,1999.

［3］Schmidt M A．Wafer-to-wafer bonding for microstructure formation［J］．Proc. IEEE,86（8）,1998.

［4］Christiansen S H, Singh R, Gosele U. Wafer direct bonding：From advanced substrate engineering to future applications in micro/nanoelectronics［J］．Proc. IEEE,94（12）,2006.

［5］王阳元，武国英，等．硅基 MEMS 加工技术及其标准工艺研究［J］．电子学报,2002,30（11）：1577－1584.

［6］Schimert Thomas, et al. Vacuum packaging for microelectromechanical systems（MEMS）［R］．Technical report AFRL-IF-RS-TR-2002-277,2002.

［7］Heck John, et al. Towards wafer-scale MEMS packaging：a review of recent advances［J］．SMTA International, 2003.

［8］Corman Thierry. Vacuum-sealed and gas-filled micromachined devices ［D］．Royal Institute of Technology,1999.

［9］Lee Byeungleul, et al. A study on wafer level vacuum packaging for MEMS devices［J］．J. Micromech. Microeng,2003,13：663－669.

［10］Lee Moon Chul, et al. A high yield rate MEMS gyroscope with a packaged SiOG process［J］．J. Micromech. Microeng,2005,15：2003－2010.

［11］Rogier A M Receveur. Wafer level hermetic package and device testing of a SOI-MEMS switch for biomedical applications［J］．J. Micromech. Microeng,2006,16：676－683.

［12］Ha. Duong Ngo. Plasma etching of tapered features in silicon for MEMS and wafer level packaging applications ［C］．Journal of Physics：Conference Series,2006,34：271－276.

［13］Lee S H, et al. A low power oven-controlled vacuum package technology for high-performance MEMS［C］．In：IEEE MEMS, Sorrento：IEEE,2009,753－756.

［14］王跃林，江刺正喜．新型力平衡微机械真空传感器研究［J］．真空科学与技术,1999,19（4）．

［15］李锦明，等．微机械陀螺真空封装玻璃罩子加工工艺的研究［J］．应用基础与工程科学学报, 2005,增刊：120－123.

［16］微系统研究中心．MEMS 圆片级气密封装工艺规范(试行)．华中科技大学, 2005.

［17］Haitao Ding, et al. A wafer-level protective technique using glass caps for MEMS gyroscopes［C］．The 8th Int. Conf. Solid-State and Integrated-Circuit Technology（ICSICT-2006）, Shanghai, China：2006 Oct. 23－26, 2129－2131.

［18］Zhao Qiancheng, et al. The research on the performance of the micromachined gyroscope at low ambient pressure[C]. 3rd Int. Conf. on Sensing Technology, Tainan, Taiwan: Nov, 2008: 21 – 24.

[19] Zhu Xiangwei, Aslam Dean, Sullivan John. The application of polycryshalline diamond in a thin film packaging process for MEMS resonafors [J]. Diamond and Related uaferials, 15 Jssues 11-12, Nov-Dec 2006: 2068 – 2072.

[20] E Beyne. 3D system integration technologies, in International Symposium on VLSI Technology, Systems, and Applications[J]. IEEE, Apr, 2006: 1 – 9.

[21] International Technology Road Map for Semiconductors. 2007 Edition and 2008 Update[O/L]. www. itrs. net.

第 3 章　非硅圆片级封装技术

微米/纳米技术的多样性决定了不同的应用系统具有不同的封装要求,可以说没有一种最好的封装材料和方式,只有最合适的材料和方式。包括陶瓷、金属、玻璃、聚合物的多种封装材料在圆片级封装中都有其独特的应用,在本书第 2 章介绍硅圆片级封装基础技术的基础上,本章将重点从不同封装材料的应用角度出发进行叙述。

3.1　基于丝网印刷技术的圆片级封装[1-9]

传统丝网印刷技术设备简单,操作方便,印刷、制版简易且成本低廉,适应性强,广泛应用于集成电路封装组装、厚膜印刷等领域。随着卫星、通信及航空、航天等系统中进一步要求电子系统体积小、可靠性高、成本低,高精度丝网印刷术开始在多个应用领域里显现。特别是在 MEMS 及 NEMS 的制造技术及其集成化快速发展中,它的印刷精度比在微电子封装应用要高,适合 MEMS 器件中的微小线宽结构,把原来的平面技术拓展到三维、多层堆叠或封装,将具有不同结构、不同功能的圆片,通过浆料印刷实现批量制造,是开启低成本 MEMS 圆片级封装的重要手段。该技术使得数倍甚至数十倍的集成度提高成为可能,并使得不同种类的芯片能够存在于同一封装中。丝网印刷术已广泛用于太阳能电池、薄膜开关、SMT 技术、触摸屏、液晶显示、场致发光面板等产品中。

高精度丝网印刷术应用于 MEMS 制造的关键因素是丝网目数和印刷浆料。目数越高,印刷的图形线宽越小。浆料则具有良好的流滞特性和密封特性,如玻璃浆料(Glass frit)、导电浆料(如银浆、金浆、Au‐Sn 合金浆料等)等,通过丝网一次性沉积在带有台阶、通孔或带腔体封帽等 MEMS 微细结构上,在键合温度下烧结黏接,从而实现 MEMS 封装与 MEMS 结构的制备。如图 3.1 所示,在封帽(Cap Wafer)层上的微腔体结构周围进行丝网印刷,形成键合环图形;在结构芯片(Device Wafer)上制备出器件的微结构和信号传输线,然后结构芯片层和封帽层进行圆片级对准与键合,形成带有保护结构的 MEMS 器件。该技术可用于表面微机械传感器,以及 MEMS 技术中最新发展的三维技术或三维堆叠封装技术(裸芯片堆叠和封装体堆叠),实现芯片与配套的电路集成或三维堆叠模块化封装,从而形成

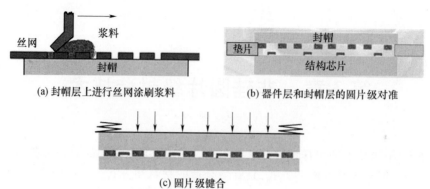

(a) 封帽层上进行丝网涂刷浆料 (b) 器件层和封帽层的圆片级对准

图 3.1 基于丝网印刷的圆片级键合封装工艺示意图

垂直互连,具有封装体积小、工艺简单、成本低廉等优点。

高精度丝网印刷术为圆片级的低成本封装实现打开了一条通路。以 Glass Frit 丝网印刷为例,如图 3.2 所示,封装步骤如下:

(1) 在低损耗衬底上制备 MEMS 器件结构;

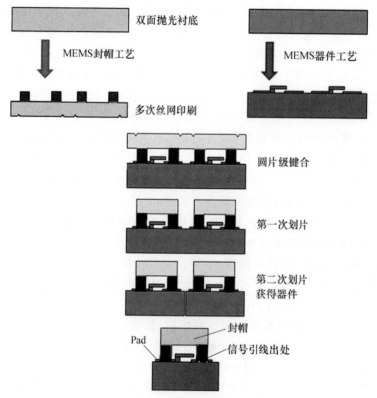

图 3.2 Glass Frit 的圆片级封装工艺流程

（2）在封帽结构层上,采用双面光刻技术,正面刻蚀封装的腔体、划片槽等微结构,背面制作与器件结构圆片键合的对准标记;

（3）封帽圆片丝网印刷浆料,形成键合中间过渡层,如图 3.3 所示;

（4）利用键合过渡层完成与器件层圆片的键合,键合黏接 SEM 效果如图 3.4 所示;

图 3.3　丝网印刷 Glass Frit 的效果图

图 3.4　Glass Frit 熔融键合 SEM 示意图

（5）最后划片释放。在 MEMS 器件的信号引入引出方式上,传输线可直接穿过键合界面,或通孔金属化实现,且形成气密性封装,与常规封装相比大大缩小了体积,还减少了再次封装的可能性。

以美国 Radant MEMS 公司的射频 MEMS 开关制造为例,它是目前可靠性最高的 MEMS 开关,如图 3.5 所示,已在 X 波段相控阵雷达中试用,它采用 Glass Frit 作为中间层进行键合,将射频信号从中间层引出。这种封装方法的优点是,在圆片级

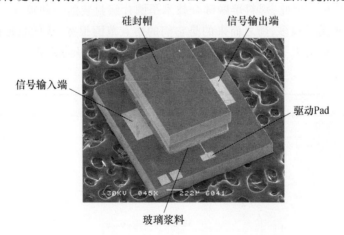

图 3.5　Radant MEMS 公司的射频 MEMS 开关

封装的同时实现了射频信号的引出。

3.2 基于金属焊料的圆片级封装技术研究[4-9]

焊料是用于填加到焊缝、堆焊层和钎缝中的金属合金材料的总称。焊料已经广泛应用于焊接金属,它能使两个金属表面键合在一起。焊料大致分为两类:硬焊料和软焊料。

硬焊料是指在相应于焊料成分的相图上,其液相线介于315℃~425℃之间的焊料,所以又称高温焊料,如 Au/Si。

软焊料是指在相应于焊料成分的相图中,其液相线低于315℃的金属焊料,也称低温焊料。软焊料的种类有很多,如 Pb/Sn、Pb/In、In/Sn 焊料等。这里所讨论的焊料主要是软焊料。

传统的焊料常常用来把电学器件焊接在电路板上或者金属物体上。随着技术的发展,金属焊料有很多特性恰好满足 MEMS 的封装要求。因此,在圆片级封装领域内它得到了广泛的关注。

软焊料具有很多独特的优点:①键合温度较低;②提供较高的键合强度;③硬度较硬焊料低,所以能够吸收由于温度变化产生的热应力。而这些优点也满足了 MEMS 封装的键合要求。MEMS 封装对于键合的具体要求包括:①键合温度要低,键合工艺要与 MEMS 器件制造工艺兼容;②要有足够大的键合强度,可以满足 MEMS 器件结构完成以后切成分立器件的要求;③封装气密性好,因为带有高速运动结构的 MEMS 器件的工作强烈依赖于密封腔室的真空度;④键合过程不能损坏 MEMS 器件结构。因此,焊料熔融键合技术是圆片级封装的一种很好选择。

焊料的种类有很多,随之而来的是它们的熔点范围很宽,从低温延伸到中等温度。具体情况详见表3.1。我们所需要的低温环境可以得到满足。

表3.1 各种金属焊料的共晶点

| 焊料成分—质量百分比 | | | | | | 共晶点/℃ |
Ag	Bi	In	Pb	Sn	Au	
	49.0	21.0	18.0	12.0		57
	57.0			43.0		139
3.0		97.0				144
		99.4			0.5	156
			38.0	62.0		183
3.5				96.5		221
				20	80	278

当金属焊料熔融时,它就会和与其接触的金属反应形成金属间化合物,这种化学反应会消耗与之相接触的金属,反应速率受一些因素限制,其中包括金属在焊料中的可溶性大小。其实传统的焊料就是作为一种金属将两种材料黏结在一起。图3.6给出了一个清晰的印象。由于键合过程中会形成金属间化合物,我们不得不在设计焊点的时候考虑金属间化合物的存在。不同的金属间化合物会增强或者削弱最终焊点处的力学性能。

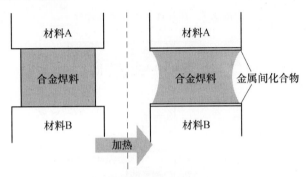

图 3.6　焊接的具体结构

对于 MEMS 封装来讲,焊料能将需要键合的每个接触表面清洗"干净",尤其能够形成气密性封装,以满足 MEMS 器件的真空封装需要,这是十分重要的。键合质量的好坏,很大程度上依赖于表面是否清洁。因为通常需要键合的表面都已经长有一层氧化层,这层氧化层会增加表面能。同时,它还会阻碍焊料的浸润,所以氧化层的存在使得键合质量很差。然而,有一种材料称为助焊剂或钎剂,可以在键合过程中保持界面的清洁。根据钎剂的活性和化学性质,可将它们分为松香基钎剂、水溶性钎剂和免清洗钎剂。但是钎剂的使用并不是完美的,钎剂的残留将会在微结构中形成陷阱。因此,人们在积极寻求新办法,例如,使用无钎剂的焊料材料。低氧化的共晶 Au - Sn 就是很重要的无钎剂的焊料材料。

另外,焊料键合还有一个独特的好处,它可以实现自对准功能,无论是水平方向还是竖直方向,具体过程如图3.7所示。

焊料熔融键合的具体流程大致分三步:

(1)焊凸点的制备。对于键合用的焊凸点主要利用电镀的方法实现。如图3.8所示。

(2)焊料回流。通过回流,可以把金属间化合物转变成分布在焊凸点顶部的焊料合金。同时,回流后可以形成均匀的几何图形和稳定的冶金结合,如图3.9所示。注意回流过程要在氮气或惰性气体环境下进行。通常焊凸点不会在回流过程中全部熔化,并且应当保留一定高度的缝隙。

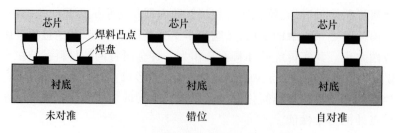

图 3.7 焊料键合的自对准过程

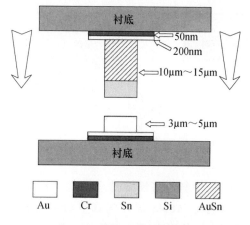

图 3.8 焊凸点的具体结构

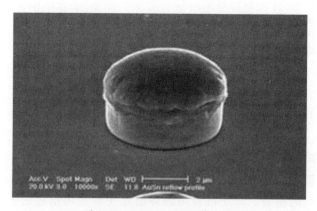

图 3.9 经回流后的焊料形状

（3）键合。这是最后一步，也是最重要的一步。与玻璃浆料类似，将焊料电镀在微帽圆片上之后，与载有 MEMS 器件的圆片发生键合。它的优势在于键合温度比玻璃浆料低很多，这样可以减小温度对 MEMS 器件性能的影响。图 3.10 对这个过程解释得很直观。

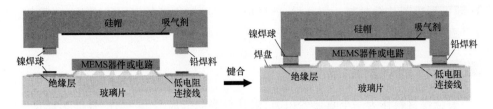

图 3.10　圆片级封装的键合过程

　　上述步骤是焊料熔融键合技术的一般过程。目前,还有很多人不断地探索和改进该方法。当然不同的设计是针对不同的需要,因为 MEMS 器件存在结构和功能的多样性。大致改进的途径:改进微帽的形状、材料及制备方法;改变焊料成分和黏接方式;变换键合时加热方式等。其中改变加热方式,也可以看作是一种新的圆片级封装方法。它是将全局加热变成局部加热,可以更大程度地减小高温对于器件的力学性能和电气性能的影响。具体实现方式如图 3.11 所示。

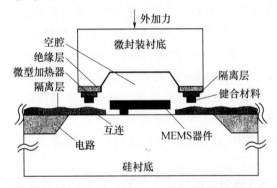

图 3.11　通过局部加热和键合实现的圆片级封装

　　基于金属焊料的圆片级封装,还有很多不够完善的地方,还需要继续研究和改进,才能够适应封装的新要求。

3.3　圆片级 MEMS 聚合物封装技术研究[10-17]

　　聚合物封装技术具有低成本、易加工等独特优点。本节将介绍用于 MEMS 封装的聚合物封装圆片加工工艺,之后介绍利用 SU8 和 Epo－tek301 作为黏附材料实现了聚合物和 Si 的键合,并在此基础上进行 MEMS 器件的芯片级和圆片级封装的初步研究。

　　这里介绍一种圆片级聚合物封装工艺技术,先进行硅加工形成所需的模具,然后用压塑或注塑形成聚合物封装圆片,通过封装片与带有 MEMS 结构的硅片键合,即可形成圆片级封装。划片后,就形成了已经封装好的 MEMS 芯片,这些芯片可以直接使用,也可以进行二次封装,以满足一些特殊要求。

3.3.1 目的和意义

聚合物材料作为一个重要的门类,以其普遍的低成本、易操作、性能多样化、低温工艺等优点,在微系统封装中一直起着举足轻重的作用。

作为系统封装的重要组成,IC 封装为集成电路提供机械、环境保护和芯片散热,实现与其他元件的电学互连。在这一领域,聚合物有机材料是最主要的封装材料。虽然在性能方面有许多不足,但是其成本低、容易加工。又因为聚合物介电常数低,所以具有比陶瓷更好的电学性能。

在包括陶瓷、金属、玻璃、聚合物的多种封装材料中,聚合物材料由于其透明、低成本、低温工艺等特点具有独特优势。但是对于 MEMS 封装来说,由于封装空腔难以形成、传感通路复杂、材料性质不同等问题,聚合物封装的应用遇到了困难。人们在塑料封盖封装方面也做了不少研究,包括局部加热键合,多层塑料键合等,但是大多存在工艺复杂、只限于芯片级、与硅衬底不兼容等问题。

为此,我们开发了一种 MEMS 圆片级聚合物封装技术,该技术的基本方法如图 3.12 所示。首先用硅形成模具,然后用压塑或注塑形成聚合物封装圆片,通过封装片与带有 MEMS 结构的硅片键合,即可形成圆片级封装。划片后,就形成了已经封装好的 MEMS 芯片,这些芯片可以直接使用,也可以进行二次封装,以满足一些特殊要求。

采用聚合物做圆片级封装的低成本优势在微系统封装成本居高不下的今天显得尤为重要。当然低成本并不是其唯一优势,其他优点还包括高封装密度和并行的封装工艺、CMOS 兼容、对封装表面要求不高等。就具体的封装应用而言,一是可以制作圆片级的空腔并形成部件保护:整个封装过程可以通过标准微电子制造工艺实现,包括黏附剂的圆片级键合、划片、引脚处的聚合物去除。二是可以形成气密性的空腔密封:很多实际应用中要求气密性的封装,但是聚合物材料对于水汽和气体有很高的渗透率,因此需要添加额外的工艺步骤。在键合、划片之后,进行氮化硅、金属等阻挡层的淀积,此时可以通过控制淀积的气压来控制空腔内的气压达到要求的数值。三是圆片级的芯片组装:日益增加的封装小型化和密集化要求把芯片堆叠起来实现一种三维的封装。聚合物键合由于对于键合衬底要求很低,在这种堆叠上具有独一无二的优势。而且这种组装也完全可以在圆片级上实现。只要采用分次划片和分次去除引脚聚合物的方法就可以很容易地实现圆片级的堆叠封装。

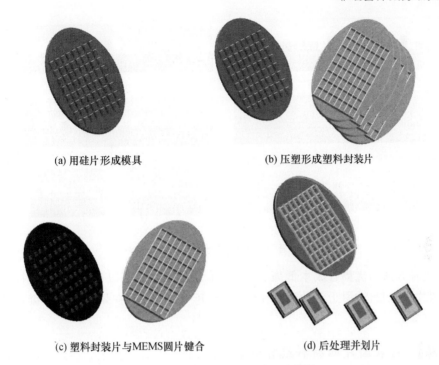

(a) 用硅片形成模具   (b) 压塑形成塑料封装片

(c) 塑料封装片与MEMS圆片键合   (d) 后处理并划片

图 3.12　聚合物封装工艺流程示意图

3.3.2　封装结构设计[10-12]

　　封装的结构如图 3.13 所示。对于可动部件的封装可以用热压的方法来形成封盖,对于有些器件如微流体器件可以直接采用平整的塑料片,界面的键合采用直接或黏附剂键合实现。整体的工艺流程如图 3.14 所示:图(a)采用 KOH 腐蚀的方法制作硅模具,包括封盖和预留划片槽,也可以采用金属模具或者光刻 SU8 制作模具,只是工艺较为复杂;图(b)采用热压的方法制作聚甲基丙烯酸甲酯(PM-MA)封盖;图(c)脱膜;图(d)采用直接键合或聚合物键合实现 PMMA 封盖和硅片的圆片键合;图(e)采用激光划片或者机械划片对塑料封盖划片;图(f)对硅片常规划片。

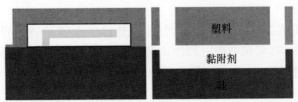

塑料

黏附剂

硅

图 3.13　基于塑料硅键合的封装结构示意图

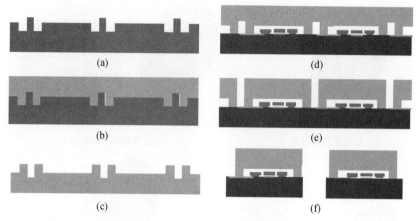

图 3.14   基于塑料硅键合的封装工艺流程图

这种方法的优势有成本低廉、工艺简单、电学绝缘、可以被去除、封装材料透明、圆片级封装、适用于多种衬底和器件、与 IC 兼容、能够在划片和引线键合时提供保护等。

3.3.3   封装圆片的材料选择和制作[12-14]

不同的器件对封装材料有不同的要求,聚合物材料的多样性正好可以适应这个特点,满足不同的封装需要。这里以 PMMA(Polymethyl Methacrylate)为例介绍我们所开发出的聚合物封装技术。PMMA 的单体其实也是一种常用的电子束光刻胶,这里所采用的是 PMMA 板材,是其聚合物形式。PMMA 是人们最早发现的聚合物材料之一,在不同地区有各种名称,国内俗称亚克力,有机玻璃。PMMA 是最坚硬的聚合物材料之一,透明、表面光滑适用于各种天气环境,最早是作为玻璃的取代品被采用,现在的应用领域已被大大拓展。目前,市场上的 PMMA 通常以板材的形式出售,厚度为 0.125mm ~ 260mm。

PMMA 是无定形结构的类玻璃聚合物,密度 $1.19g/cm^3$,对于水汽的吸收很低,折射率根据工艺不同介于 1.49 ~ 1.51 之间。PMMA 具有很高的力学强度和空间稳定性,也包括高弹性模量和断裂时的低延展性、不会像玻璃那样碎裂。具体参数如表 3.2 所列。

标准 PMMA 的热稳定温度只有 65℃ ,高热稳定性的 PMMA 可以达到 105℃。PMMA 可以承受 -75℃ 的低温。PMMA 具有很好的绝缘性能和防漏电性能。纯净的 PMMA 是无色透明的,也可以做成各种颜色,可见光的透过率达到 92% ,折射率 1.492,但是也有吸收和透过紫外光的品种。因此在光学 MEMS 器件的封装中,PMMA 具有一定的优势。

表 3.2　PMMA 的一些常用物理性质参数[1]

性　质	近　似　值
拉伸强度/(MN/m^2)	55～80
拉伸模量/(GN/m^2)	2～3
断裂时延展性/%	＜10
挠曲强度/(MN/m^2)	100～150
缺口冲击强度/(kJ/m^2)	＜3
比热容/(kJ/(kg/℃))	1.25～1.7
玻璃化温度/℃	105
热变形温度/℃	＜105
热膨胀系数/℃	5～10×10^{-5}
长时间工作温度/℃	＜105
密度/(g/cm^3)	1.0～1.2
成型收缩率/(m/m)	0.2～0.8
水吸收/%	0.1～0.5(50% 相对湿度)
透光性/%	92 透光率

　　PMMA 材料通常可以用挤压法和注塑成型法,也可以采用机械切割和激光加工等方法进行加工。热压(Hot Embossing)是 PMMA 微加工的一种基本方法,广泛用于 MEMS 器件制作。主要的工艺步骤如图 3.15 所示:图(a)在单晶硅上长二氧化硅和氮化硅,图(b)光刻出图形,图(c)KOH 腐蚀,图(d)、图(e)将 PMMA 和硅模具对好后热压,图(f)脱膜。整个热压工艺过程的主要工艺参数包括温度、压力和时间。

　　研究方案选择 PMMA 制作封装封盖,采用激光划片的方法形成和 4 英寸硅片形状一样的圆片。通过前述的 KOH 腐蚀的方法制作 780μm 厚的 4 英寸硅片模具,以热压法压制 PMMA,最后激光切割。图 3.16 是完成的 PMMA 封盖圆片的照片。其中 PMMA 封盖部分的深度是 200μm,正方形尺寸是 7mm×7mm,键合部分宽度是 1.3mm,划片槽宽度是 1mm,深度也是 200μm。

3.3.4　PMMA 直接键合

　　圆片级封装中最关键的工艺是键合,首先对 PMMA 和硅片的直接键合进行了

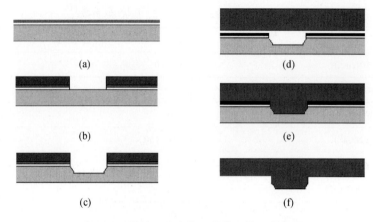

(a)

(b)

(c)

(d)

(e)

(f)

图 3.15　PMMA 的硅模具制作和热压流程图

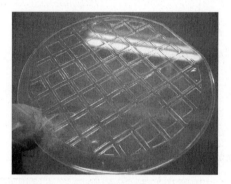

图 3.16　加工完成的 PMMA 封盖照片

研究。

　　在实验中除了采用 PMMA 外,还采用了 PC(Polycarbonate)来和硅做键合,这是两种类似的塑料材料,结果显示的键合测试结果很相近。在键合的准备阶段,首先对 PMMA 片进行酒精超声清洗,然后 90℃ 预烘 1h,对硅片简单地进行去离子水超声和氮气吹干。随后的直接键合采用了两种方式:方式 1 中进行了一系列的热压键合,键合温度为 90℃ ~140℃,但是结果表明由于 PMMA 和硅之间的巨大热膨胀系数差异(表 3.3),通常两者在降温过程中会分开。由于 PMMA 是透明的,能很容易观察到分离过程。对于几个键合成功的样品进行测试发现键合强度很低。我们也对于 PMMA 和硅表面进行了氧等离子体处理,使之保持亲水状态,但是键合的效果并没有很明显的改善。在方法 2 中,为了减小硅和 PMMA 之间的热膨胀系数差异,可在硅上溅射一层 Al,结果显示键合强度显著增加。具体的测试结果如表 3.4 所列。某些键合样品在测试过程中硅片发生了碎裂,而不是简单地和

PMMA 片分开,同时溅射在硅上的 Al 层也有很大一部分黏附在 PMMA 片一侧,如图 3.17 所示。

表 3.3　塑料和硅、Al 的热膨胀系数、弹性模量对比

力学性能	PMMA	PC	Si	Al
热膨胀系数/($\times 10^{-6}$/℃)	50 ~ 100	68	2.6	24.2
弹性模量/MPa	1800 ~ 3100	5500	1.69×10^5	7×10^4

图 3.17　采用方法 2 进行 PMMA 和 Si 直接键合的一个键合样品

用 Instron550 对键合样品进行了标准化的键合强度测试,结果如表 3.4 所列,可以看出对于 PMMA 和 PC 两种材料来说,由于 PC 的弹性模量以及热膨胀系数和衬底的差别都较大,因此键合效果较差。

表 3.4　聚合物—硅之间键合的强度测试结果

聚合物类型	方法 1/MPa	方法 2/MPa
PMMA	0.092(最好情况)	0.7
PC	N/A	0.52

3.3.5　SU8 键合封装技术[13-17]

3.3.5.1　SU8 简介

SU8 是一种环氧型聚合物材料,最早由 IBM 公司开发并申请专利。SU8 本身既可作光刻胶,也可作微结构材料。SU8 的主要特点如下:高机械强度,高化学惰性,可进行高深宽比、厚膜和多层结构加工。由于该光刻胶在近紫外区光透过率高,因而在厚胶上仍有很好的曝光均匀性,即使膜厚达 1mm,所得到的图形边缘仍

近乎垂直,深宽比可达 50:1。

对于 SU8 一般的工艺过程与普通光刻胶类似,包括甩胶、前烘、曝光、后烘和显影。但对每一步的要求要比普通光刻胶苛刻得多,需要根据应用的不同进行优化。SU8 的一些基本物理性质如表 3.5 所列。

表 3.5　SU8 的一些基本物理性质

弹性模量/GPa	4.02	降解温度/℃	≈380(曝光后)
泊松比	0.22	热膨胀系数/(×10⁻⁶/K)	30
摩擦因数	0.19	密度/(g/cm³)	1.2(SU8 聚合物)
玻璃化温度/℃	≈55（曝光前）	折射率	1.596(633nm)
	>200（曝光后）		

3.3.5.2　SU8 键合技术

我们采用 SU8 作为黏附剂进行 PMMA 和硅之间的键合研究。其中采用的 SU8 类型是 3050。具体工艺如下:首先对 PMMA 进行酒精超声清洗,硅片进行去离子水超声清洗,60℃烘箱烘干 1h;然后采用甩胶的方法在 PMMA 一侧形成一层 SU8 薄膜,热板预烘采用在 65℃温度下烘烤 2min,在 90℃温度下烘烤 15min 的方法(这个时间参数对于一般的 SU8 光刻应用有时候会太短,尤其是当 SU8 厚度达到 100μm 以上,但是在我们的键合工艺中没有发现明显的影响);然后将 PMMA 和硅片对准,在热板 110℃下回流完成键合。其间由于 PMMA 是透明的,可以观察到整个键合过程的完成。另外当 SU8 厚度大于 100μm 时,键合过程中不需要施加额外的压力,但是当厚度不足时会发生局部键合不上的问题,可以采用压置重物的方法改善键合效果。我们对 SU8 进行的 PMMA－硅键合进行了强度测试,结果显示强度为 2.3MPa~2.6MPa。

在试验中对一部分键合后的片子进行紫外曝光,因为 SU8 曝光后的机械强度要高于曝光前。但是在测试过程中没有发现键合强度的明显提高。主要原因可能是键合的强度主要取决于 SU8 和衬底的界面黏附强度而不是 SU8 本身的强度,进行强度测试的芯片拉开后,SU8 主要残留在硅片一侧。另外,采用曝光和未曝光的 SU8 的区别在于曝光的 SU8 无法进行回流,一是因为两者的玻璃化温度相差很大:55℃(曝光前)和 200℃(曝光后);二是 SU8 在玻璃化温度上很容易变性。因此,后面的试验中普遍采用不曝光的方式,以便于重新键合,去除或者进行别的处理。

SU8 的去除方法对于我们的封装应用很重要,另外在工艺过程中也会出现需要对 SU8 进行清除的情况。未曝光的 SU8 的去除可以用丙酮溶解来实现,曝光后的 SU8 的去除比较困难,可以采用 SU8 去胶液浸泡,同时 70℃水浴加热的方法,约

40min 可以去除。另外丙酮虽然不会溶解曝光后的 SU8,但是对于其和衬底之间的黏附性会有较大影响,长时间浸泡会造成脱落。

3.3.5.3 SU8 圆片级封装技术

在上述 SU8 键合技术的基础上我们进行了圆片级的键合封装研究。PMMA 封装处原深度为 200μm, SU8 甩胶后台阶测量变为 130μm(采用 1:1 稀释的 SU83050,转速 250r/min)。图 3.18 是键合完成后的片子的照片,可以看出键合的轮廓很清楚。在有的封装方框里 SU8 对于封装腔内部的边缘也实现了键合,这对封装的结果可能造成影响,因为 SU8 可能会污染器件,但是在很多情况下是可以接受的,因为封装腔的尺寸通常会比器件尺寸大一圈,SU8 适当地浸入封装腔不会影响到器件部分。

图 3.18 采用 SU8 的 PMMA – Si 圆片键合效果图

3.3.6 Epo – tek301 键合封装技术[14-17]

3.3.6.1 Epo – tek301 简介

Epo – tek301 是 EPOXY TECHNOLOGY 公司的双组分聚合物黏结剂,室温成型,黏稠度低,光学、力学性能优良。其一般的物理性能如表 3.6 所列。

表 3.6 Epo – tek301 的一些基本物理性质

颜色	无色透明(各组分及混合后)	降解温度/℃	430
黏度/Pa·s	1~2	工作温度/℃	-55~200
玻璃化温度/℃	>65	存储模量	327,463psi[①](23℃)
热膨胀系数/℃$^{-1}$	39×10^{-6}	折射率	1.519(589nm)
	98×10^{-6}		
邵氏硬度	85	相对介电常数	4.00(1kHz)
剪切强度/MPa	>723.45	电阻率/Ω·cm	$>1 \times 10^{13}$
① 1psi = 6894.7×10^{3}Pa			

Epo－tek301 由于其一系列的优良性能而得到广泛应用,主要包括:半导体方面,作为一般钝化层、焊接掩膜和挠性电路的黏附剂,与 LED 片、Si、GaAs 兼容;PCB 方面,用于 FR4、柔性和陶瓷 PCB 的灌封和保护;医药方面无毒,适用于医疗设备,如导尿管、牙科、内窥镜和手术用具,作为不锈钢、Ti 和大多数塑料的黏结剂,不受高压灭菌、γ 射线、X 射线的影响;光纤技术方面,作为玻璃和塑料光纤的黏结剂,光纤封装和元件的密封,光纤耦合和插接;光电子方面,作为层压玻璃层的 LCD/LED 的黏附剂,PET 塑料的黏附剂,一般的灌封和保护,可见光和近红外光线传输,光学部件的精确黏附(包括透镜、棱镜、分光镜、反射镜和二极管等)。

Epo－tek301 在微加工中的应用主要集中在键合方面,例如,在微流体芯片中键合 parylene 薄膜和硅衬底,石英和硅芯片的键合组装,对残余 301 胶进行氧等离子体去胶,释放可动部分,用于 PC 塑料的流体芯片的键合等。

3.3.6.2　Epo－tek301 键合技术

本研究中对利用 Epo－tek301 作为黏附剂进行 PMMA 和 Si 键合。主要的工艺过程如下:首先对 PMMA 进行酒精超声清洗,硅片进行去离子水超声清洗;把 Epo－tek301 的组分 A 和组分 B 以 3:1 的比例混合均匀(容器采用 PE 塑料)在 PMMA 侧旋涂或者涂抹 Epo－tek301;把 PMMA 和 Si 片对准后贴合,由于 Epo－tek301 良好的流动性,贴合后可以对衬底的对准再进行细微的调节;最后静置 24h 完成键合,或者采用加热的方法,温度越高需要的时间越短,典型的工艺是 65℃ 温度中加热 1h。但是为了减少封装过程所带入的热应力,通常都在室温下完成固化。Epo－tek301 对于硅的黏附性要优于 PMMA,虽然初始的甩胶是在 PMMA 侧完成的,但是最后测试时,把键合衬底拉开后 Epo－tek301 都残留在硅一侧。

聚合物材料在黏附剂应用中的强黏附优点在某些时候也会成为缺点,对重新加工、清除和去封装造成限制。固化前的 Epo－tek301 的去除可以采用有机溶剂棉(酒精或者丙酮)擦拭的方法。固化后的 Epo－tek301 去除比较困难,无法采用常见溶剂溶解的方法,而是采用别的黏附性方法,结合机械的方法去除。我们采用的方法包括加热和水浴浸泡,前者比较适合体积大的固化 Epo－tek301 胶,把胶加热到玻璃化温度以上(本研究中采用的是 150℃),待胶软化后手动机械去除,但是这样无法完全清除 Epo－tek301 的黏附,需要结合水浴浸泡。在水浴浸泡中采用的是丙酮溶剂,水浴 50℃ 浸泡同时超声(功率 100W)。虽然丙酮无法溶解 Epo－tek301 胶,但是可以降低其和衬底的黏附,结合超声可以使之脱落。

3.3.6.3　Epo－tek301 圆片级封装技术

Epo－tek301 的用量控制对于键合封装的结果有很大的影响,太多的胶容易引起沾污污染,太少的胶可能致使键合不完全。Epo－tek301 的甩胶厚度和转速关系测试实验的工艺步骤如下:对硅片进行洗涤灵溶液浸泡吹干处理,在上面甩一层聚二甲基硅氧烷（PDMS），然后 120℃加热固化，然后对 PDMS 表面进行氧等离子体处理（250W，30Torr（1Torr = 133Pa），30s），然后对预先按比例配好的 Epo－tek301进行甩胶，甩胶完成后在上面再贴合一层 PDMS 薄膜，静置 24h 固化，固化以后去离子水浸泡脱离整个 PDMS－301－PDMS 三明治结构，切开横截面显微镜测量 Epo－tek301 厚度。测试结果如图 3.19 所示：可以看出 Epo－tek301 的厚度随着甩胶转速的上升有很明显的下降。其中转速 0 表示的是在没有甩胶直接键合下的情况。

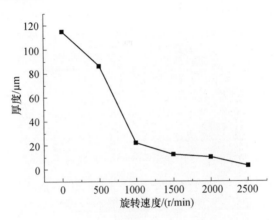

图 3.19　Epo－tek301 的甩胶厚度和转速关系测试图

在此基础上我们进行了基于 Epo－tek301 的 PMMA 硅圆片级键合。采用的是前面加工出的 PMMA 圆片，同样在 PMMA 侧甩 Epo－tek301，转速 1900r/min，对准以后和硅片贴合，同时在上面压一个小重物保持衬底的良好接触，室温静置 24h 完成固化。图 3.20 是完成键合后的圆片照片和放大的边缘照片。

(a) 键合的圆片　　　　　　　　　　(b) 局部照片

图 3.20　采用 Epo－tek301 完成的 PMMA－Si
圆片键合的整体和局部照片

在 PMMA 圆片级封装策略中有两个关键问题：即键合和划片。由于采用厚度和硅片衬底相当的塑料材料键合，无法采用硅玻璃键合的那种统一划片方式。因此设计了分别划片的方法，对于 PMMA 封盖采用机械划片或者激光划片，对于硅片采用常规的划片机划片。对于 PMMA 的机械划片会有比较大的振动，一定程度上造成部分键合区域脱离，因此对于机械划片，我们采用键合前预先背面划槽的方法。等完成键合，硅片划片后进行裂片。由于 PMMA 机械划片不会划透 PMMA，因此不对圆片级键合过程造成影响。图 3.21 所示为划片后的封装照片，可以看出边缘整齐光滑。

(a) 激光划片后的封装圆片

(b) 激光划片裂片后的小片　　　　　(c) 机械划片裂片后的小片

图 3.21　划片效果图

3.3.7　基于聚合物键合的微流体封装[10-17]

这种聚合物封装的方法也可以用于 MEMS 芯片级的封装。基于采用 SU8 和 Epo－tek301 的 PMMA－硅键合工艺技术，我们对一系列的微流体芯片进行了封装和测试。

对于微流体芯片封装主要是在为芯片提供保护的同时制作流体的入口和出

口。采用 SU8 键合封装的片子如图 3.22 所示:图(a)是键合完成的一个片子,PM-MA 上的孔采用机械钻孔的方式完成,包括一个入口两个出口;图(b)是在键合过程中的一个片子,可以看到右侧半边是键合上的区域,颜色较深,左侧是尚未键合上的区域,颜色较浅;图(c)是双层的封装结构的侧面图,流体输入/输出孔垂直于封装芯片,图(d)是三层封装结构的侧面图,流体输入/输出孔平行于封装芯片。图 3.23 是完成管道黏合可以进行应用测试的流体芯片的照片。封装后我们对芯片进行了测试,没有发现液体样品渗漏情况,而且成品率很高,可以达到 80% 以上。键合失败的主要原因是有的 PMMA 封装盖不平,致使有的区域键合不上,这个时候需要增加 SU8 厚度重新键合,另一个就是在后面的进出导管黏附过程中可能出现进出口的堵塞。

(a) 封装好的三孔芯片

(b) 封装中的七孔芯片

(c) 双层封装样品侧面图

(d) 三层封装样品侧面图

图 3.22　采用 SU8 键合封装的片子

图 3.24 是采用 Epo – tek301 键合封装完成的芯片照片,封装后对芯片进行了测试,很少发现液体样品渗漏情况,而且成品率很高,可以达到 80% 以上。以分离大小颗粒的微流体为例,如果封装的不同出口之间或者出口和入口之间存在封装的渗漏,那么通过芯片分离的颗粒会重新混合,无法达到分离效果。但是这里封装的成品的测试结果显示都能达到很好的分离效果。出现封装失败的主要原因与

(a) 三孔芯片

(b) 七孔芯片

图 3.23　完成管道黏合后的三孔芯片和七孔芯片

(a) 管道黏合前

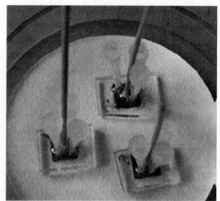
(b) 管道黏合后

图 3.24　采用 Epo－tek301 键合封装完成的流体芯片

SU8 键合相同。

　　采用 Epo－tek301 和 SU8 的主要不同,一是黏稠度的差异,Epo－tek301 的黏稠度很低,比 SU8(未稀释)的流动性要强很多,在毛细作用下可以更好地充满需要键合的区域,键合的过程也更快;二是 Epo－tek301 在键合完成之前都是液态,而 SU8 在甩胶和加热回流之间都保持固态,因此 Epo－tek301 更容易对芯片造成污染;三是采用 SU8 键合后可以采用加热回流的方法再把片子分开,并可以用丙酮浸泡清洗,但是 Epo－tek301 键合后很难去除;四是 Epo－tek301 的整个键合过程可以在室温下进行,因此,可以降低工艺过程带入的热应力的影响,而 SU8 需要加热回流完成键合;五是亲疏水性,Epo－tek301 在 PMMA 和硅表面都呈疏水状态,经过对衬底表面的氧等离子体处理可以使之呈现亲水状态,但是无法长久保持,加热会加快恢复的过程,而 SU8 不存在这个问题。

3.4 其他封接技术[18-36]

由于 MEMS 器件涉及到力、电、光、热、生物、粒子等多种物理量的传感、处理和执行,其相应的接口要求也各不相同。为满足特殊应用要求,必须在传统微电子、光电子和真空电子常用的封接工艺基础上开发新型的封接工艺。例如,生物 MEMS 需要开发针对流体的 MEMS 封接技术。本节将介绍用于微型发动机的耐高温封接技术:硅/玻璃/可伐封接。

随着便携电子设备的快速发展,对于能量提供技术的要求越来越迫切。基于微型燃烧室的能量发生器以其能量密度高、成本低等特点,正在成为替代传统电池的一个很有前途的解决方向。Epstein 提出了采用 MEMS 技术对热涡轮机进行小型化实现高能量密度,开发一种微型燃气机作为可移动能量发生器的方案[18]。在过去的几年中,MIT、日本 Tohoku 大学等研究机构进行了微型燃气涡轮机方面的研究。图 3.25(a)为 MIT 研制的微涡轮机示意图,图 3.25(b)为燃气涡轮机的结构[19-23]。

压缩机直径: 8mm
涡轮机转子直径: 6mm
气流: 0.4g/s
燃料消耗: 15g/h
输出功率: 17W(轴)

(a) MIT研制的微涡轮机示意图

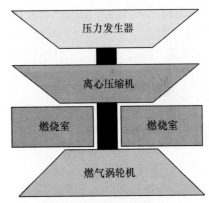

(b) 燃气涡轮涡轮机的结构

图 3.25 微型燃气机方面的研究

SIMTech 研究的一种基于硅材料的微型能量发生器,它由离心压缩机、燃烧室、射流涡轮和压阻能量转换器组成[24]。开发这种硅基能量发生器的一个难点,是微型发生器的空气/燃料气体供给装置和其他功能部件之间的高温封装。气密性是关键的要求,也就是说,从室温到 600℃,在 4atm(1atm = 101325Pa)压强之下,微型发生器与外界必须保持气体密闭。

利用制作好的金属管和模具实现 MEMS 器件在气密下键合,已经有过许多尝试。利用深反应离子刻蚀 DRIE 技术,Gray 提出了制作尺寸精确的截面来连接毛细管,实现 MEMS 与混合系统的集成[24]。Gonzalez 和 Meng 也有类似的方案报道,能够分别承受 1.4atm 和 90atm 压强[25,26]。另外,Jacobson 和 Harrison 探究了焊球键合、环氧键合、铜焊键合和玻璃键合几种方案与硅键合[27,28]。每种方法都有其优点和缺点。焊球键合能够适应的温度太低,不能应用于该项目。在低于 280 ℃ 的温度下,直径在 0.5mm 左右的 O 形橡胶环效果很好。环氧键合也可以使用,其适应的温度与橡胶环相似。陶瓷黏接能够适应更高的温度,但它的气密特性不够好。

以上几种方法都不能满足高温高压下微型能量发生器封装的需要。Lodon 和 Peles 提出了一种金属—玻璃—硅的气密封装方式。这种封装工艺被用来满足 MEMS 能量器件的需求,特别是工作在压强 125atm ~ 300atm、温度 20℃ ~ 600℃ 条件下的 MIT 的微型发动机[29,30]。室温下的湿度行为、挠度测试、张力测试和残余应力等实验结果,证明了该方法对于 MEMS 能量器件是一种很有吸引力的解决方案。

但是我们仍需要在更大温度范围内——从室温到 MEMS 能量器件的工作温度,对金属—玻璃—硅封装的热性能进行分析。特别是对于 SIMTech 的微型能量发生器,该器件的两个金属管之间的特征距离小于 2mm,在键合和燃烧实验过程中,高温高压条件所产生的热应力,很可能会导致封装结构的变形甚至失效。

本节给出了在较大的温度范围内,Kovar—玻璃—硅结构的热应力和热形变的模拟结果。同时分析了玻璃键合材料尺寸,金属管尺寸对于封装热性能的影响。根据这些分析结果,提出了 Kovar—玻璃—硅高温封装结构,制作了微型燃烧室封装的实验样本。

3.4.1 设计与建模

3.4.1.1 设计

利用气体燃料产生电能的微型气体涡轮机,它的一个关键部分是微型燃烧室。燃烧室用来混合和空气和燃料气体,使其在微小的腔体中燃烧,产生压缩气体来驱动涡轮[31]。燃烧室结构是由 7 个硅片组成的,如图 3.26 所示。

高能量密度和高功率要求微型燃烧室在高温下工作。微型燃烧室墙体温度的 CFD(Computational Fluid Dynamics)模拟结果显示,微腔内的最高温度可达 1600K,侧墙的温度可达 800K,如图 3.27 所示[32]。因此,金属—玻璃—硅气密键合成为微型燃烧室封装的唯一选择[33]。

Kovar 是一种镍合金,在近十年内被广泛应用于电子封装,它被特别设计为与 Pyrex 玻璃的膨胀率相匹配。选择这种合金材料,是因为它和硅材料的热膨胀系数(CTE)在室温到 500℃ 的范围内十分接近。在高于 500℃ 的温度下,Kovar 的热膨胀系数将比硅高,但是相对其他金属仍然和硅十分接近。图 3.28 显示了这种连接

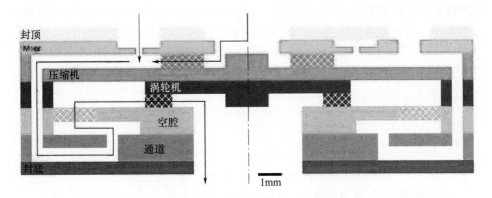

图 3.26　微型燃烧室示意图

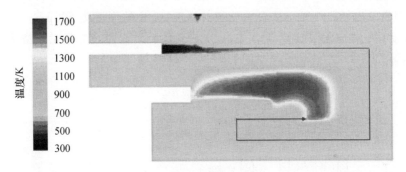

图 3.27　微型燃烧室工作温度分布的截面图(流体仿真结果)

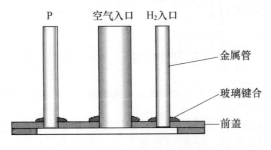

图 3.28　金属—玻璃—硅气密封装示意图

的示意图。用玻璃键合材料,将三个金属管气密封装在微型燃烧室的表层硅片上。金属管作为空气和气体燃料的通道,并可监控压缩机内的压强。

3.4.1.2　建模

　　由于 Kovar—玻璃—硅键合结构中,各种材料之间热膨胀系数存在差异,因此在一定温度条件下,键合区域周围会产生热应力。我们利用 ANSYS 分析了从室温到燃烧室工作时的侧墙温度、以及键合温度1220K下,由于热膨胀系数适配所产生的热应力与相应的热形变。模拟用到的参数在表3.7中列出[33,34]。

表3.7 材料的热膨胀系数CTE,弹性模量和泊松比

	热膨胀系数CTE(10^{-6}/K)					弹性模量/GPa	泊松比
T/K	300	500	700	800	1000		
硅	2.5	3.5	4.1	4.3	4.7	150	0.17
玻璃	4.8	4.9	5.0	5.0	5.0	64	0.2
Kovar	5.1	5.3	5.5	5.5	5.5	20	0

由于模拟结构的轴对称性,可以先建立键合结构的2D模型,如图3.29所示。

整个键合结构的3D模拟结果可以通过扩展2D模型的结果得到[35]。ID和OD分别表示内径和外径。H表示玻璃的厚度,硅片的厚度为500μm。假设金属管的长度在y方向无限延伸,硅片在x方向也是无限延伸。有限元网格部分如图3.30所示。

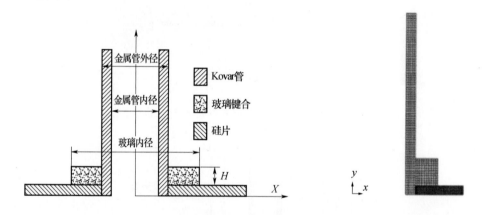

图3.29 Kovar—玻璃—硅工艺实现的封装结构的模型　　图3.30 应用有限元网格

为了分析玻璃和金属管的尺寸对热应力和热形变的影响,选择了一系列尺寸参数进行模拟,表3.8中列出了所选参数。

表3.8 用于模拟的玻璃与金属管尺寸　　　　　　　单位:mm

金属管	金属管内径	金属管外径	玻璃内径	玻璃外径	玻璃高度				
					H_1	H_2	H_3	H_4	H_5
金属管1	3.4	4	4	5.4	1	1.5	2	2.5	3
金属管2	1.6	2	2	3.1	0.8	1.2	1.6	2	2.5
金属管3	0.6	1	1	1.9	1				

3.4.2 结果与讨论[36]

3.4.2.1 模拟结果

1) 典型热应力分布和热形变分布

此处进行的模拟所使用的参数：金属管 1，ID 3.4mm，OD 4mm；玻璃材料 ID 4mm，OD 5.4mm，高度 1.5mm。图 3.31 显示了 1000K 温度下，热应力和热形变的 2D 和 3D 分布。

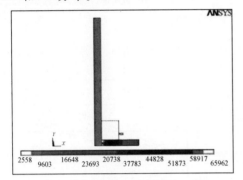

(a) 2D 热应力分布   (b) 2D 热形变分布

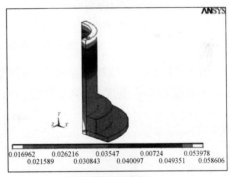

(c) 3D 热应力分布   (d) 3D 热形变分布

图 3.31　在 1000K 下热应力和热形变的分布

2) 温度对于封装性能的影响

随着温度不断变化，封装结构的热应力和热形变会产生相应的变化。在温度从室温上升到 1000K 的过程中，热应力先是上升，但在达到一个峰值之后开始下降，如图 3.32 所示。当玻璃的高度越高时，热应力达到峰值时的温度越高。在金属管 2，玻璃高度 H_S，温度为 500K 的条件下，热应力达到最大值。

热形变随着温度的上升而增大，温度为 1000K 时，热形变可增大为室温下的 4 倍，如图 3.33 所示。

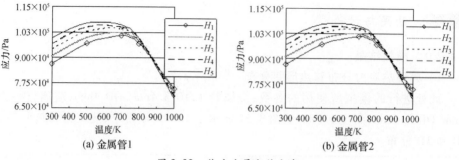

<table>
<tr><td>(a) 金属管1</td><td>(b) 金属管2</td></tr>
</table>

图 3.32　热应力最大值分布

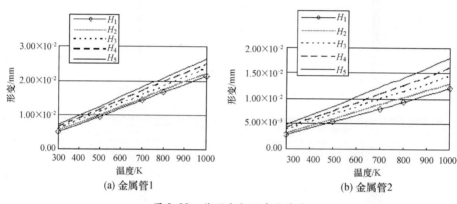

<table>
<tr><td>(a) 金属管1</td><td>(b) 金属管2</td></tr>
</table>

图 3.33　热形变与温度的关系

　　图 3.34 显示了 1220K 温度下,金属管 1 - H_2 的热应力与热形变分布。表 3.9 对工作温度和键合温度下,典型热应力与热形变进行了比较。很显然,键合温度下

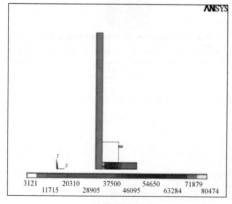

(a) 热应力分布

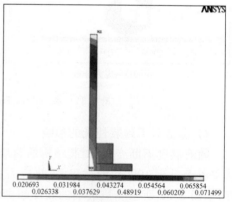

(b) 热形变分布

图 3.34　热应力与热形变分布(金属管 1 3.4mm ~ 4mm,

玻璃高度 H_2 1.5mm,温度 1220K)

的热应力和热形变更大,但是,在这个温度下,玻璃处于融化状态,情况应该更加复杂。因此,精确的结论应依靠实验获得。

表 3.9　工作温度与键合温度下典型结果的比较(金属管 1 – H$_2$)

T/K	1000	1220
等效应力/Pa	6.60×10^4	8.05×10^4
位移/mm	2.25×10^{-2}	2.70×10^{-2}

3) 玻璃高度对封装性能的影响

图 3.35 和图 3.36 分别显示了金属管 1、金属管 2 中,玻璃材料的尺寸对于热应力和热形变的影响。在较低温度下,对于金属管 1 和金属管 2,热应力随着玻璃高度的增大而增大。但温度越高,曲线上升的斜率越小,当温度达到 900K 时斜率变为负值。而热形变在任何温度下都随着玻璃高度的增大而增大。

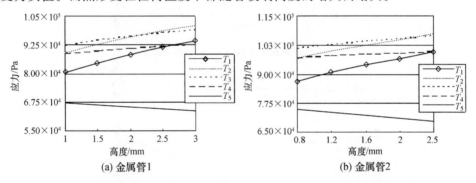

图 3.35　金属管 1 与金属管 2 的最大热应力—玻璃高度曲线(在不同温度下)

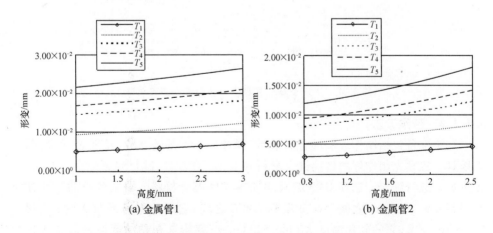

图 3.36　金属管 1 与金属管 2 的热形变—玻璃高度曲线(在不同温度下)

4）金属管尺寸对封装性能的影响

图 3.37 和图 3.38 显示了金属管直径对于热应力和热形变的影响。热应力随着金属管直径的增大而降低，而热形变随着金属管直径的增大而增大。但要注意的是，这里的热形变是绝对值，在设计中要考虑到器件本身的尺寸，即考虑形变的相对值。

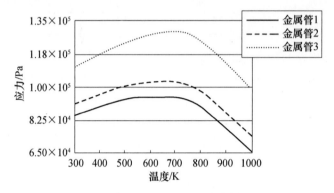

图 3.37　不同金属管直径下的热应力—温度曲线

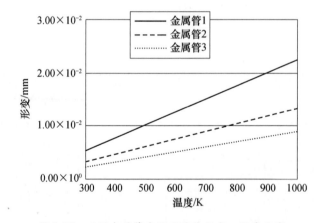

图 3.38　不同金属管直径下的热形变—温度曲线

3.4.2.2　制作工艺

加工准备包括制作玻璃键合的材料，刻蚀硅片上的连接口，准备金属管，制作碳模具。将预先制作好的玻璃键合材料和 Kovar 合金管、硅衬底装配在一起，放入加热炉中进行键合。选择 DM305 玻璃粉末作为键合材料。粉末颗粒的尺寸被控制在 $50\mu m \sim 300\mu m$ 之间。在室温到 $300℃$ 之间，它的热膨胀系数大约是 $(48 \sim 50)\times 10^{-7}/℃$，它的软化温度大约是 $720℃$。玻璃粉末和黏结剂被一起压入预成型件中。Kovar 合金管用激光切割，以保证其切面光滑。在带状低压强炉中加热，使合金管与玻璃接触的表面形成一薄层氧化层,可使氧化层生长缓慢,厚度很薄,防止生成多孔结构。

硅片上直径为 2mm、4mm、2mm 的通孔,是用 Alcatel Vaccuum 技术公司的 A601 设备,利用 DRIE 技术制作的。在 ICP DRIE 刻蚀中,用正光刻胶 AZ－4620 作为掩膜。刻蚀 $400\mu m$ 硅需要光刻胶掩膜的厚度为 $8\mu m \sim 10\mu m$,所以,$12\mu m \sim 15\mu m$ 厚的 AZ－4620 足够作为 ICP 刻蚀的掩膜。用 SF_6 作刻蚀气体,C_4F_8 作为钝化气体,实现高深宽比的各向异性刻蚀。通过优化工艺参数,可以提高侧墙的刻蚀质量。用适当的偏压在等离子舱内生成适当的电场,对刻蚀槽底部的钝化层进行垂直的粒子撞击。SF_6/C_4F_8 流速、刻蚀/钝化周期等其他工艺参数也被精确控制。因此,侧墙可以达到的 90° 的垂直状态。

碳模具用来把 Kovar 合金管固定在硅衬底恰当的位置上,如图 3.39 所示。通过模具,硅衬底、Kovar 合金管和玻璃键合材料被装配在一起,精确对准,通过丙烷气氛、低气压的加热炉,先从室温升温到 960℃,预加热 45min,然后在 960℃ 高温下加热 45min 进行键合,最后在室温下冷却。Kovar 合金管通过玻璃键合材料,被气密封接在硅片的通孔上。玻璃在加热炉中融化,与合金管和硅片之间的氧化层形成结合。键合的强度和可靠性由于氧化物与玻璃的融合而大大加强[28]。同时形成了气密封装。图 3.40 显示了一个用 Kovar—玻璃—硅键合封装的 7 片微型燃烧室的样本。金属管尺寸从左到右分别为 2mm、4mm、2mm。

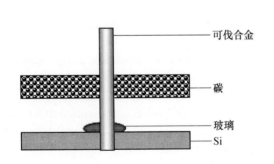

图 3.39　Kovar—玻璃—硅键合工艺示意图

图 3.40　用 Kovar—玻璃—硅键合封装的硅微燃烧室样品

Kovar—玻璃—硅键合是一种适用于 MEMS 能量器件的高温键合工艺。在高温下,由于三种不同材料热膨胀系数适配而产生的热应力,会导致键合区域的变形,从而影响键合的气密性。

根据各种情况下的数字模拟得到:键合区域的热应力随着温度和玻璃材料的高度变化;热形变随温度的升高而增大,玻璃高度越高,热形变越大。而随着金属管直径的增大,热应力变小,热形变增大。典型的热形变值,在工作温度下为25μm,在键合温度下为27μm。

参 考 文 献

[1] 金玉丰,王志平,陈兢.微系统封装技术概论[M].北京:科学出版社,2006.

[2] 国民波.电子封装工程[M].北京:清华大学出版社,2003.

[3] Tai-Ran Hsu.微机电系统封装[M].姚军,译.北京:清华大学出版社,2006.

[4] Tummala R R.微系统封装基础[M].黄庆安,等译.南京:东南大学出版社,1999.

[5] Daxue Xu,Henry Hughes. The process development of integrated wafer-level packaging using thick film sealing glass[J]. The Proceedings for 2nd Annual Symposium of Semiconductor Packaging Technologies. 1996,6: 26 – 29.

[6] Sheafli Patel,Drew Delaney. Characterization of glass on electronics in MEMS[J]. The SPIE Conference on Materials and Device Characterization in Mieromaehining. 1999,3875:73 – 78.

[7] 许薇,王玉传,罗乐.玻璃浆料低温气密封装 MEMS 器件研究.功能材料与器件学报,2005,11(8): 343 – 347.

[8] Chen Chien-Yu,Hung Cheng-Hui,Jhong Jhih-You,et al. Demonstration of wafer capping through glass frit bonding and its application on molded platform package[J]. Microsystems,Packaging,Assembly and Cireuits Technology,2007,12:177 – 180.

[9] Yang Charles,Xu Antai,Wang Ye. Wafer Level Hermetic Packaging of MOEMS Devices[J]. Electronic Manufacturing Technology Symposium,2007,8:294 – 297.

[10] Yu-Chuan Su,Lin L. Localized bonding processes for assembly and packaging of polymeric MEMS [J]. Transactions on Advanced Packaging Nov. 2005,28(4):635 – 642.

[11] Zimmerman M,Felton L Lacsamana E,Navarro R. Next generation low stress plastic cavity package for sensor applications[C]. Proceedings of 7th Electronic Technology Conference,7 – 9Dec,2005,1:231 – 237.

[12] Han A,Wang O,Mohanty S K,et al. A multi-layer plastic packaging technology for miniaturized bio analysis systems containing integrated electrical and mechanical functionality[C]. 2nd Annual International IEEE-EMB Special Topic Conference on Microtechnologies in Medicine & Biology,2 – 4 May,2002:66 – 70.

[13] su8:Thick Photo Resist for MEMS. http://memscyclopedia. org/su8. html.

[14] Marc Olivier Heuschkel. Fabrication of multi-electrode array devices for electrophysiological monitoring of invitro cell/tissue cultures[D]. Lausanne,EPFL,2001.

[15] Jae Wan Kwon,Hongyu Yu,Eun Sok Kim. Film Transfer and Bonding Techniques for Covering Single-Chip Ejector Array with Microchannels and Reservoirs[J]. JMEMS,December 2005,14(6):1399 – 1408.

[16] Michael J. DeBar,Dorian Liepmann. Fabrication and Performance Testing of a Steady Thermocapillary Pump with No Moving Parts[C]. Proceeding of the Fifteenth IEEE International Conference on Micro-Electro Mechanical Systems,2002:109 – 112.

[17] W Eberhardt,H Kuck,P Koltay,et al. Low Cost Fabrication Technology for Microfluidic Devices Based on Micro Injection[C]. Moulding Proc. Micro. tec 2003,October 14-15,2003,2003,129-134.

[18] Epstein,et al. Micro-heat engines,gas turbines and rocket ergines-the MIT micro engine project[J]. Snowmass, CO:AIAA Paper 97,June 1997:pp 1773.

[19] Mehra A. Development of a high power density combustion system for a silicon micro gas turbine engine[D]. Ph. D. dissertation,MIT,Cambridge,2000.

[20] lsomura K,Tanaka S. Component development of micro machined gas turbine generators[J]. Proc. of int'l Conference Power MEMS 2002,Tsukuba,Japan,2002:32 – 35.

[21] Tanaka,S,et al. Slilicon nitride ceramic-based two-dimensional micro combustor[J]. J. Micromech. Microeng, 2003,13:502.

[22] Tanaka S,et al. Silicon carbide micro reaction sintering using micromachined silicon molds[J]. J. Mic roelectromechanical systems,2001,10:55.

[23] Mehregany,M. et al. SiC MEMS:opportunities and challenges for applications in harsh environments[J]. Thin Solid Films,1999,355:518 – 524.

[24] Grey G L,Jaeggi D,Mourlas N J,et al. Novel interconnection technologies for integrated microfluidic systems [J]. Sensors A,1999,77:57 – 65.

[25] Gonzalez C,collins S D,Smith R L. Fluidic interconnects for modular assembly of chemical systems[J]. Sensors Actuates B,1998,49:40 – 45.

[26] Meng E,Wu S,Tai Y C. Silicon couplers for microfluidic applications[J]. Fresenius J. Anal Chem. ,2001, 371:270 – 275.

[27] Jacobson S A,Savoulides N,Epstein A H. Power MEMS consideration,Technical Digest of PowerMEMS 2003 [J]. The 3rd lnternational Workshop on Micro and Nanotechnology for Power Generation and Energy Conversion Applications,Makuhari,Japan,2003:11 – 14.

[28] Harrison T S. Packaging of MIT microengine[D]. Thesis for Master degree,MIT,2000.

[29] London A P,Ayon A A,Epstein A H. et al. Microfabrication of a high pressure biprepellant rocket engine,Sensors Actuates A,2001,92:351 – 357.

[30] Peles Y,Srikar V T. Harrison T S,et al. Fluidic packaging of microengine and microrocket devices for highpressure and high-temperature operation [J]. Journal of Microelectromechanical systems, 2004, 13 (1): 31 – 40.

[31] Shan X C,Wang Z F,Wong C K et al. Optimal design of a micro gas turbine engine[J]. Technical Digest of 3rd International Conference on Power MEMS 2003,Makuhari,Japan,2003:114 – 117.

[32] Hua J,Wu M,Kumar K. Numerical simulation of micro combustion for micro heat engines [J]. Technical Digest of PowerMEMS 2003,The 3rd International Workshop on Micro and Nanotechnology for Power Generation and Energy Conversion Applications,Makuhari,Japan,2003:106 – 109.

[33] Jin Yufeng,Shan Xue Chuan,Hao Yilong,et al. High Temperature Packaging for Micro Gas Turbing[J]. ICEE 2004/APCOT MNT,Sapporo,Japan,2004:619 – 622.

[34] http://www. engineeringtoolbox. com/.

[35] 石进杰. 基于 MEMS 技术的压阻式大过载惯性器件研究[D]. 北京:北京大学,2005.

[36] 赵影. MEMS 封装与可靠性基础研究. 北京:北京大学信息科学技术学院,2006:47 – 61.

第4章　器件级封装技术

  器件级封装也称单芯片封装（Single Chip Package），是对单个的电路或元器件芯片进行塑封，以提供芯片必要的电气连接、机械支撑、热管理、隔离有害环境、以及后续的应用接口条件。对两个或两个以上的芯片进行封装称为多芯片封装（Multi - chip Package），或多芯片模件（Multi - chip Module）[1]。

  由于 MEMS 器件级封装大量采用微电子器件级封装技术和设备，因此，先介绍常见的器件级封装工艺的制作流程（图 4.1），包括切片、贴片、互连、封装、测试等步骤。

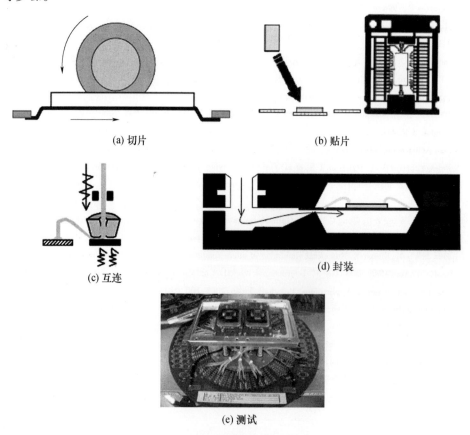

(a) 切片   (b) 贴片

(c) 互连   (d) 封装

(e) 测试

图 4.1　常见器件级封装工艺流程

　　器件级封装是微系统封装技术中十分重要的技术环节,是芯片正常运行、实现芯片与应用系统沟通的保证。器件级封装的种类繁多,一般都应该具备 7 个基本功能[1]:

　　(1)可靠的电信号 I/O 传输,电源、地、工作电压等稳定可靠的供电保障;

　　(2)满足模件构建和系统封装时对器件提出的各项要求,使其在二级封装后发挥有效的信号传输和供电保障作用;

　　(3)通过插装、SMT 等适当的互连方案,使器件在下一级封装时被实装到基板上,并正常工作;

　　(4)有效的散热功能,把被封装器件工作时产生的热传递出去;

　　(5)有效的机械支撑和隔离保护,避免振动、夹装等机械外力和水气、有害气体等周围环境对器件的破坏;

　　(6)提供物理空间的过渡,使得精细的芯片可以应用到各种不同尺度的基板上;

　　(7)在满足系统需求达到设计性能的同时,尽可能提供低成本封装方案。

　　封装的目的是将器件与外部温度、湿度、空气等环境隔绝,起保护和电气绝缘作用;同时还可实现向外散热及缓和应力。封装的气密性一般用阻挡氦气扩散的能力来度量,漏气率低于 $10^{-8}\,\mathrm{cm^3/s}$,则认为是气密的,其本质上是和固体、液体、气体的原子结构有关。据此,在封装材料选取时,希望具有良好的电性能,如较低的介电常数、优秀的导热性能和密封性能。不同的封装方式对应不同的芯片要求,以及满足组装、更高层次封装贴装的特定要求。MEMS 器件级封装在切片和贴片方面可以借用成熟的微电子封装工艺,对于大多数 MEMS 器件,引线键合仍然是主流的互连技术,在器件封装方面,按照不同的封装材料,可以分为金属封装、塑料封装和陶瓷封装(含金属陶瓷)等[2],如图 4.2 所示。

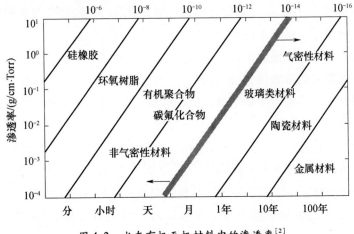

图 4.2　水在有机无机材料中的渗透率[2]

本章将对引线键合和三类主流封装技术进行介绍。

4.1　引 线 键 合

4.1.1　概述[3,4]

如同 IC 封装中一样,微互连技术是微米/纳米封装的基础工艺技术和专有封装技术,是国际微系统产业的开发热点[3]。

互连技术的服务对象包括芯片与芯片间、芯片与封装衬底间和器件与基板间的物理量连接。其中,电信号的互连是微系统中遇到的最主要的基础技术,也就是本章介绍的内容。对光信号、流体信号的互连,则分别在第 2 章和第 9 章中进行讨论。

电子工程中最早采用的互连技术是钎焊,为适应微电子产业微细化的要求,已经开发并广泛使用的互连技术有以下三种:引线键合技术(Wire Bonding, WB)、载带自动焊技术(Tape Automated Bonding, TAB)和倒装焊技术(Flip Chip Bonding, FCB)。

在微电子封装中,互连技术对器件性能的影响是很关键的,特别是芯片互连对电子器件长期使用的可靠性影响很大。半导体器件的失效大约有 1/3 ～ 1/4 是由芯片互连引起的。

众所周知,芯片一般不能单独使用。为实现与外界的信息交换,芯片都要配备 I/O 端口。通过芯片与芯片、芯片与基板、器件电路与系统的互连,才能实现对芯片的功率和信号的分配、信号的相互传递。因此,保证芯片、器件与系统的电源、地和电信号畅通是互连最基本的功能。

互连的第二个功能是满足封装结构优化的需要。物理尺度上互连布线远大于芯片内部的电源和信号布线,互连方式将严重影响各级封装系统的技术性能,对所采取的各种互连方式必须能够明确其电学参数,如电阻,电感和电容等,以适应系统的工作要求。

除了电学功能外,一些芯片级互连还能够提供给芯片机械支撑,通过使用密封胶保护芯片或缓解互连材料之间的应力和应变。另外,任何好的电导体同时也会是一个好的热导体,一些互连线(点)与封装材料一起经常需要满足芯片工作时散热的要求。因此,芯片级互连中每个互连线(点)同时具有导电、散热或者机械支撑的作用。

4.1.2 引线键合技术

4.1.2.1 基本概念[5]

引线键合的作用是从 MEMS 芯片中引入和导出电连接,如图 4.3 所示压力传感器的硅膜引线键合技术。

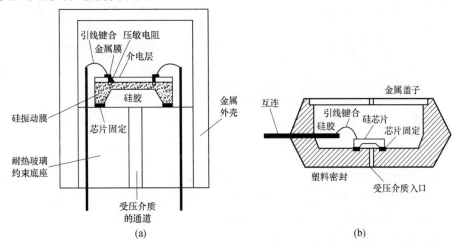

图 4.3 压力传感器的硅膜引线键合技术

典型的引线键合技术是将芯片电极面朝上粘贴在封装基座或基板上,再用金丝或铝丝将芯片电极与引线框架或布线板电路上对应的电极键合连接的相关技术。

引线键合以技术成熟、工艺简单、成本低廉、适用性强而在电子工程的互连中占重要地位,目前大部分微系统封装都采用引线键合连接。引线键合技术在适应和满足不断涌现的半导体新工艺和新材料中变化和发展。

虽然业界关于引线键合技术不久即将过时的预测已经存在十多年,但这种技术不仅没有消失,还依然作为主流互连技术活跃在低端到高端的各种封装形式中,并与微电子系统技术同步不断向前发展。

4.1.2.2 键合类型[6,7]

引线键合技术,又称作线焊技术和引线连接。根据键合装置的自动化程度高低分为手动、半自动和全自动三类;根据其键合工艺特点则分为超声键合、热压键合和热超声键合,这三种键合方式各有特点,也有各自适用的产品。

1)超声键合

目前,通过铝丝进行引线键合大多采用超声键合法。超声键合采用超声波发生器产生的能量,通过磁致伸缩换能器,在超高频磁场感应下,迅速伸缩而产生弹性振动,经过变幅杆传给劈刀,使劈刀相应振动;同时,在劈刀上施加一定的压力。于是,劈刀就在这两种力的共同作用下使铝丝和焊区两个纯净的金属面紧密接触,达到原子间的"键合",从而形成牢固的焊接。超声键合使金属丝与铝电极在常温下直接键合。由于键合工具头呈楔形,故又称楔压焊(图4.4)。

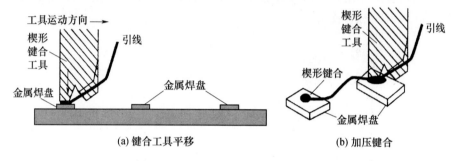

(a) 键合工具平移   (b) 加压键合

图 4.4 楔压焊—超声键合

键合特点:超声引线键合是一个低温过程,键合工具是一个可以引出导线的锲形体。键合的能量是超声波。键合时,键合工具平行地移向焊盘,到达目标焊盘后,锲形工具降到焊盘表面,通过压力作用,超声能量在接触表面上释放出来,于是完成表面键合。键合时间大约20ms。

2) 热压键合

热压键合是通过加热和加压力,使焊区金属发生塑性形变,同时破坏金属焊区界面上的氧化层,使压焊的金属丝与焊区金属接触面的原子达到原子的引力范围,进而通过原子间吸引力,达到键合的目的。此外,金属界面不平整,通过加热加压可使两金属相互镶嵌。但这种焊接使金属丝变形过大而受损,影响焊接键合质量,限制了热压焊的使用。

键合原理:将加热过的金属球压接到金属焊盘上,金属引线通过毛细管键合工具把其接头导出到金属焊盘上,引线头被加热到400℃后变成球状,利用端部为半球状的工具将球压在焊盘上,经过40ms的压接后,工具缩回,引线就黏接到焊盘上了(图4.5)。

3) 热超声键合

热超声键合也称金丝球焊。热压键合和热超声键合的原理基本相同,区别在于热压键合采用加热加压;而热超声键合采用加热加压加超声,其原理与工艺过程如图4.6所示。①用高压电火花使金属丝端部熔成球;②在芯片焊区加热加压加超声,使接触面产生塑性变形并破坏界面的氧化膜,使其活性化;③通过接触使两金属间扩散结合而完成球焊,即形成第一焊点;④通过精细而复杂的三维控制将焊头移动至封装底座引线的内引出端或基板上的焊区;⑤加热加压加超声进行第二

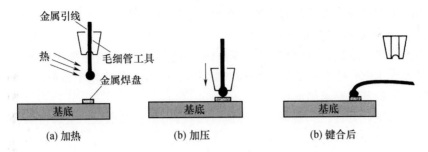

图 4.5　热压引线键合

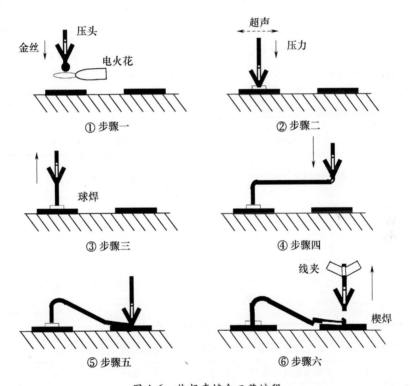

图 4.6　热超声键合工艺过程

个点的焊接;⑥完成楔焊,形成第二焊点,从而完成一根线的连接。⑦重复前面①~⑥过程,进行第二根、第三根……线的连接。这种工艺中两焊点明显的区别是第一焊点要使金属丝端部熔成球形,而第二焊点不必在金属丝端部熔成球形,是利用劈刀的特定形状施加压力以拉断金属丝。由于热超声键合可降低热压温度,提高键合强度,有利于器件可靠性等优点,热超声键合已取代了热压键合和超声键合,成为引线键合的主流键合方式。目前,生产线上的键合机约90%都是采用热超声键合工艺的全自动金丝球引线键合机,简称金丝球焊机。

4.1.2.3 引线键合的主要材料[6-8]

不同的焊接方法,所选用的引线键合材料也不同。如金丝主要应用于热压焊、金丝球焊等工艺;铝丝和铝合金丝(Si-Al,Cu-Si-Al)等应用于超声焊。对引线键合线材料的基本要求如下:

(1) 与键合材料(铝,金或其他表面镀层材料)形成低电阻的欧姆接触;

(2) 与键合材料的结合力强;

(3) 电导能力强;

(4) 可塑性好,适合焊接工艺,并且能保持一定的形状等;

(5) 化学性能稳定。

表4.1和表4.2分别列出了金丝和铝丝的特性[5,7]。从表中可以看出,金丝和铝丝经过退火处理以后,大大提高了延展性和柔韧性,易于无损伤焊接。因铝的熔点低,金的熔点高,退火时,只要掌握好铝的退火温度尽量低一些,金的退火温度稍微高一些,就能获得较佳的效果。

表4.1 引线键合用金丝特性表

直 径/μm	质 量/(mg/m)	平均最小伸展率/%		破坏强度/N	阻值/(Ω/m)
		未退火	退火后		
127	244	5	15	1.6	1.84
76	88	5	15	1.05	5.32
50	39	5	15	0.26	11.96
25	9.78	5	6	0.06	47.6
12.5	2.49	3	4	0.015	192
5	0.39		2	0.0024	776

表4.2 引线键合用铝丝特性

直 径/μm	平均最小伸展率/%		破坏强度/N		阻值/(Ω/m)
	未退火	退火后	未退火	退火后	
127	1.5	15	4	2	2.23
76	1.5	15	1.4	0.7	6.12
50	1.3	12	0.65	0.32	13.9
25	1.2	4	0.15	0.08	55.7
12.5	1	3	0.04	0.02	223
25(1% Si)	1	3	0.18	0.028	

除了金和铝丝外,近年来铜已经被大量用于集成电路互连,这是由于集成电路的门延迟取决于互连材料的电阻和电容。而铜比传统用于互连的铝具有较高的电导率,有助于减小电阻,从而降低门延迟。但是采用铜丝作为互连材料时需要在焊接工艺上进行相应的改进。例如,在铜焊盘上需要使用保护层来防止铜的氧化。在键合过程中需要采用超声波换能器的多级驱动。多级驱动的目的首先是用高功率超声波破坏铜表面氧化层,然后再用较低功率的超声波完成扩散焊接。

除了电阻率低外,铜丝相对于金丝具有成本低、强度和刚度高等特点,适合于细间距键合的优点。而且铜金属间扩散率较小,金属间化合物生长较慢,因而金属间渗透层的电阻较小。使用铜线进行键合时,电子打火需要使用保护气以防止铜球氧化。

4.1.2.4　引线键合的工艺关键[8]

（1）温度控制:键合温度指的是外部提供的温度,工艺中更注意实际温度的变化对键合强度的影响。过高的温度不仅会产生过多的氧化物,影响键合质量,并且由于热应力应变的影响,图像监测精度和器件的可靠性也随之下降。温度过低将无法去除金属表面氧化膜层等杂质,无法促进金属原子间的密切接触。实验研究温度因素对热超声键合强度的影响,认为最佳键合"窗口"在 200℃ ~240℃ 间,此时键合强度可达 0.2N。一般温度调节范围:室温 ~400℃。调节精度:程控模式的温度分辨力或温控精度为 1℃。温控器可以手动设置或程控,通过控制加热管的电流达到控温效果。

（2）精确定位控制:对芯片、引线框架和封装基板的精确定位,一般采用精密导轨控制、精密模具控制及精密光电控制相结合的方式实现。

（3）工作参数设定:对驱动超声波换能器、线夹、电子打火的电流、电压、频率、振幅、键合压力、时间等参数的合理设置来保证焊接点的精度、焊接质量和长期可靠性。

通常的键合时间都在几毫秒,并且键合点不同,键合时间也不一样。一般来说,键合时间越长,引线球吸收的能量越多,键合点的直径越大,界面强度增加而颈部强度降低。但是过长的时间,会使键合点尺寸过大,超出焊盘边界并且导致空洞生成概率增大。温度升高会使颈部区域发生再结晶,导致颈部强度降低,增大了颈部断裂的可能。因此合适的键合时间显得尤为重要。

超声功率对键合质量和外观影响最大,因为它对键合球的变形起主导作用。过小的功率会导致过窄、未成形的键合或尾丝翘起;过大的功率导致根部断裂、键合塌陷或焊盘破裂。研究发现超声波的水平振动是导致焊盘破裂的最大原因。超声功率和键合力是相互关联的参数。增大超声功率通常需要增大键合力使超声能量通过键合工具更多地传递到键合点处,但过大的键合力会阻碍键合工具的运动,抑制超声能量的传导,导致污染物和氧化物被推到键合区域的中心,形成中心未键合区域。

图4.7为键合机的键合头示意图。其中,超声波换能器、线夹、劈刀的制造需要极高的加工技术和检测水平,附加值较高。该部分涉及到的关键技术:程控超声波换能技术、金丝球成形技术、键合压力控制技术和线夹精密驱动控制技术。

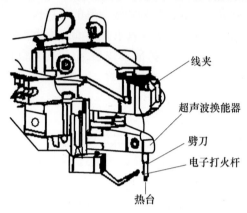

图4.7　键合头结构示意图

超声波换能技术主要包括精准支撑劈刀,并给劈刀传递振动能量和压力;技术要点是控制超声波发生器的输出频率和电压,达到调节超声波共振频率和振幅的目的。其对焊接点的质量和可靠性影响极大。

金丝球成型技术主要对球焊点的性能有直接影响。它实际是控制打火杆高压放电的时间、能量,以使劈刀尖端的金线迅速熔融,并在表面张力作用下形成球状,引线键合对金丝球直径一致性要求非常高,故而全自动键合机常设置有金丝球直径探测装置,金丝球直径的控制范围约为线径的1.4倍~3倍。

键合压力由直流电机驱动、通过接近式传感器反馈信号对其进行精确控制,其控制压力范围为0.1Pa~2Pa,分辨力为0.002Pa。线夹驱动器由压电陶瓷驱动,其打开和关闭能力是快速、正确地完成键合工艺的重要条件。线夹关闭时必须保证足够的夹持力以拉断引线又不能损伤引线的完整性,打开时必须提供足够的空间让引线无阻碍地通过。

虽然键合装置各功能部件的单独驱动和控制可以很容易地实现,但各功能部件是组装在一起的统一体,其功能既相对独立又互相配合。这些部件如何快速、准确、有序、协调地完成各自的设定动作,是检验装配合格的重要标志,是检测电气设计和软件控制是否合理的象征,是关系到能否保证焊接点的可靠性和精度的关键所在。因此,就必须绘制精确的电子打火、超声波换能器、线夹驱动、键合压力、劈刀在垂直方向的驱动等的工艺时序图,并结合各项单元技术充分理解和掌握其规律,为机电设计和软件控制提供逻辑依据。

4.1.2.5　技术缺陷[1-3]

引线键合技术由于受到自身特征的制约存在一些固有技术缺陷:一是多根引线并联会产生邻近效应,导致同一硅片的键合线之间或同一模块内的不同硅片的键合线之间电流分布不均;二是键合引线的寄生电感很大,会给器件带来较高的开关过电压;三是引线本身很细,又普遍采用平面封装结构,传热性能不够好等。

4.2　塑　料　封　装[1-3,9-18]

塑料封装是指对半导体器件或电路芯片采用树脂等材料进行塑封的一类封装,塑料封装一般被认为是非气密性封装。

塑料封装的主要特点是工艺简单、成本低廉、便于自动化大生产。塑封产品约占 IC 封装市场的 95%,并且可靠性不断提高,在 3GHz 以下的工程中大量使用。

4.2.1　塑料封装的工艺流程和基本工序[1,2]

一般所说的塑料封装,如无特别的说明,都是指传递模注封装。参见 图 4.8,主要工艺包括硅片减薄、切片、芯片贴装、引线键合、转移成型、后固化、去飞边毛刺、上焊锡、切筋打弯、打码等多道工序。

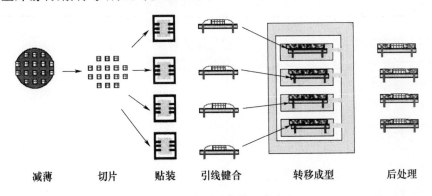

减薄　　切片　　贴装　　引线键合　　　转移成型　　　后处理

图 4.8　典型的塑封工艺流程

有时也将封装工序分成前后道二部分,即用塑封料塑封前的工艺步骤称为装配或前道工序,其后的工艺步骤称为后道工序。封装前的准备工作包括注塑芯片制备、模具的准备和框架引线的制作等。

4.2.2 塑封材料[1,2]

4.2.2.1 塑封材料的选择

由于塑封需要高纯度的聚合物,故非气密封装的广泛使用出现在气密封装使用后的许多年以后。传统的模塑封装和聚合物塑封电路均属于非气密性封装的范畴。早期,这些聚合物不能有效阻止湿气的侵蚀,故在加速试验和实际应用时,湿气一旦进入到 IC 及其组装的精密表面,会降低器件性能。对塑料封装来说,由于不适当的黏结、材料本身的沾污、不匹配的热膨胀系数、与应力相关的问题和相对不成熟的填充技术,所有这些因素使得塑料封装不能很快被接受。随着树脂、填充技术、材料形成技术以及工艺等方面技术的显著提高,塑料封装在 20 世纪 70 年代初期开始崭露头角。在这段时间里,作为抵挡湿气浸入的第一道防线——器件有源区表面的玻璃钝化层,其质量也有了很大的提高。所有这些相关技术的进步,成为塑料封装开始被接受的基础,并最后推动其广泛的应用[8]。

塑料封装材料是以环氧树脂为基础成分,添加了各种添加剂的混合物。目前,趋向高端化的集成电路对塑封材料性能的要求主要有 8 个方面。

(1) 成型性,包括流动性、固化性、脱模性、模具沾污性、金属磨耗性、材料保存性、封装外观性等;

(2) 耐热性,包括耐热稳定性、玻璃化温度、热变形温度、耐热周期性、耐热冲击性、热膨胀性、热传导性等;

(3) 耐湿性,吸湿速度、饱和吸湿量、焊锡处理后耐湿性、吸湿后焊锡处理后耐湿性等;

(4) 耐腐蚀性,离子性不纯物及分解气体的种类、含有量、萃取量;

(5) 黏结性,包括元件、导线构图、安全岛、保护模等的黏结性,高湿、高湿下黏结强度保持率等;

(6) 电气特性,包括各种环境下电绝缘性、高周波特性、带电性等;

(7) 机械特性,拉伸及弯曲特性(强度、弹性系数高温下保持率)、冲击强度等;

(8) 其他性能,包括打印性(油墨、激光)、难燃性、软弹性、无毒及低毒性、低成本、着色性等。

从基材的综合特性来看,最常用的塑封材料分四种类型:环氧类、氰酸酯类、聚硅酮类和氨基甲酸乙酯类,目前 IC 封装使用邻甲酚甲醛型环氧树脂体系的较多。具有耐湿、耐燃、易保存、流动充填性好、电绝缘性高、应力低、强度大、可靠性好等特点。

4.2.2.2　塑封材料可靠性

塑封是非气密性封装,最主要的缺点就是对潮气比较敏感。如果工艺控制不好,就会使集成电路的抗潮湿性能降低。如果塑封体内含有较多的水气,集成电路的参数就会变坏,当集成电路处于潮湿环境时,集成电路的参数会进一步恶化,甚至会使集成电路不能正常工作。塑封集成电路的塑封体跟其他材料一样,会从环境中吸收或吸附水气,特别是当集成电路处于潮湿环境时,会吸收或吸附较多的水气,并且会在表面形成一层水膜。如果集成电路的塑封料与引线框架黏附不好,或是界面的材料存在微裂纹,或是界面的材料在结构上有缺陷,水气就会沿着这些缺陷进入到塑封体内部,甚至芯片表面,腐蚀芯片的铝金属化层。另外,水气也会穿过塑封体进入到封装体内部,如果塑封体存在缺陷,水气就会加速进入到塑封体内部,从而导致集成电路失效。由于水分子的直径很小,约为 2.5×10^{-8} cm,有很强的渗透和扩散能力,能够穿过塑封料的毛细孔分子间隙,渗入到封装体的内部。要提高集成电路抗潮湿性能,可以通过改进芯片钝化层和集成电路的设计,提高芯片装片的工艺质量,优化集成电路封装工艺等途径解决。

4.2.3　传递模注封装

4.2.3.1　传递模注介绍

传递模注是热固性塑料的一种成型方式,模注时先将原料在加热室加热软化,然后压入已被加热的模腔内固化成型。由于其技术价格便宜,适于大批量生产,是目前半导体产业中最常用的封装形式。传递模注按设备不同有三种形式:活板式、罐式、柱塞式。

传递模注对塑料的要求:在未达到固化温度前,塑料应具有较大的流动性,达到固化温度后,又须具有较快的固化速率。能符合这种要求的有酚醛、三聚氰胺甲醛和环氧树脂等。

传递模注具有以下优点:

（1）制品废边少,可减少后加工量;

（2）能加工带有精细或易碎嵌件和穿孔的制品,并且能保持嵌件和孔眼位置的正确;

（3）制品性能均匀,尺寸准确,质量高;

（4）模具的磨损较小。

传递模注缺点如下:

（1）模具的制造成本较压缩模高;

（2）塑料损耗大;

（3）纤维增强塑料因纤维定向而产生各向异性。

围绕在嵌件四周的塑料,有时会因熔融压接不牢而使制品的强度降低。

4.2.3.2 传递模注封装过程

传递模注封装过程如图 4.9 所示,图 4.10 为传递模注装置示意图。封装过程可简单描述如下:

(1)给粉末状树脂加压,打模成型,制成塑封料饼;封装前,用高频预热机给料饼预热;

(2)预热后的料饼投入模具的料筒内;

(3)模具注射头给料饼施加压力,树脂由料筒经流道,通过浇口分配器进入浇口,最后填充到型腔中;

(4)待封装树脂基本上填满每个型腔之后,注射头加压力,在加压状态下保持数分钟,树脂在模具内发生充分的交联固化反应,硬化成型;

(5)打开模具,取出封装好的集成电路制品。切除流道、浇口等不必要的树脂部分。

到此阶段树脂聚合仍不充分,特性也不稳定,要在 160℃ ~ 180℃经数小时的高温加热,使聚合反应完成。最后要处理外部引脚,去除溢出的树脂,经过电镀焊料或电镀锡等处理以改善引脚的耐蚀性及微互联时焊料与它的浸润性。

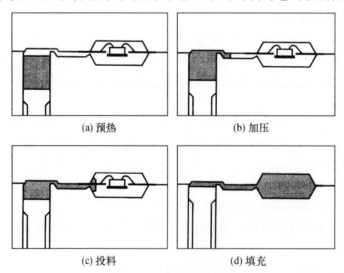

(a) 预热 (b) 加压

(c) 投料 (d) 填充

图 4.9 传递模注封装过程

4.2.3.3 模封成形常见缺陷及其对策

1)未充填

(1)由于模具温度过高引起的有趋向性的未充填。预热后的树脂在高温下反

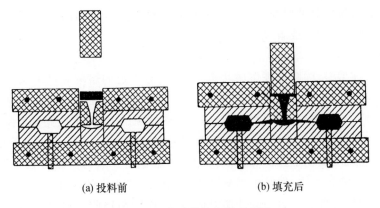

(a) 投料前　　　　　　　　　(b) 填充后

图 4.10　传递模注装置示意图

应速度加快,致使树脂的胶化时间相对变短,流动性变差,在型腔还未完全充满时,树脂的黏度便会急剧上升,流动阻力也变大,以至于未能得到良好的充填,从而形成有趋向性的未充填(图 4.11)。在大体积电路封装中比较容易出现这种现象,因为这些大体积电路,树脂的用量往往比较大,为使在短时间内达到均匀受热的效果,设定模具温度往往比较高,所以容易产生这种未充填现象。

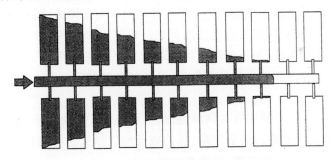

图 4.11　趋向性未充填示意图

对于这种有趋向性的未充填主要是由于树脂流动性差而引起的,可以采用提高树脂的预热温度,使其均匀受热;增加注塑压力和速度,使树脂的流速加快;降低模具温度,以减缓反应速度,延长树脂流动时间,从而达到充分填充的效果。

(2) 由于模具浇口堵塞,致使树脂无法有效注入;或者由于模具清洗不当造成排气孔堵塞,也会引起未充填,而且这种未充填在模具中的位置也是毫无规律的,小体积电路出现这种未充填概率较大。

可以用工具清除堵塞物,再涂上少量的脱模剂,并且在封装后,都要用气枪和刷子将料筒和模具上的树脂固化料清除干净。

(3) 由于树脂用量不够而引起的未充填。这种情况一般出现在更换树脂、封装类型或者更换模具的时候,选择与封装类型和模具相匹配的树脂用量,即可解决,但是用量不宜过多或者过少。

2)冲丝

在封装成型时,树脂呈现熔融状态,由于具有一定的熔融黏度和流动速度,所以自然具有一定的冲力,这种冲力作用在金丝上,很容易使金丝发生偏移,甚至会造成金丝冲断。这种现象在塑封的过程中是很常见的,也是无法完全消除的,但如果选择适当的黏度和流速还是可以控制在合适的范围内。要降低冲丝程度和冲丝缺陷的发生率,关键在于选择和控制树脂的熔融黏度和流速。塑封过程树脂的熔融黏度是不断变化的,一般是由高到低再到高的一个变化过程,而且存在一个低黏度期,所以应该选择一个合理的注塑时间,使模腔中的树脂在低黏度期中流动,以减少冲力。减小冲力还要选择一个合适的流动速度。影响流动速度的因素很多,可以从注塑速度、模具温度、模具流道、浇口等因素来考虑。另外,长金丝的封装产品比短金丝的封装产品更容易发生冲丝现象,所以芯片的尺寸与小岛的尺寸要匹配,避免大岛小芯片现象,以减小冲丝程度。

3)气泡或气孔

在封装成形的过程中,气孔是最常见的缺陷。特别在采用单注塑封装时,严格来讲是无法完全消除的。气泡的产生不仅使塑封体强度降低,而且耐湿性、电绝缘性能大大降低,对集成电路安全使用的可靠性将产生很大的影响。情况严重的将导致集成电路制造失败,对于电器的使用留下安全隐患。根据气孔在塑封体上产生的部位可以分为内部气孔和外部气孔,而外部气孔又可以分为顶端气孔和浇口气孔。

(1)顶端气孔的形成主要有两种情况,一种是由于各种因素使树脂黏度迅速增大,注塑压力无法有效传递到顶端,顶端残留的气体无法排出而造成气孔缺陷;另一种是树脂的流动速度太慢,以至于型腔没有完全充满就开始发生固化交联反应,这样也会形成气孔缺陷。解决这种缺陷最有效的方法就是增加注塑速度,适当调整预热温度。

(2)浇口产生气孔的主要原因是树脂在模具中的流动速度太快,当型腔充满时,还有部分残余气体未能及时排出,而此时排气口已经被溢出料堵塞,气体在注塑压力的作用下,往往会被压缩而留在浇口附近的部位。解决这种气孔缺陷的有效方法就是减慢注塑速度,适当降低预热温度,以使树脂在模具中的流动速度减缓;同时为了促进挥发性物质的逸出,可以适当提高模具温度。

(3)内部气孔的形成原因主要是模具表面的温度过高,使贴近型腔表面的树脂过快或者过早发生固化反应,加上较快的注塑速度使得前方排气口部位充满,以至于内部的部分气体无法克服表面的固化层而留在内部形成气孔。这种气孔多出现在浇口端和中间位置。要有效地降低这种气孔的发生率,首先要适当降低模具温度,其次可以考虑适当提高注塑压力,但是过分增加压力会引起冲丝、溢料等其他缺陷,目前工艺线上压力范围基本在 8MPa ~ 10MPa。

4)麻点

在树脂封装成形后,封装体的表面有时会出现大量微细小孔,而且位置都比较集中,表面粗糙。这些缺陷往往会伴随其他缺陷同时出现,如未充填、开裂等。这种缺陷产生的原因主要是料饼在预热的过程中受热不均匀,料饼各部位的温差较大,导致注入模腔后固化反应不一致,形成麻点缺陷。引起料饼受热不均匀的因素也比较多,但是主要有以下三种情况。

(1)料饼边缘破损缺角。对于破损严重的料饼,只能放弃不用。对于一般破损缺角的料饼,其缺损的长度小于料饼高度的 1/3,并且在预热机辊子上转动平稳,方可使用,而且为了防止预热时倾倒,可以将破损的料饼夹在中间。在投入料筒时,最好将破损的料饼置于底部或顶部,这样可以改善料饼之间的温差。

(2)料饼预热时放置不当。在预热结束取出料饼时,往往会发现料饼的两端比较软,而中间的比较硬,温差较大。一般预热温度设置在 84℃ ~ 88℃ 时,温差为 8℃ ~ 10℃,这样封装成形时最容易出现麻点缺陷。要解决因温差较大而引起的麻点缺陷,可以在预热时将各料饼之间留有一定的空隙来放置,使各料饼都能充分均匀受热。经验表明,在投料时先投中间料饼后投两端料饼,也会改善这种因温差较大而带来的缺陷。

(3)预热机加热板高度设定不合理也会引起受热不均匀,从而导致麻点的产生。解决同一预热机上使用不同大小的料饼时,应该注意调整加热板的高度,避免加热板与料饼距离忽远忽近导致料饼受热不均。比较合理的距离是 3mm ~ 5mm,过近或者过远均不合适。

5)开裂

在封装成形的过程中,黏模、树脂吸湿、各材料的膨胀系数不匹配等都会造成开裂缺陷。

黏模引起的开裂,主要原因有固化时间过短、树脂的脱模性能较差或者模具表面沾污。在成形工艺上,可以适当延长固化时间,使之充分固化;操作方面,可以在用模前将模具表面清除干净,也可以将模具表面涂上适量的脱模剂。

树脂吸湿引起开裂。在工艺上,要保证在保管和恢复常温的过程中,避免吸湿的发生;在材料上,可以选择具有高 T_g(玻璃态转化温度)、低膨胀、低吸水率、高黏结力的树脂。

各材料膨胀系数不匹配也会引起开裂,应当选择与芯片、框架等材料膨胀系数相匹配的树脂。

6）溢料

溢料又称飞边,是一个常见的缺陷形式,这种缺陷本身对封装产品的性能没有影响,只会影响后来的可焊性和外观。产生溢料的原因有两个方面,一是材料方面,树脂黏度过低、填料粒度分布不合理等都会引起溢料的发生,可以在黏度的允许范围内,选择黏度较大的树脂,并调整填料的粒度分布,提高填充量,这样就从选择合适材料方面减少溢料的发生;二是封装工艺方面,注塑压力过大,合模压力过低,模具磨损或基座不平导致合模后的间隙过较大,同样可以引起溢料的产生,应当通过适当降低注塑压力和提高合模压力,尽量减少磨损,调整基座的平整度,来减少缺陷的发生。

7）其他缺陷

在塑封中还有沾污、偏芯等缺陷,主要采用清模、纠正操作手势等方法解决。

4.3 陶瓷封装[1,2,19-27]

4.3.1 陶瓷封装概述

从封装体所使用的主体材料上可将封装简单分为塑料封装和陶瓷封装两种,两者相比,塑料封装在尺寸、质量、性能、成本以及实用性等方面相对于陶瓷封装有其特有的优势。塑封器件的质量不到陶瓷封装的1/2;介电性能也优于陶瓷;由于塑封的批量自动化生产,成本更是远低于陶瓷。但在可靠性方面,尤其是抗潮湿性上,塑料封装则存在致命的弱点。就本质而言,陶瓷封装是一种气密性封装,也是迄今为止唯一能达到最高可靠性的封装,而塑料封装则是非气密性的封装,见图4.12。气密性封装的主要目的之一就是将芯片与周围的工作环境隔离开,阻止工作期间周围水汽的渗入,进而避免水汽的凝结与蒸发而导致电路的失效。塑料封装一方面材料本身的渗透率高,另一方面,塑封料本身的吸潮性较强,水汽较易渗入,因而在军事和航空航天领域,其应用还受到一定的限制。

根据应用可将陶瓷封装分为集成电路(包括微波集成电路)封装、微波分立器件封装、光电器件封装、混合集成电路封装、微电子机械系统(MEMS)封装和微光电子机械系统(MOEMS)封装。

根据封装的形式可将陶瓷封装分为以下几种:

CDIP——陶瓷双列直插封装;

CLCC——陶瓷无引线片式载体封装;

CQFP——陶瓷四边引线扁平封装;

CSOP——陶瓷小外形封装;

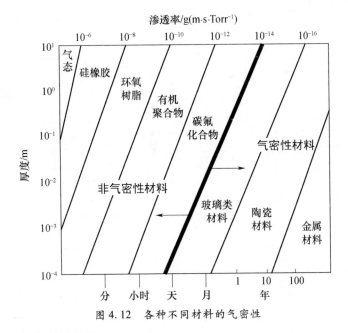

图 4.12 各种不同材料的气密性

CFP——陶瓷扁平封装；

CSOJ——陶瓷小外形 J 形引线封装；

CQFJ——陶瓷四边 J 形引线扁平封装；

CPGA——陶瓷针栅阵列封装；

CBGA/CCGA/CLGA——陶瓷焊球/焊柱/焊盘阵列封装；

FC - CBGA/CCGA/CLGA——倒装焊陶瓷焊球/焊柱/焊盘阵列封装；

MCM - C——陶瓷基板多芯片组件。

从技术领域上,陶瓷封装可分为基板/外壳的制作和陶瓷封装工艺两部分。

多层陶瓷基板按材料只要分为高温共烧多层陶瓷(HTCC)和低温共烧多层陶瓷(LTCC)两类。

4.3.2 陶瓷封装工艺流程

陶瓷封装工艺流程见图 4.13 所示,多层陶瓷外壳制作工艺流程见图 4.14。

4.3.3 陶瓷封装发展趋势

图 4.15 所示为陶瓷封装形式的发展趋势图,从图中可以看出陶瓷封装发展的两个明显方向。对低引脚数的封装,常规的陶瓷双列直插(CDIP)开始被陶瓷小外形封装(CSOP)所替代,适用于外引脚数 64 以内的封装。随着封装体外引脚数的

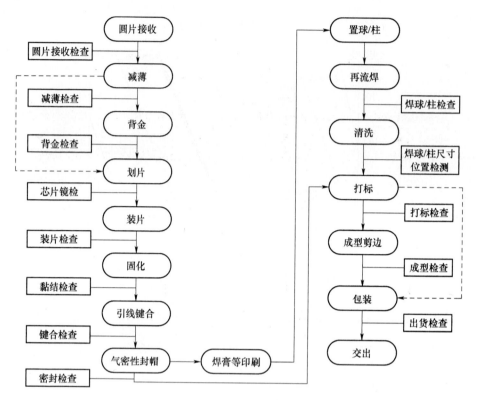

图 4.13 陶瓷封装工艺流程图

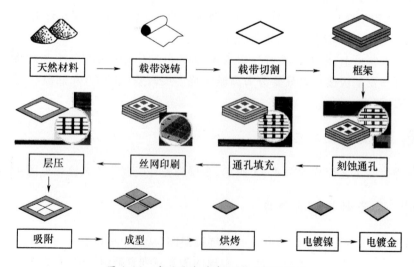

图 4.14 多层陶瓷外壳制作工艺流程图

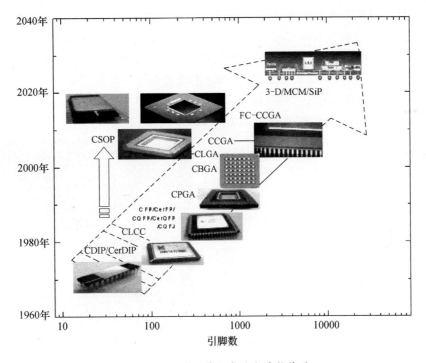

图 4.15　陶瓷封装形式的发展趋势图

增大,面阵列封装形式,包括陶瓷焊球阵列(CBGA)、陶瓷焊盘阵列(CLGA)和陶瓷焊柱阵列(CCGA)将得到普遍的应用。对于陶瓷无引线片式载体(CLCC)和陶瓷 J 形四边引线封装(CQFJ),适用于外引脚数 100 以内的封装。陶瓷四边引线封装(CQFP)和陶瓷针栅阵列封装(CPGA)则只适用于外引脚数 300 以内的封装,而且封装体的外形很大(CPGA257 封装的外形为 50mm × 50mm,封装体总厚度 7.62mm,而焊球间距 1.0mm 的 CBGA 封装的外形为 17mm × 17mm)。更高外引脚数的封装则只能采用面阵列的 CBGA/CCGA/CLGA 封装,最高外引脚数可达 2000 以上,同时面阵列的陶瓷封装还适用于 100 脚以内的封装。

从当前国际先进电子封装技术的发展现状看,封装技术已向系统设计和元器件前道工艺制备技术两端渗透:一方面,圆片的制备工艺开始运用到封装中,使得两者之间的界限逐渐模糊;另一方面,封装也开始具备系统的功能,封装的内涵发生了显著变化。有一代集成电路设计和工艺技术就有一代封装技术与之相配套。封装早已脱离了简单地挑选外壳或形式进行组装,而逐渐以封装可靠性、结构、工艺设计以及应用(与整机系统设计、芯片设计逐渐融合与渗透,成为 IC 和系统设计的一部分)为主导的全面技术服务,其中包括封装外壳的设计。

就单片集成电路的封装而言,随着外引脚数的不断增大,CPGA、CQFP、CLCC、

CDIP 等传统封装形式已无法满足高密度封装的发展需求。当外引脚数达到 300 以上后,外引脚以面阵列形式排布的 CBGA、CCGA、CLGA 封装成为必然的选择,其引线键合(WB)方式实现的芯片与外部互连不超过 600 线单片 IC 封装,外引脚超过 600 则采用面阵列排布的倒装芯片(FC)实现芯片与外部的连接。目前,单片集成电路封装引脚数也已达 2000 以上。图 4.16 和图 4.17 为 IBM 公司的 CBGA、CCGA 和 CLGA,图 4.18 为 TI 公司的 CBGA2116 外形图。

衬底尺寸/mm	CBGA		CCGA		LGA	
	I/O 1.27mm 节距	I/O 1.00mm 节距	I/O 1.27mm 节距	I/O 1.00mm 节距	I/O 1.27mm 节距	I/O 1.00mm 节距
21×21	256	376				
21×25	304	456				
25×25	361	552	361	552	361	552
27×27	441	652	441	652	441	652
25×32.5	475	720	475	720	475	720
32.5×32.5	625	937	625	937	625	937
32.5×42.5			825	1247	825	1247
37.5×37.5			840	1272	840	1272
42.5×42.5			1089	1657	1089	1657
45×45			1144	1825	1144	1825
47.5×47.5			1284	2092	1284	2092
50×50			1432	2280	1432	2280
52.5×52.5			1588	2577	1588	2577

图 4.16　IBM 公司 CBGA、CCGA 和 CLGA 封装类型

图 4.17　CCGA 封装实物图

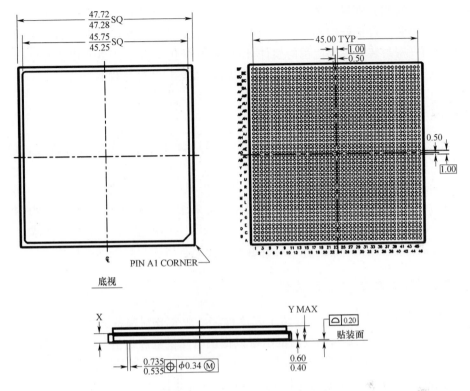

图 4.18　TI 公司 CBGA2116 外形图

　　值得一提的是,另一个很重要的发展趋势是单片集成电路的封装已开始不断向系统封装的方向发展。系统集成封装已达 10000 多互连引线,FC 和圆片级封装(WLP)等先进封装技术也越来越多地运用于 IC 的封装中,系统级封装(SiP)也已经得到应用。同时还应用先进的封装技术对已有的电路重新进行封装设计,使封装体积、质量大为缩小和减少(为原先的 1/5 ~ 1/10)的同时,性能还得到进一步提高。封装设备和封装过程的质量控制监测体系完备,封装电路的可靠性质量达到 10^{-6} 级失效。

4.4　金属封装[1,2,25-32]

4.4.1　金属封装的概念

　　金属封装是采用金属作为壳体或底座,芯片直接或通过基板安装在外壳或底座上的一种电子封装形式。该种封装的信号和电源引线大多采用玻璃—金属密封

101

工艺或者金属陶瓷密封工艺。

金属封装具有良好的散热能力和电磁场屏蔽,因而常被使用高可靠要求和定制的专用气密封装。主要应用的模件、电路和器件包括多芯片微波模块和混合电路,分立器件封装、专用集成电路封装、光电器件封装、特殊器件封装等。

4.4.2　金属封装的特点

封装精度高,尺寸严格;适合批量生产,相对价格低;性能优良,应用面广;可靠性高,可以得到大体积的空腔等。

金属封装形式多样、加工灵活,可以和某些部件(如混和集成的 A/D 或 D/A 转换器)融合为一体,适合于低 I/O 数的单芯片和多芯片的用途,也适合于 MEMS、射频、微波、光电、声表面波和大功率器件,可以满足小批量、高可靠性的要求。此外,为解决封装的散热问题,各类封装也大多使用金属作为热沉和散热片。

4.4.3　金属封装的工艺流程

图 4.19 示出典型的金属封装工艺流程。一般先分别制备金属封装盖板和金属封装壳体。壳体上要制作气密的电极以提供电源供电和电信号的输入/输出,采用玻璃绝缘子的电极制作方案被广泛采用。经芯片减薄、划片后的功能芯片也采用前述的黏片、键合方法贴装在封装壳体并完成电连接,随后的工序就是封盖。

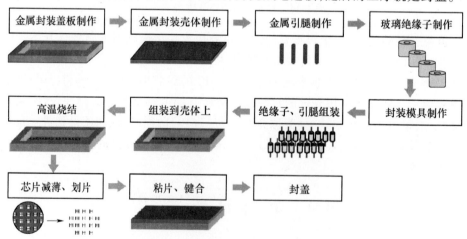

图 4.19　金属封装典型工艺流程

金属封装需要特别注意的是在最后的装配前,需进行烘烤,将金属中的气泡或者湿气驱赶出来,这样与腐蚀相关的失效的发生会大大减少。在装配过程中,温度不能始终维持高温,而是要按照一定的降温曲线配合各个阶段的工艺,减少后工艺步骤对先前的工艺的影响。

封盖工艺是金属封装比较特殊的一道工艺。常见的封盖工艺：平行封焊、储能焊、激光封焊和低温焊料焊接等。封盖过程要注意的是，封装盖板和壳体的封接面上不可以出现任何空隙或没有精确对准，因为这两个原因会引起器件的密封问题。此外，为减少水汽等有害气体成分，封盖工艺一般在氮气等干燥保护气氛下进行。

平行封焊是一种可靠性较高的封帽方式。盖板等平行封焊用材料，对封装中气密性以及气密性成品率有重要影响。高质量的平行缝焊盖板必须具备：①热膨胀系数与底座焊环的相同、与瓷体的相近；②焊接熔点温度要尽可能低；③耐腐蚀性能优良；④尺寸误差小；⑤平整、光洁、毛刺小、沾污少等特性。

目前，用量最大的底座材料是氧化铝陶瓷和可伐合金，与陶瓷膨胀系数相匹配的金属焊环是可伐合金或 4J42 铁镍合金。

可伐的熔点温度为 1460℃，为降低焊接熔点，可以在盖板上镀上镍磷合金，可实现低至 880℃ 的焊接温度。

Au－Sn 是常用的键合焊料，特别是在有着相近的热膨胀系数的两种材料键合时会有很好的效果。如果将 Au－Sn 作为热膨胀系数失配甚大的两种材料间的焊料，则会在多次热循环试验后出现疲劳失效。而且 Au－Sn 焊料是易碎的，通常只能承受很小的应力。

4.4.4 传统金属封装材料

为实现对芯片支撑、电连接、热耗散、机械和环境的保护，金属封装材料应具备以下的要求：

（1）与芯片或陶瓷基板匹配的低热膨胀系数，减少或避免热应力的产生；

（2）非常好的导热性，提供热耗散；

（3）非常好的导电性，减少传输延迟；

（4）良好的电磁干扰/射频干扰（EMI/RFI）屏蔽能力；

（5）较低的密度，足够的强度和硬度，良好的加工或成型性能；

（6）可镀覆性、可焊性和耐蚀性，易实现与芯片、盖板、印制板的可靠结合、密封和环境的保护；

（7）较低的成本。

金属材料的选择对金属封装的质量和可靠性有着直接的关系，常用的材料主要有：Al、Cu、Mo、W、钢、可伐合金以及 CuW（10/90）、Silvar™（Ni－Fe 合金）、CuMo（15/85）和 CuW（15/85）。它们都有很好的导热能力，并且具有比硅材料高的热膨胀系数。一些常用材料的密度、热膨胀系数（CTE）和热导率列于表 4.3。

表 4.3　常用封装材料主要性能

材料	密度/$(g \cdot cm^{-3})$	CTE/$\times 10^{-6} K^{-1}$	热导率/$[W(m^{-1} \cdot K^{-1})]$
Si	2.3	4.1	150
GaAs	5.33	6.5	44
Al_2O_3	3.61	6.9	25
BeO	2.9	7.2	260
AlN	3.3	4.5	180
Cu	8.9	17.6	400
Al	2.7	23.6	230
钢	7.9	12.6	65.2
不锈钢	7.9	17.3	32.9
可伐	8.2	5.8	17.0
W	19.3	4.45	168
Mo	10.2	5.35	138

4.4.5　新型金属封装材料

除了 Cu/W 和 Cu/Mo 以外,传统金属封装材料都是单一金属或合金,它们都有某些不足,难以满足现代封装技术的发展。近年来新开发了很多种金属基复合材料(MMC),它们是以 Mg、Al、Cu、Ti 等金属或金属间化合物为基体,以颗粒、晶须、短纤维或连续纤维为增强体的一种复合材料。与传统金属封装材料相比,他们主要有以下优点:

(1) 可以通过改变增强体种类、体积分数、排列方式或改变基体合金,改变材料的热物理性能,满足封装热耗散的要求,甚至简化封装的设计;

(2) 材料制造灵活,成本不断降低,特别是可直接成形,避免了昂贵的加工费用和加工造成的材料损耗;

(3) 特别研制的低密度、高性能金属基复合材料非常适合航空航天用途。

用于微系统封装的热匹配复合材料主要是 Cu 基和 Al 基复合材料。它们的性能如表 4.4 所列。

表 4.4　Cu 基和 Al 基复合材料主要性能

(a) Cu 基

金属基	增强体	热导率/$W(m^{-1} \cdot K^{-1})$		CTE/$\times 10^{-6} \cdot K^{-1}$	密度/$(g \cdot cm^{-3})$
		$x \cdot y$	z		
Cu	$\pm 2°$SRG	840(x),96(y)	49	$-1.1(x)$,15.5(y)	3.1
Cu	$\pm 11°$SRG	703(x),91(y)	70	$-1.3(x)$,15.5(y)	3.1
Cu	$\pm 45°$SRG	420(x),373(y)	87	1.2(x),3.6(y)	3.1
Cu	$0°,90°,0°$	415(x),404(y)	37	5.3(x),5.4(y)	3.1

（b）Al 基 （续）

金属基	增强体	热导率/W(m⁻¹·K⁻¹)		CTE/×10⁻⁶·K⁻¹	密度/(g·cm⁻³)
		$x \cdot y$	z		
Al	2D 结构 1	280	NA	2.8	2.3
Al	3D 纤维材料 1	187	74	10.4	2.5
Al	3D 纤维材料 2	226	178	5.5	2.3
Al	MMCC 3D－2	222	100	5.0	2.3
Al	MMCC 3D－1	189	136	6.0	3.1

随着电子封装朝着高性能、低成本、低密度和集成化方向发展,对金属封装材料提出越来越高的要求,金属基复合材料将为此发挥着越来越重要的作用,因此,对金属基复合材料的研究和使用将是今后的重点和热点之一。

4.4.6 金属封装案例

许多 MEMS 器件需要真空封装来保证其可动部件工作于良好的环境,金属封装具有优良的密封性能成为高性能 MEMS 真空封装的首选。

图 4.20 是用于 MEMS 的真空封装结构示意图,管帽和管座用可伐材料加工而成,在管座上用玻璃管和可伐丝烧结出电极引线,引线间的分布电容要足够小。管座与管帽间通过一个槽口连接,在槽口内置入低温焊料,在真空系统内熔封而成。

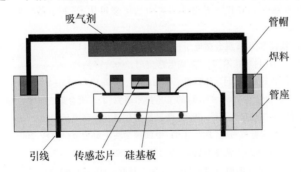

图 4.20 用于 MEMS 的真空封装结构示意图

低温封接工艺主要过程:首先在管座内定位好 MEMS 表头,键合好电连接引线,在管帽内定位好低温吸气剂;在管帽的封接槽内置入低温焊料;将管座和管帽相向放置在各自的定位架上,并移入带有真空获得系统的真空室中;启动真空获得系统,使真空室内达到所需的真空度;按低温吸气剂激活的技术要求,加热管帽

（一般为 400℃～450℃）数分钟，激活吸气剂，同时融化低温金属焊料；在150℃～180℃保温数小时，以使管帽、管座及其他零件彻底除气；将管座端面导入管帽密封槽；在真空状态下逐步降温，全部封装工艺完成。

参 考 文 献

[1] 金玉丰,王志平,陈兢. 微系统封装技术概论[M]. 北京:科学出版社,2006.

[2] 田民波. 电子封装工程[M]. 北京:清华大学出版社,2003.

[3] 何田. 引线键合技术的现状和发展趋势[J]. 电子工业专用设备,2004,33(10):12－14,77.

[4] 中国电子学会生产技术学分会丛书编委会. 电子封装技术[M]. 北京:中国科学技术大学出版社,2003.

[5] 李元升. 引线键合机工艺技术分析[J]. 电子工业专用设备,2004,30(4):1－4.

[6] 陈文洁,杨旭,杨拴科,等. 电力电子集成模块的封装结构与互连方式的研究现状[J]. 电子技术应用,2004,(4):1－4.

[7] Jin Y, Zhang J W, Hao Y L, et al. A novel vacuum packaging for micromachined gyroscope by low temperature solder sealing[R]. Proceeding of the Fourth International Symposium on Electronic Packaging Technology, Beijing, China,2001:270－273.

[8] 宁利华,赵桂林,叶永松,等. 平行封焊用盖板可靠性研究[J]. 电子与封装,2005,1(10):24－25,48.

[9] 王传声,张如明. 专用倒装焊封装的开发与应用[J]. 微电子,2002,(2):27－31.

[10] 李泊,王海,王东,等. 焊料凸点倒装焊技术[J]. 半导体情报,2000,37(2):40－44.

[11] 程阜民. 载带自动焊技术的新进展[J]. 混合集成技术,1990,1(1):39－45.

[12] 赖建军,陈西曲,周宏,等. 应用于微系统封装的激光局部加热键合技术[J]. 微纳电子技术,2003,40(7):257－260.

[13] 裴为华,邓晖,陈弘达. 现代微光电子封装中的倒装焊技术[J]. 微纳电子技术,2003,40(7):231－234.

[14] 岑玉华. 倒装焊接技术[J]. 混合微电子技术,1998,9(3):8－11.

[15] 郭以嵩,俞宏坤. TAB 封装技术[J]. 集成电路应用,2003,(4):17.

[16] 楼枚. 载带自动焊及其应用[J]. 计算机工程与应用,1992,(11):52－57.

[17] 况延香,刘玲. 凸点载带自动焊(BTAB)的工艺技术研究[J]. 混合集成技术,1991,2(2):11－15.

[18] 徐步陆. 电子封装可靠性研究[D]. 上海:微系统与信息技术研究所,2002.

[19] 张群. 倒装焊及相关问题的研究[D]. 上海:中国科学院上海冶金研究所,2001.

[20] 李书军,高东岳. TAB 封装工艺简介[J]. 微处理机,1995,(1):43－45.

[21] 胡永达,杨邦朝. 3D MCM 的种类[J]. 电子元件与材料,2002,21(4):23－27.

[22] Tummala Rao R. 微系统封装基础[M]. 黄庆安,唐洁影,译. 江苏:东南大学出版社,2004.

[23] Harman George G, Johnson Christian E. Wire bonding to advanced copper, low k integrated circuits, the metal/dielectric stacks, and materials considerations[J]. IEEE Transactions on Components and Packaging Technologies, 2002,25(4):677－683.

[24] Hoffman Paul. TAB Implementation and Trends[J]. Solid State Technology,1988,31(6):85－88.

[25] Kulojarvi Kari, Kivilahti Jorma. A new under bump metallurgy for solder bump flip chip application[J]. Mi-

croelectronics international,1998,15(2):16 – 19.

[26] KLEIN M, OPPERMANN H, KALICKI R. Single chip bumping and reliability for flip chip process[J]. Microelectronics Reliability,1999,39(9):1389 – 1397.

[27] Kristiansen Helge, Liu Johan. Overview of conductive adhesive interconnection technologies for LCDs[J]. IEEE Transactions on Components,Packaging and Manufacture Technology-Part A,1998,1(2):208 – 214.

[28] Ho P S, Jackson K A,LiC Y,et al. Electronic Packaging Materials Science VI[J]. MRS,1992.

[29] Heinrich W, Jentzsch A, Baumann G. Millimeter-wave characteristics of flip-chip interconnects for multichip modules[J]. IEEE Trans. Microwave Theory Tech,1998,46(12):2264 – 2268.

[30] Ruehli A E, Cangellaris A C. Progress in the methodologies for the electrical modeling of interconnects and electronic packages[J]. Proceedings of the IEEE,2001,89(5):740 – 771.

[31] Ruehli Albert E, Cangellaris Andreas C. Progress in the methodologies for the electrical modeling of interconnects and electronic packages[J]. Proceedings of the IEEE,2001,89(5):740 – 771.

[32] Varadan Vijay K, Vinoy K J, Jose K A. RF MEMS and Their Applications[M]. England:John Wiley & Sons Ltd,2003.

第 5 章　模块级封装技术

模块级封装技术又称多芯片组件或模块（Multi‑Chip Module, MCM）技术，目前一般是指直接把包括 MEMS、VLSI/ULSI 电路、片式元件在内的多种裸芯片以 SMT（Surface Mount Technology）方式安装在埋入无源电路元件或者嵌入微机械功能结构的多层高密度互连基板上的一种组装和封装技术，基板内层与层间的金属线条（导体带）通过层间通孔连接，然后将这些芯片、元件和基板一起密封起来，其封装外壳与 PCB 的连接则与其他类型封装外壳与 PCB 的连接基本相同。

MCM 是混合微电子技术向高级阶段发展的产物，是电子元器件与整机之间的一种先进接口技术，已经成为制作高速电子系统和电子整机小型化的最有效途径之一。从组装层次的角度来看，MCM 技术介于大规模集成电路封装（1 级）和 PCB 板上的组装（2 级）这两个层次之间，可谓是 1.5 级组装，也可以被视为系统级封装（SiP）的一种主要技术途径和表现形式。MCM 技术出现于 20 世纪 90 年代初，它的出现标志着面向器件的微电子封装技术转化为一种面向部件、模块（组件）或者系统的集成技术。

目前，MCM 技术已经成为包含微/纳机电结构和有源电路在内的微/纳系统高密度集成的一个重要技术途径。对该技术的一般要求包括：提供封装内外功率和信号传输所需要的连接点；提供内部芯片之间所需的电互连；提供散热通道；保证电信号传输延迟最小化；保持电噪声的最小化；在使用中保护内部的微/纳机械及纯电路裸芯片结构的完整性；为微机械结构与外部的物理量的传递提供互连通道。

MCM 技术离不开先进的多层基板技术、多层布线和高密度组装与封接技术。当前基于 SMT 的 MCM 技术和多层基板的技术已经成为先进、高密度 MCM 技术的重要支撑技术，而且在未来 5 年～10 年中，仍将是高密度微电子和微系统封装的主要技术选择。

MCM 所具备的优点，使之适合于包括微/纳机械结构、ASIC、通用模拟/数字 IC、射频/微波芯片、光电子芯片在内的多种芯片的集成，这些优点如下：

（1）由于 MCM 采用的是高密度互连布线基板和裸芯片组装，有利于实现组件或者系统的高性能化、高速化。例如，由于取消了 1 级封装中的引线，模块中的互连电阻得以减小，而且，在高频下，相应的引线寄生效应被消除，信号传输速度和完整性等可以得以提升。

（2）实现了电子组装的高密度化、小型化和轻量化。由于 MCM 省去了单个 IC 芯片的封装材料和工艺，而且组装电路的体积、尺寸、焊点数量、I/O 数都可以大为减少，故可以减少原材料消耗，简化总体的制造工艺，缩小多个组合后实现特定功能的芯片的总体体积和质量。

（3）MCM 有利于提高电子产品的可靠性。由于一般电子设备的故障多发生在焊点、互连、接插件等部位，采用 MCM 这种组装层次较少的封装形式，可以在很大程度上避免相应的可靠性问题。

（4）MCM 有利于实现高散热的封装，由于 MCM 避免了 IC 单独封装带来的热阻，故可以实现高效散热，另外由于焊点、I/O 数量减少，热应力等问题也将明显减少。

（5）MCM 可以有效地实现多功能度混合集成，它可以将来自于不同工艺线、制作在不同衬底上的裸芯片集成到封装体内部，充分利用现有各种生产线，在特定衬底上以相互间很难兼容的工艺分别生产高性能 CMOS 数字电路、双极模拟电路、GaAs 微波芯片、硅基 MEMS 芯片等，并将其形成一个高效的子系统或者系统；反观单片集成技术，由于必须在同一个 CMOS 或者 BiCMOS 平台上实现，各部分电路的基本器件性能无法最优化，给设计带来了很大的困难，而且往往限制了最终的系统性能。

（6）加工成本低，新品开发周期短，适合于小批量、多品种和需要根据需求快速转向的特种产品的加工。

与传统的混合集成电路相比，MCM 也具有如下优点：

（1）具有高密度互连，信号传输延时大大缩短。

（2）采用多层布线基板和裸芯片，互连的灵活性更高，芯片组装密度大为提高。

（3）MCM 是一种多功能的系统集成方法，能把模拟/数字电路、功率器件、微纳器件、光电器件等合理有效地组装到一个封装中，形成由单一的半导体集成电路不可能实现的系统级/分系统级集成和多功能化，而且由于高度集成化，其内部的阻抗匹配、串扰等性能可以统一考虑，故其总体性能更为优越。

从目前微/纳系统技术发展现状和趋势来看，今后 MCM 设计不能看作是 ASIC（Application Specific Integrated Circuit，专用集成电路）、HIC（Hybrid Integrated Circuit，混合集成电路）和 PCB（Printed Circuit Board）设计技术的简单延伸，而是一种涉及多物理域的、面向系统集成和最优化的设计方法学，而且其具体实施往往离不开 ASIC、HIC 和 PCB 三个设计层次的协同、软硬件设计的协同和多物理域仿真的协同。

目前，在微纳技术领域，MCM 技术在微惯性测量单元、微生物反应器、RF 器件封装、光电微机械器件封装、带主动散热的大功率 T/R（Transmit/Receive）组件等方面得到了初步应用，其应用潜力被人们看好。

由于 MCM 种类繁多，结构多样化，本书难以有限的篇幅一一详述其在微纳器件封装中的各种具体应用方式和技术特征。故本章拟从科研实践出发，结合目前国内外主流技术发展趋势，阐释如下几个方面的高端微纳器件模块级封装技术：基于先进的多层、多功能 LTCC（Low Temperature Cofired Ceramic，低温共烧陶瓷）基板的封装技术、SMT 组装技术和模件加固技术。

5.1 LTCC 基板封装

5.1.1 LTCC 封装基板技术概述

面向微纳技术应用的 MCM 高密度集成离不开多芯片叠层微制造工艺技术以及可内嵌各种无源电路元件、微机械构件并具备多层立体互连的先进多层封装基板微制造技术。

基板是实现元器件功能化、组件化的平台，是微型部件的载体，基板技术同样决定了微系统的应用方向和发展潜力。另外，即使是现有已经部分商业化的 SoC 技术，也无法集成全部无源元件和微机械器件，且 I/O 数量巨大，故也需要借助 SiP 的多层封装基板来解决其在电互连和无源元件集成方面遇到的挑战。

在面向 SiP 的先进多层封装基板技术方面，随着集成电路芯片技术和组装技术的不断发展，对封装基板的要求也在不断提高：微电子器件要求封装大面积化、针脚四边引出与表面贴装化、引脚阵列化和引脚节距密集化；原本分立的无源元件要求封装无引线化、小型化、片式化和集成化，而且最终需要与基板一同设计和制造并制成埋入式结构；微系统应用要求布线高密度化、层间互连精细化、结构的三维化、立体化。这些技术发展都要求基板技术不断提高工艺技术指标，开发出满足各方面需求的基板材料和工艺。基板的选取与设计需要考虑材料、电、热和结构等方面：材料方面需要考虑介电常数、热膨胀系数、热导率、化学稳定性、金属化能力、毒性、与所处理的非电磁物理量的兼容性等参数；电方面要求介电常数低的材料须考虑信号传输延迟、寄生参数、审扰、系统内各部分间特性抗阻匹配，电路图形设计要防止信号反射噪声；热方面需要考虑满足工作环境的耐热性、与 Si 等芯片衬底材料的热匹配和系统良好的导热能力（热管理）；结构方面要考虑互连图形的精细程度，实现布线图形的精细化、层间互连的小孔径化和电气参数的最优化。

目前微系统封装中涉及的先进基板主要有三类：有机基板（树脂、耐热塑性及挠性基板）、无机基板（金属、陶瓷、玻璃、硅、金刚石基板）和复合基板。有机基板的主要结构材料为 FR4 类环氧玻璃、BT 环氧、聚酰亚胺和氰酸盐脂等,一般采用印制电路板(Printed Circuit Board,PCB)工艺加工成型和形成电互连,具有工艺简单和成本低廉的特点。有机基板材料绝缘绝热且不易弯曲,表面制作的金属导线图形可以为元器件提供电路连接或电磁屏蔽,外表面涂有的绝缘阻焊漆可以保护铜导线不被氧化、不与金属接触短路以及零件被焊到正确的地方。与有机基板相比,陶瓷基板热导率高、热膨胀系数适当、耐热性好、便于实现精细布线,被广泛地用于大规模集成电路、混合集成电路、多芯片组件和混合电路中。

随着功率芯片集成度的不断提高,芯片的功耗大幅增加,尺寸越来越大,在功率电子器件中需要选择热导率高、散热性优良、耐热性好、尺寸匹配的陶瓷基板作为散热片,以解决大尺寸、大功率芯片的组装和散热要求,提高器件的可靠性,增加器件使用寿命。同时在组装芯片时,为了防止基板与芯片之间的热应力太大而引起开裂,造成器件失效,需要选择与硅的热膨胀系数相近的陶瓷基板。

陶瓷基板的优点主要包括:良好的电性能,如低介电系数、小介电损耗、高绝缘电阻、高绝缘击穿电压和稳定的高温高湿性能等;优异的机械性能,如高机械强度、良好的可加工性、适合精细化和多层化制作工艺、表面光滑、变形小、无弯曲和无微裂纹等;优良的化学性能,如化学性能稳定、易金属化、无吸湿性、无毒性和公害物质等;成本低廉,加工工相对艺简单。目前,普遍使用的陶瓷基板材料主要有 Al_2O_3、BeO、AlN、莫来石、SiC 和玻璃陶瓷等。

微系统技术的发展要求微系统高度集成化、多功能化、轻型化和低功耗化,且要求在只对加工有微机械结构的芯片性能产生极小影响的前提下这些芯片或元器件提供保护、供电和冷却,并提供与外部世界的物理、电气与机械等连接或接口。这一发展趋势促进了布线高密度化、层间互连精细化、结构立体化的多层互连基板技术的发展。其中,最初为高密度微电子电路组件级封装而开发的低温共烧陶瓷基板(Low Temperature Co-fired Ceramic,LTCC)技术近年来受到微纳技术界的广泛关注,被公认为当前和未来较长一段时间内,高性能或有特殊性能要求的微机械芯片封装乃至包含微机械芯片的多功能系统级集成封装(SiP)的首选技术之一,获得了高速的发展。由于 LTCC 基板的综合物理性能一方面优于目前基于有机材料的柔性基板等其他先进封装基板技术,可望解决传统陶瓷基板中存在的缺点,而且与待装芯片兼容性好,加工制造技术比陶瓷基板简单,是进行高密度互连、多芯片、微系统化和气密型封装的理想基板技术。该技术近年来在高性能、高速 MCM以及球形触点陈列(Ball Grid Array,BGA)、芯片尺寸封装(Chip Size Package,CSP)等高密度 IC 封装中的应用越来越广泛。国外众多公司纷纷开展了 LTCC 材料和工艺的研究和生产,在过去 15 年中相继建立了技术先进、设备完善的制造工艺线,生产出的基于 LTCC 技术的 MCM 产品在雷达、航天航空、移动通信、计算机等领域都获得了成功的应用。关于 LTCC 基本技术原理、历史沿革以及在微电子方面的应用,文献[1,2]进行了较好的总结,另外,读者也可以参考 IMST GmbH 公司网站上的相关技术文献(www. ltcc. de)。

具体来说,LTCC 基板具有如下具体的优点:

(1)LTCC 基板烧结温度低(低于950℃),可选用导电率高的 Au、Ag、Ag−Pd、Ag−Pt、Cu 等金属良导体作为互连线和过孔填料,提高电路系统品质因数,减少信号损耗,其中贵金属浆料可在大气中烧成。

(2)采用丝网印刷、光刻等工艺,可实现微细化布线,制作线宽小于 $50\mu m$ 的精细结构电路。

(3)基板介电常数小,可以低至 4~5,低于大多数常用基板材料,信号传输延迟非常小,高频高 Q 性能优良,工作频率可高达几十兆赫,适合高频/高速信号的传输。

(4)导热性能好,有利于器件散热,可以封装大功率器件,适合大流量和耐高温特性要求;另外其热膨胀系数与 Si 材料匹配性好。

(5)较好的温度特性,如较小的热膨胀系数、较小的温度系数等。

(6)可以制作层数很高的电路基板,实现高密度多层立体布线,方便多种电路间的互连和与外界的电互连;无源元件可以内嵌入 LTCC 基板中,有利于提高电路的组装密度,集成的元件总类多、参量范围大而且可以容易保证参量的精度和一致性。

(7)生物兼容性好,适合于制作生物化学类分析与执行器件、反应器等。

(8)物理、化学稳定性好,可靠性高,能够在高温、高湿、冲击、振动等恶劣环境中工作。

(9)三维加工方法较为成熟,工艺兼容性好,原材料来源广泛,成本与硅基加工工艺和高温陶瓷工艺相比较为低廉;制作周期短,生产效率高,适合于快速的样机制作与验证,而且适合于具有品种多、批量小等特点的军用元器件的研发与制造。

(10)从微机械或微细加工的角度看,利用精密机械等加工手段,可以在 LTCC 上切削出精密的可动机械结构;将多个加工有单层微机械结构的单层 LTCC 基板层叠起来并烧结后,可以灵活构成大高宽比的三维微机械结构,这种加工方法类似于加工有微机械结构的多层硅片键合后构成三维 MEMS 器件的工艺方法(其实例如美国麻省理工学院的硅基微涡轮机),但工艺难度要低得多,而且所有构成微机械结构的基板单层可以作为中间层而嵌入基板,将表面积留给其他器件,从而提高基板的组装和集成密度。

(11)从封装内系统集成(SiP)的角度来看,LTCC 基板还具有如下优点:除了变压器、电阻器、电感器、电容外,还可以方便地集成微/纳机械器件、敏感元件、EMI 抑制元件、电路保护元件等(可埋入表面凹腔或者嵌入基板内部,具体取决于工艺温度和材料兼容性)。基板采用多种方式键连 IC 和各种有源器件(功率 MOS,晶体管,IC 电路模块等),可实现无源、有源集成。

LTCC 基板原材料主要由玻璃、陶瓷粉末等介质材料与有机黏合剂、增塑剂和有机溶剂等载体材料充分混合而成,各材料厂商一般借助流延工艺制作成具有特定尺寸和形状、厚度精确且致密的生瓷带(green tape)后,交付封装厂商。封装厂商将生瓷带根据需要切割成生瓷片,在生瓷片上利用激光打孔或机械打孔,孔中填充厚膜导体浆料作为层与层之间互连的通路(过孔),在每一层上印刷厚膜金属化图形,多层之间对准后热压或包封液压,再经烧结,形成具有独立结构的多层 LTCC 基板。LTCC 属于陶瓷相—玻璃相复合介质型材料,陶瓷粉料的比例是决定材料物理性能与电性能的关键,为了获得不同性能的基板,需要选择不同种类和比例的陶瓷和玻璃。目前,开发出的基板材料主要为玻璃—陶瓷系,即微晶玻璃系和玻璃 + 陶瓷系。根据玻璃的不同,LTCC 材料可分为碱硼硅酸盐玻璃系、锌硼硅酸盐系、铅硼硅酸盐系、钡硼硅酸盐系等,其中碱硼硅酸盐玻璃系应用最为广泛,包括硼硅酸铅玻璃 + Al_2O_3 系、硼硅酸玻璃 + 石英玻璃 + 堇青石系、硼硅酸玻璃 + Al_2O_3 + 美橄榄石系、硼硅酸玻璃 + Al_2O_3 系、硼硅酸玻璃 + Al_2O_3 处理的氧化锆系等[3-6]。

LTCC 技术是美国休斯公司于 1982 年开发的基板技术,在这之前 IBM 公司 Kumar 等人[7-8]曾于 1977 年,对美国 Corning 公司研发的堇青石—陶瓷材料进行改进,制成了主要成分为 SiO_2(50wt% ~ 55wt%),Al_2O_3(18wt% ~ 23wt%),MgO(18wt% ~ 25wt%),P_2O_5 和 B_2O_3(0 - 3 wt%)的微晶玻璃基板。LTCC 材料的制备工艺研究主要集中在 20 世纪 80 和 90 年代:Shimada 等人[9]在 Al_2O_3 中加入铝硅酸盐玻璃,通过液相烧结,将烧结温度从 1000 ℃降低至 900 ℃;Kondo 等人[10]开发出 $ZnO - 2MgO - 2Al_2O_3 - 2SiO_2$ 系玻璃陶瓷材料,通过加入 ZnO 促进了基板中残留玻璃相的再结晶;Kawakami 等人[11]研究了硅酸盐玻璃 + Al_2O_3 系材料,通过加入镁橄榄石($2MgO \cdot SiO_2$)或堇青石($2MgO \cdot 2Al_2O_3 \cdot 5SiO_2$)以利于烧结,提高了基板的致密度;Hsu 等人[12]将 MgO、CaO、SiO_2 和 B_2O_3 作为添加剂加入到 Al_2O_3 中,研究了多组分陶瓷基板的性能,发现 B_2O_3 对于降低陶瓷的烧结温度起到了非常重要的作用;Chen 等人[13]研究了添加铅硼酸盐玻璃的堇青石玻璃的致密化和介电性能,结果表明添加铅硼酸盐玻璃能够促进堇青石微晶玻璃的烧结致密化;Lo 等人[14]研究了 Bi_2O_3 对 $MgO - CaO - Al_2O_3 - SiO_2$ 玻璃粉末烧结性能的影响,发现微晶玻璃的烧结温度随着 Bi_2O_3 的增加而下降,但介电常数和热膨胀系数随着

Bi_2O_3 的增加而增加;杨娟等人[15]设计并制备了满足 LTCC 基本性能要求的 Ca -
Al - Si 系微晶玻璃。国外厂商在产品质量、专利技术和材料掌控等方面均占有领
先优势,目前 LTCC 的生瓷材料和基板产品(多为根据客户要求定制)的主要制造
商有美国的 CTS、IBM、DuPont、Ferro、Heraeus、ESL,日本的 Murata、Kyocera、TDK、
Taiyo Yuden 和欧洲的 Bosch、CMAC、Epcos、Sorep - Erule 等公司。目前,国内的清
华大学、上海硅酸盐研究所、国防科技大学、成都电子科技大学等单位正在积极开
发 LTCC 用陶瓷粉料,但尚未到批量生产的程度。中国的深圳南玻电子有限公司
用进口粉料开发出介电常数为 9.1、18.0 和 37.4 的三种生瓷带,厚度为 $10\mu m$ ~
$100\mu m$;其生瓷带厚度系列化为结构设计、工作频率不同的 LTCC 产品的开发奠定
了基础。

　　LTCC 基板制造中的关键工艺(图 5.1(a))主要是流延、打孔与通孔填充、对
位、布线设计与金属化、叠层与热压、排胶与烧结和测试,每一步加工工艺都需要根
据所针对的 SiP 产品进行相应的选择和调整。流延工艺的关键是机械设备、材料
配方及对参数的控制,要求流延出的生瓷片致密并且厚度均匀,并且具有足够的强
度和宽度。打孔包括钻孔、冲孔和激光打孔等方式,其中钻孔难度最低,孔径一般
在 0.25mm 以上,激光打孔孔径最小可到 0.1mm,精度可达到 $\pm 10\mu m$。对于 LTCC
工艺,通孔直径最好为 0.15mm ~ 0.25mm,这样可以提高布线密度和改善通孔金属
化。通孔填充包括丝网印刷、掩模印刷和流延型印刷等方式,其中丝网印刷最为常
用。对位包括印刷时丝网与生瓷片之间的对位和叠片时生瓷片与生瓷片之间的对
位,一般采用定位孔和图像识别定位,其中图形印刷对位时,线宽、线间距、通孔直
径、通孔覆盖面、孔线间距等布线工艺对对位精度都有不同的要求。常规布线密度
的对位精度在 $\pm 50\mu m$ 左右。在进行 CAD 布线设计时,必须根据电参数要求、对位
精度及通孔大小来设计线宽、线间距及其他参数,对于高频、高传输速度的基板需
要选择细线条、细间距的设计,而为了降低成本则需要选用宽线条、宽间距、层数多
的设计。LTCC 基板金属化包括丝网印刷和计算机直接描绘的内层金属化,以及
对浆料、薄膜沉积光刻后形成的表层金属化。压力是叠压工艺中的关键参数,压力
均匀可以保证基板烧结收缩率一致,压力过大则会导致排胶时起泡分层,过小时也
会导致分层和基板烧结收缩率过大。排胶在普通马弗炉中进行,排胶速度根据基
板厚度而定,升温过快会导致基板起泡分层。烧结在马弗炉和链式炉中进行,关键
是烧结曲线和炉膛温度的均匀性。烧结后的 LTCC 基板需要测试、验证基板布线
的连接线,测试多采用探针测试仪。

5.1.2　LTCC 基板在 MEMS 器件级封装中的应用

　　LTCC 基板材料具有优良的物理、化学特性,与硅基芯片的热特性兼容性好,

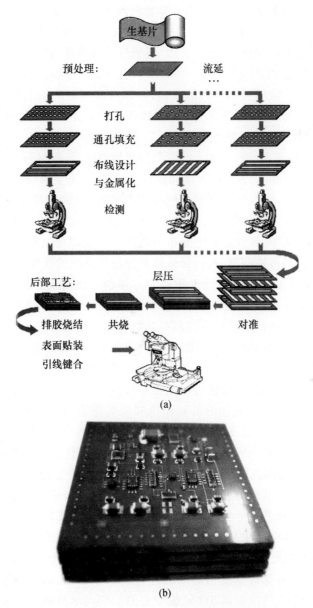

(a)

(b)

图 5.1　LTCC 多层基板的工艺流程(a)(完整流程请见彩图)以及基于 LTCC 多层基板
的先进电路 3D MCM(中国电子科技集团公司第四十三研究所、北京大学)(b)

而且其内部可以植入灵活、立体化、高密度的电互连布线,并内埋电阻等无源元件。
因此,LTCC 基板被国内外各主要政府及国防科研机构视为今后军用微纳器件以
及高端民用微纳器件的器件级封装的首选之一。相对于其他微纳器件用器件级封

115

装基板而言,LTCC 基板的应用潜力和优势表现在如下三个方面:

(1) LTCC 基板不仅可以像基于其他材料的封装基板一样,为微纳器件提供基本的电互连和电 I/O 功能,而且其灵活、高密度的互连能力可以有效地提高微纳器件级封装的功能度和集成度。这一特性可以由下述示例来体现:①通过将部分偏置线和跨接平面传输线埋入衬底的方法,可以构成 $N \times N$ RF(Radio Frequency)MEMS 开关交换矩阵等,而且各通道的微波性能都十分优良[16];②利用 LTCC 基板的过孔结构和密封能力,可以制作具有垂直信号互连金属柱的 RF MEMS 封装端盖,该端盖下方的金属图形与 RF MEMS 衬底上的图形对准后,可以通过焊接或者有机物(如苯并环丁烯,即 BCB)黏结的方法完成气密封接,互连金属柱下端与 RF MEMS 器件的焊盘连接,上端则与端盖表面的引出焊盘连接,从而降低了互连的复杂性,且保证了优良的微波传输特性[17];许多基于电容式敏感原理的微纳传感器的输出信号微弱,利用 LTCC 内部的立体化互连可以最大限度缩短这些传感器与电容信号读出电路间的信号传输距离,从而保证待测物理量读取的低噪声和高灵敏度。

(2) 利用 LTCC 优良的材料特性和较为方便的三维基板结构成型能力,也可以为各种针对有特殊需求的应用场合的微纳器件提供性能优良、结构优化、成本适中的封装管壳。从目前的研究来看,LTCC 基板对如下应用有着很强的吸引力。

① 高温微电路及传感器、执行器封装,当 IC 和含 MEMS 的芯片由耐高温的 SiC、GaN 等材料制成时,封装后的器件可以工作在 500℃的高温环境中,如火箭、喷气式飞机发动机喷口附近,而且可以抵御在该类环境中常见的极具化学活性的氧气、碳氢化物以及具有催化性的氮氧化物和硫氧化物等有害物质(存在于燃烧产物中)[18]。在该类应用中,LTCC 的成本明显低于 AlN 等高温陶瓷基板,而性能与之接近,而 LTCC 采用的厚膜 Au 基互连则可以提供更优良的电性能。

② 对于各种需要对强腐蚀等处于极端条件下的流质进行采样测量的微纳器件来说,如何获得一个既能有效引入待测流质,又能有效保护内部器件的脆弱部位不受侵害的封装,一直是一个挑战。目前,面向化工测量的工业级微压力传感器,其保护性封装外壳体积往往是其中微纳器件的 100 倍,而且无法实现并行化加工。连接 LTCC 基板上下表面的垂直互连部分与周围的陶瓷部分结合紧密,故相应封装体中,内部器件与外部焊盘或引脚间的连接具备气密性,而且相互间绝缘性能好。相应的,可以省去传统金属 TO 封装中金属引脚与管座间必须的环状玻璃填料,故可实现引脚的高密度化。另外,LTCC 内部还可以形成微管道网络、凹槽等结构,使得微纳器件在基板上的安装固定方式更为灵活,从而能大大缩小管座/端盖的体积[19]。

③ LTCC 基板可以用于实现良好的真空及气密封装,一方面可以有效保护专用电路免受外界气氛和杂质影响;另一方面则可以用于维持微传感器所需的真空

环境,如绝对或差分压力传感器的真空封闭,以及微机械陀螺所需的高真空环境或者加速度计所需的低真空环境。

图 5.2 所示为北京大学、中国电子科技集团公司第 43 所联合提出的基于 LTCC 多层基板的 MCM 真空封装体设计[20]。图 5.3 所示为相应加工出的样品。在基板上以多层层间相互对准的垂直通孔构成垂直互连,从而实现封装的 I/O 端子直接引出,并可以实现封装体内微纳结构与电路的电互连,同时,基板与由金属框和盖板组成的端盖结构封接成为一个封装载体,可以较好地解决高密度集成复杂系统级封装的封接难题。

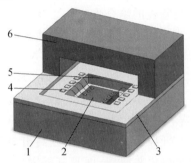

图 5.2 一种基于 LTCC 多层陶瓷基板的真空封装体结构设计
1—带凹槽的 LTCC 多层陶瓷基板;2—微纳器件芯片;3—封接用焊料;4—焊线;
5—作为 Pirani 真空计使用的金属丝;6—端盖(分别由金属框和盖板组成)。

(a) 未焊接盖板时的LTCC基板及金属框   (b) 盖板焊接后的样品

图 5.3 对应于图 5.2 中所示真空封装体设计的实际样品

模块内部 LTCC 电路板上设计元器件安装位置以安装微纳器件。LTCC 基板表面管帽焊接区和基板背面采用金锡材料焊接。管帽采用可伐类金属材料,通过金锡钎焊焊接到基板上。基板内部芯片则事先采用金锡共晶或铅锡焊接安装到基板上,从而避免了放气量大的树脂材料的使用。当全部器件安装完并互连完毕后,采用储能焊或平行缝焊等熔封工艺将可伐盖板与管帽侧壁封接在一起,构成一体化气密性封装。焊接过程根据需要通过 LTCC 基板微流道或者盖板上的抽气软管进行抽真空处理,达到真空封装的目的。

但由于 LTCC 一体化模块有开腔结构或贯通的导热孔,这给模块实现气密性封装、真空封装带来一定难度。在 LTCC 基板上焊接可伐管帽时,需要对焊接层的金属化浆料系统的配方进行优选以及控制金属化层厚度。与 HTCC 封装相比,LTCC 基板材料中玻璃成分含量高,因此基板表面的物理和化学状态与 HTCC 基板不同。玻璃成分的增加导致基板表面上的金属化层附着力、可焊性下降,使金属和陶瓷的封接难度加大。为了提高金属化层与基板的附着强度以及耐焊料侵蚀性,首先在基板表面制作过渡金属层,然后在过渡金属层表面制作阻挡层导体。这一措施提高了金属化层与陶瓷基板的结合强度。

端盖的金属框和外引线与 LTCC 基板的封接技术是另一个技术挑战,研究者对焊料系统进行优选,选择具有适宜熔点的焊料系统。为了得到理想的气密性封接,焊料的选择至关重要。探索表明,80% Au 和 20% Sn 的共晶钎焊合金具有优良的物理性能以及可加工性。80% Au 和 20% Sn 的合金处于金锡二元共晶部位,其共晶点温度为 280℃。该焊料在钎焊温度下,对镀金层厚度大于 $1.27\mu m$ 的表面具有优良的润湿性和漫流性。钎焊温度仅比其熔点高出 20℃ ~ 30℃。钎焊过程中,很小的过热度就可以使合金熔化并浸润,而且其凝固速度快。试验证明该金锡合金的使用能够大大缩短整个钎焊过程。相应形成的封装体外壳也能够承受随后在相对较低温度下进行的铅锡再流焊以及导电胶的黏接工艺。为了防止焊料的氧化,选择在高纯 N_2 条件下进行一体化焊接。

这种结构设计中的 LTCC 流道还可以作为抽气通道,用于调节封装腔内的真空度,这使得该封装体设计只需进行很小的改动,即可方便地应用于需要高真空的微机械陀螺/谐振器一直到在低真空度下工作的高灵敏度微加速度计,以及各种真空微电子器件等。

该封装体内集成了一个基于皮拉尼(Pirani)真空计原理的原位真空度测量结构,其制作方法是将具有特定电阻温度系数的金属丝(如钨丝、镍丝、铜丝、硅铝丝等)两端压焊在该封装体两个管脚的压焊点上,金属丝和真空封装体便形成了一个微型的真空计,也就是说,这个封装体中连接芯片的管脚可以完成芯片间及芯片至外部的连接功能,而连接金属丝的管脚可以对该封装体的真空度方便地进行连续原位监测。所设计的敏感结构与传统的皮拉尼计相比,其在封装内的集成性很好,而且信号读出方便。与目前公开报道的微机械皮拉尼计相比,我们的设计也在加工成本、测量结构的面积占用等方面具有一定优势。现有的微机械皮拉尼计制作为芯片形式,只能与其他功能的芯片并排组装到真空封装基板上,其加工成本高,而且占据宝贵的封装内部空间,故不适用于微纳真空封装内的原位监测。图5.4 所示为该测量结构的试验样品,以及在恒流驱动下该测量结构的实测结果,结

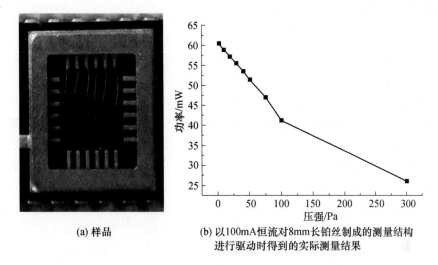

(a) 样品

(b) 以100mA恒流对8mm长铂丝制成的测量结构
进行驱动时得到的实际测量结果

图 5.4　基于 Pirani 真空计原理的原位真空度测量结构

果表明,其最灵敏的监测范围是 1Pa ~ 100Pa,适合于高灵敏度加速度计的封装。

5.1.3　基于 LTCC 材料的微纳器件

　　将 MEMS 技术,特别是微机械加工技术,应用于 LTCC 基板材料,可以充分利用 LTCC 材料出色的物理、化学特性,借助现有的 LTCC 封装基板工艺平台,以并行化或者半并行化的方式制作大高宽比或者深宽比三维结构,不但加工周期短,而且可以方便地获得性能优良的、特别是能耐受高温或强腐蚀性环境的微纳器件。这一技术还有利于微/纳机械结构内嵌入基板中,从而与封装内的其他功能单元实现高密度集成。文献[21,22]较早对这类新型的微纳器件技术进行了归纳和综述。

　　与面向 IC 封装的传统 LTCC 基板工艺相比,在 LTCC 基板的微机械加工方面还需涉及如下关键工艺。

　　(1) 空腔或管道结构的微加工,所采用的方法主要有:数控精密机械切削,包括精密铣削和基于现有 LTCC 冲孔工艺的微加工成型;超声切(磨)削;模铸成型或者压印;激光加工;便于并行加工的光刻掩模制备及基于 HF 的腐蚀法;基于丙酮基气体的喷气刻蚀方法。

　　(2) 预制空腔和微管道结构的填充及三维结构的成型。制作悬空机械结构或者内嵌的空腔结构时,在叠压过程中在单层生瓷板的空洞位置需填入体型牺牲材料,在随后的烧结中,这些牺牲材料将升华并排出基板外。

　　近年来在此类微纳器件研究和应用方面值得注意的一些进展和趋势如下:

　　(1) 力学传感器。主要是 mN 级力传感器[23]、压力传感器[24-26]、加速度计[27]，这些力学传感器的应力—应变转换结构可以采用由多层 LTCC 基板构成的复合梁结构，或者通过将金属压力敏感膜焊接、固定到烧结、开有压力通路后的基板上的方法来获得。敏感材料或结构一般采用压电、压阻或者电容式敏感结构。

（2）微流体传感器、执行器和微分析系统构件。微流体技术是生物与化学量微量检测、新型制剂的制备、体内给药系统、微散热技术的重要技术基础。相应的器件和结构包括：连接结构、泵、阀、注射装置、反应器、过滤器、分离/凝聚装置、物理/化学量传感器。这些传感器、执行器及构件等目前主要由硅、玻璃、有机玻璃等材料来制作，它们具有一定的化学稳定性、而且可以与光学检测装置很好地兼容。但目前这些器件、结构的研制也暴露出一些问题：硅微机械加工工艺成本高；封装体与外界的接口困难；加工三维化的微流体通道需要进行多次或多层键合，工艺难度大；封装体内的引脚数量少，难以支撑对微流体分析所需的电路芯片的电互连。而 LTCC 基板技术则可以快速加工三维微流体结构样机[28]，而且无需树脂等有机材料，即可对其中流过的流质流道、反应腔进行很好的封闭以及实现管道间连接，基板上方和表面凹槽中可以方便地容纳 SMT 电路器件，而且基板中基于厚膜技术制作的金属导线可以很好地为 SMT 电路器件之间、电路器件与微流体器件结构以及封装体内外之间提供互连。文献[29]对这方面的研究进展和发展趋势进行了很好的综述。图 5.5 示出了如何利用 LTCC 多层基板技术，可以通过在各层分别灵活设计和加工微流道、管接头或空腔，从而通过层叠方式形成灵活的三维管道网络。其中，①为直形流道，②为平面螺旋流道，③～⑥为分形流道。

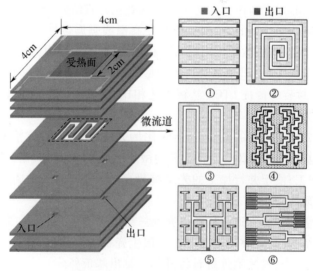

图 5.5　基于 LTCC 的多层基板技术

（3）基于 LTCC 基板的微温度传感器和微加热器。在 LTCC 基板上运用厚膜丝网印刷技术,结合各种专用正、负温度系数电阻或者 Pt 等高稳定性金属浆料,可以方便地制作出参数精度高、公差小、特性稳定性好的电阻图形,而且由于 LTCC 基板的热学特性优良,这些微温度传感器和微加热器也将具有较好的性能[30-32]。

（4）天线结构。在 LTCC 基板表面利用厚膜技术印制各种天线图形,一直是目前强调高密度集成的便携式电子装置中一项重要的器件技术,而利用 LTCC 灵活的立体互连能力,可以构成优良的天线—电路耦合结构,以及天线结构的切换、调谐结构,从而为未来的可支持多标准、超宽带移动通信端子天线提供一种紧凑化的解决方案[33]。

（5）RF MEMS 开关,可调谐电容、滤波器。利用 LTCC 三维化的互连结构,特别是垂直互连过孔,可以构成紧凑化的滤波器结构、天线耦合结构和传输线转换结构。再利用在 LTCC 基板内嵌或者表面贴装的 RF MEMS 开关,则可以构成微波性能出色的可调谐滤波器,如文献[34,35]所报道的实例。RF MEMS 开关可以是在硅基或者金属基微加工线上制作的器件,并通过表面贴装等工艺安装到烧结后的 LTCC 基板上,另外,也可以直接利用在 LTCC 基板上淀积的无定形 Si 等材料为牺牲层,将由可动的压电驱动结构锚固到基板上,从而构成高性能的 RF MEMS 开关、调谐结构,如文献[36]所报道的可调谐带通滤波器。

目前,基于 LTCC 的微纳器件尚处于探索阶段,主要在如下三个方面还存在技术挑战。

（1）叠压过程中生瓷带易变形;烧结中随着预填充的牺牲材料的排出和 LTCC 材料的收缩、空腔结构易变形;另外,由于气泡的排出,腔壁或者管道壁面变得更为粗糙。

（2）各种功能材料(如压电陶瓷材料、气体敏感陶瓷、正/负温度系数电阻厚膜材料等)与 LTCC 材料间的界面特性尚不十分明确,而且工艺兼容性还有待改善,而这对于未来相应微纳器件的设计与加工而言十分重要。

（3）封装内部与外部之间的非电物理量(如压力)、工作介质(如化学反应物溶液)接口及其密封问题仍未得到很好的解决。

（4）器件三维结构是多层分别加工各种结构的生瓷带层叠后形成的,其结构设计方法和加工方法与目前的微机械加工与器件设计技术有较大差别,而且 LTCC 基板材料严格来说不能作为一般的连续介质看待,故如何开发出相应的 CAD 和 CAM 系统,仍然是一个技术挑战。

5.1.4 多功能化 LTCC 先进封装基板与系统级封装

LTCC MEMS 技术的出现将赋予 LTCC 封装基板各种非电路的微系统功能,如各种力学物理量的敏感能力、散热能力及其他致动能力、微波无源器件功能等。而具备微系统功能的 LTCC 基板与多芯片叠层结合后,可以带来如下三个方面的好处:①将原来在封装外实现的天线结构、微波/射频滤波器、无源元件以及流体散热等辅助功能集成到封装中,简化整机结构,降低成本和结构复杂性,提高可维护性;②在提升和拓展 SiP 的敏感、执行能力的同时,使其结构紧凑化,实现高密度系统级封装;③实现 SiP 的多种功能在衬底和芯片之间的合理划分,实现 SiP 内部结构、功能的模块化,这样一来,可以降低芯片的设计和加工难度,缩短其开发周期,降低开发与制造成本,这对于用量少、品种多且一般需面向应用定制的专用微纳器件/模块的研发与高效制造来说,更具有积极意义。

下面以北京大学、中国电子科技集团公司第 43 所联合开发的一种内嵌有微散热管道的 LTCC 封装基板为例,来演示这一新技术概念。

1)高密度电子装置中的散热技术

目前,各高度集成化模块、装备电子装置内部用于冷却介质的流动空间非常狭窄,例如高性能计算机、服务器、航天用计算机等,常规的针对整机的冷却方式很难保证关键器件和模块的有效散热,因此,必须为每个发热量较大器件或模块提供单独的冷却措施。这就必然涉及到 MRHT(Micro Refrigeration and Heat Transfer,微致冷及微传热学)的研究。无论在学术还是在技术上,微致冷及微传热正在上升为热学工程(Thermal Engineering)中一个新兴的主要分支,将在 MEMS、新能源、航天、生物技术、微电子及高性能换热器等领域有极为广阔的应用前景。

SiP 及其内部器件单元的热管理的目的就是通过各种方法导出器件发出的热量,使封装体内温度维持在允许的范围,其主要的传热方式有热传导、热对流、热辐射和相变等。目前电子系统中的散热方式主要包括自然对流散热、强制风/气冷散热、热管散热技术、热电致冷和液体冷却等方式。针对未来微电子器件及 SiP 的冷却技术,目前各西方发达国家和大型跨国企业投入了不少资金进行开发研究。由于增加换热面积困难和 SiP 广泛采用三维堆叠集成等原因,目前广泛使用的外部强制气冷散热已经达到了设计极限。强制液冷散热方式的工质泄漏问题尚未很好解决,而且作为单相工质传热,其换热能力进一步大幅提高存在困难。电子致冷器散热能力的提高受限于半导体电致冷材料的特性,而且成本高,耗电大,无法有效地应用于电子器件的冷却;冷冻式散热虽然可实现高效冷却,但成本高、体积大、内部电子元件易于凝露等不足限制了其在电子器件冷却系统的应用。热管技术虽致冷能力强,但也存在技术、成本和可靠性方面的种种限制。因此基于微管道的散热将是未来 SiP 和微电子器件封装的冷却方法的首选,目前从欧美到亚洲,从工业界到学术界,IBM、Intel、TI、Amkor、ChipPak、Nokia、Samsung 等知名跨国公司,和美国的 MIT、Cornell、GIT、德国的 IZM、比利时的 IMEC、日本的东北大学、韩国的 KAI-

ST、新加坡的 IME 等知名大学或研究机构,都在开展这方面的研究和产品开发。

目前只有采用液冷和热管技术才能够使散热的热流密度达到 $100\mathrm{W/cm^2}$。达到和超过这一热流密度值是微散热、冷却技术面临的世界性难题。液体冷却主要有直接液体冷却、间接液体冷却、液体射流冷却、喷淋冷却、滴液冷却和微管道传热等方式。直接液体冷却是指电子器件直接浸在惰性液体(如碳氟化合物)池中,或直接受到惰性液滴、喷流等的冲击,其实验效果可达到 $80~\mathrm{W/cm^2}$,但是热滞后会引起热激波现象,系统维护不方便。间接液体冷却是指热量从芯片经导热传到液冷冷板,液冷冷板起着支撑和热交换的双重作用。利用气液相变可以解决温度梯度过高的问题,但这又会带来其他一些问题,比如结构复杂、流动需要更大的压差等。

微管道传热被公认为目前微电子器件和 SiP 等空间狭小的应用场合的首选技术。人们在硅片和玻璃片等基板上利用各向异性腐蚀或刻蚀等技术制造出微尺度管道,目前,这些微管道嵌入液体在流过微通道时通过蒸发或者直接将热量带走,散热效果非常好[37-39]。但是,目前的微管道加工技术主要基于价格较为昂贵的硅片和玻璃片(有机玻璃的热导率过低,无法用于散热),在单晶硅片上或者在玻璃等热导率较高的基板上利用微机械加工和各向异性腐蚀或蚀刻等技术制造出微尺度管道,并通过熔融键合或阳极键合等方式形成封闭管道,在使用中则是利用液体在经过微管道时蒸发或者直接将热量带走[40],很难制作出高密度、立体化的互连,而且必须使用硅基微机械加工工艺,相应的设备投资较高,这势必影响到该技术的推广应用。另一方面,目前微管道受硅基加工工艺的限制,其通道的截面积很小,液体单相流经微通道时会伴随较大的温升,引起热应力过高或芯片热电不匹配等严重的问题;另外通过提高压头增大流速可以降低温升,但流速受噪声等因素的制约而不能太大。尽管如此,微管道散热热由于高效和易于一体化集成等特点,而受到了全球各大跨国公司和重要的科研机构的高度重视。近年来的研究也表明,微管道散热是能同时满足 LTCC 基板加工工艺和 LTCC 产品应用环境的最有效和最方便的散热方式[29]。

面向微电子器件、MEMS 和微系统的微管道散热和致冷原理及其技术的研究历史约在十年左右,其中关于微流体的运动和散热效率的研究最多。目前来看,其在原理方面的研究还有待深入,而相应的技术离实用化还有相当距离。在微管道散热的理论和试验研究方面,Choondal 和 Suresh[37]对微管道中的液体流动和散热做了全面的分析和总结,研究比较了不同管道中的流动阻力(Re 数)和对流传热(Nu 数),对层流和湍流、微管道与宏观管道进行了比较和修正,研究表明对于管径在 $50\mu\mathrm{m}$ 以上的微管道,流体运动几乎不受尺寸效应的影响,连续性假设成立,Navier-Stokes 方程、能量方程等仍然适用。目前,不同文献对流体运动和散热的研究结果略有差异,对微管道散热的传热速率和管中液压目前还不能准确预测。

影响预测精度的主要因素包括:流体进出口、管道粗糙度、管道管径的不一致、热和流动的边界条件、实验仪器的误差、测量方式和测量位置等。

目前,微管道散热已经在整机层次上部分地实现了商业化应用:1985 年 Swift 等人[41]利用铜片加工微管道,制造出三维热交换装置,其尺寸在 cm 量级;2007 年,Lee 等人[42]设计了管道截面变化的微管道散热装置;2008 年 IBM 的 Power 575 超级计算机使用了金属微管道水冷装置对芯片和基板进行散热[38]。水冷散热器在 CPU 散热器中已经占据一席之地,其低端产品的售价略高于风冷散热器,散热效果比传统的风冷散热器好,但是需要外接散热片,体积较庞大。水冷散热器的进一步微型化,尤其是实现管道微型化后,集成微管道散热的基板技术才有可能广泛地应用到各种 SiP 和大功率电子器件中。

一维的微管道主要为单直槽[43],主要用于研究液体或多相流在微尺度(微空间)的流动和散热机理。目前,在微系统或电子产品中应用较多、较成熟的主要是二维微管道,包括多排直槽(straight),蜿蜒形(serpentine)和分形管道(fractal - shaped)。多排槽道(平行排布微通道阵列)是最早的微通道散热器,理论可承受的热通量负载达到 1000 W/cm^2,具有驱动力小、热阻低、散热效率高、设计简单、与芯片集成加工方便等特点[43 - 47],在微管道设计中占有重要的地位,但是管道数目增加会导致对管道内流体运动和散热的监测困难,很难检测被阻塞的管道,容易引起局部散热不均。蜿蜒形管道[47 - 48]由一根管道组成,可以根据散热区域的形状和大小调整管道曲线形状和尺寸,水流容易监测和控制,但是所需压力大,随着水泵能够提供的水压越来越大,蜿蜒形管道逐渐成为商业应用的主流设计。分形管道是目前研究最热门的管道形式,其理论和实验方法都还在研究之中,分形管道能够将层流变成湍流,减小流动所需水压,增加液体的散热能力,提高散热效率。目前,国内外研究主要集中在流动复杂而散热效率较高的典型分形管道,如分形曲线型,仿生毛细管型,分形树状微管道,蜂窝形等。由于入口处液体温度低,与基板温差大,散热效率高,出口处液体温度升高,与基板温差小,散热效率下降,因此,二维管道中普遍存在温度场不均匀的现象,目前主要采用双层间上下管道内液体流动方向相反的方式。

2) 北京大学、中国电子科技集团公司第 43 所联合研制的内嵌有微散热管道的 LTCC 封装基板实例[49 - 51]

(1) 微流道设计与仿真。我们使用 Gambit v2.2.30 和 Exceed v10.0 对 6 种不同的基板进行三维几何建模及网格划分,由于微流道结构复杂,流道尺寸相对基板尺寸很小,在生成网格时使用混合网格划分,即网格主要由四面体单元,但在适当的地方可能包括六面体、金字塔形和楔形单元,在流道的边界对网格进行加密,如图 5.6 所示,利用软件 fluent v6.3.26 仿真了基板的温度场、水流速度场和压力场,基板与流体的热边界条件设置为固液耦合方式,仿真调节参数主要为入口处水的质量流量和基板表面发热区的热流密度。

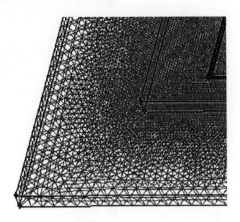

图 5.6　微流道仿真时的有限体积法网格分布

　　前期研究表明,试验测量的仅仅是基板铜片中心位置的温度,不能反映整个基板的温升情况。基板的热失效往往是由于局部温度过高造成,因此,研究基板中的最高温度比基板上代表芯片热点的铜片中心的温度更有意义。假设质量流量为 6.5mL/min,热流密度为 0.5W/cm² ,仿真发现多排直槽、蜿蜒形和分形流道三类流道散热效果差别很大,但是对于同类的流道,其机理相似,流体运动和散热效果也类似,如 S 形和螺旋形微流道。因此,我们着重研究了多排直槽、螺旋形和分形树状微流道。由于分形流道形状具有多样化的特点和分析更加复杂,故主要对其中树状的分形微流道进行了详细的研究。

　　图 5.7 是多排直槽、螺旋形和工字形分形树状微流道的基板的表面温度场仿真结果,由于基板很薄,LTCC 的热导率大于 3W/mK,因此基板中的温度随厚度方向的变化很小。试验中代表功率器件的加热膜下方铜片中心的温升约为 10K,与试验结果类似,说明仿真是有效的。在同样的质量流量和热流密度下,多排直槽、螺旋形和工字形分形树状微流道最高升温分别为 31.22K、23.92K 和 48.30K,螺旋形微流道的散热效果最好,工字形分形树状微流道散热效果最差,这主要是由于同样的质量流量下,流道内水流速度不同引起的,螺旋形流道中最大流速为 4.76m/s,比多排直槽的 1.24m/s 和分形树状微流道的 0.29m/s 都要大。螺旋形流道虽然散热性好,但是所需压降也最大,为 84.49kPa,由于微泵能提供的压降越来越大,螺旋形(蜿蜒形)微流道在散热方面的应用前景将大于多排直槽。

　　在图 5.7 中,温度场的分布一般并不均匀,进水口的温度很低,随着热量对流

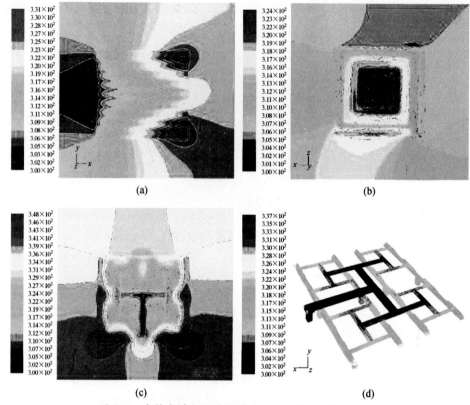

图5.7　多排直槽(a)、螺旋形(b)和工字形分形树状微
流道的表面仿真温度场(c)及微流道内流体的温度场(d)

体不断加热,在出口的位置由于流体温度的上升,散热效果大大降低,导致整个基板温差严重,从分形流道内水的温度可以得到验证。多排直槽左右温度不均,螺旋形微流道内外温度不均,而工字形分形树状微流道的温度场相对均匀,只在发热区边缘没有微流道的地方出现了高温。为了解决上述问题,随着双层微流道加工及基板烧结工艺的成熟,未来可以利用双层微流道反向流动使多排直槽和螺旋形微流道散热均匀,对于工字形分形树状微流道则只需要改变微流道的分布,使其均匀地覆盖整个发热区。

在目前各种流道拐角位置处,存在流速偏低的现象,说明在拐角的地方流体的流动受到阻碍,流体与管壁的热交换降低,从图5.8中可以看到,低速区域主要集中在拐角的外直角部分,如果流道拐角改进为与流速方向一致的弧线形弯角,流体的运动将不受阻碍,散热效果将大大加强。在目前的微流道加工中,已经对工艺进行了相应改进。

分形树状微流道的加工难度比多排直槽和蜿蜒形流道高,而且占用 LTCC 表

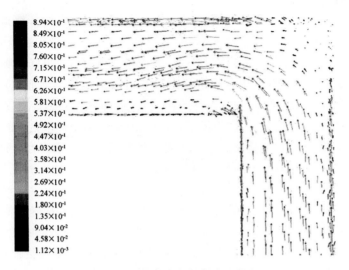

图 5.8　微流道直角拐角处的流速场

面积较大,因此我们着重研究了流速、热流密度对工字形分形树状微流道散热效果的影响。虽然分形树状微流道散热性不好,但所需的压降最小,仅为 1.25kPa,约为多排直槽的 1/10。在热流密度为 $2W/cm^2$,流速分别为 2.16mL/min,6.5mL/min 和 10.8mL/min 时,温升分别为 101.03K、48.3K 和 36.76K,散热效果上升逐渐趋缓,但是压降从 1.25kPa 增加到 4.68kPa 和 8.99kPa,压降增加幅度比散热效率大,如表 5.1 所列。然而即使在 10.8mL/min 时,压降也比其他类型流道低,因此可以通过提高质量流量的方式来增加工字形分形树状微流道的散热效果,如果形成湍流,效果将更加明显。随着热流密度的增加,温升呈线性上升,这与多排直槽的实验结果一致。

表 5.1　不同质量流量和热流密度对仿真最大温升、压降和最大流速的影响

样　品	入口水的质量流量/(mL/min)	热流密度/(W/cm²)	温升/K	出入口压降/kPa	流道内最大流速/(m/s)
工字形分形树状流道	10.8	4	73.53	8.99	1.30
	10.8	3	55.14	8.99	1.30
	10.8	2	36.76	8.99	1.30
	6.5	2	48.30	4.68	0.81
	2.16	2	101.03	1.25	0.29
多排直槽	6.5	2	31.22	11.31	1.24
螺旋形	6.5	2	23.92	84.49	4.76

从仿真和实测来看,LTCC 微流道在 $1W/cm^2$ 的热流密度时能降低 73.4% 的温升,随着功率的增加,其散热效果更加明显。传统的多排直槽和蜿蜒形流道各有优势,多排直槽所需压降小,散热能力一般,蜿蜒形流道散热效果好但所需压降大,随着微泵的发展,LTCC 基板中蜿蜒形流道散热可能最早获得商业化应用。而随着系统级封装的集成密度的提升、器件的高速化,内部发热的热量密度势必上升,而且温升相应线性增长;此时,增加流速可以降低温升,但是带来更大的压降,需要更强的驱动力,因此微泵与基板的管理连接可靠性问题和要求高性能的微泵的问题较为突出,这些问题限制了微流道的散热能力的进一步提升。要克服这些局限性,就需要采用压降相对非常低的分形流道。

分形流道在相同的质量流量时,散热效果不如多排直槽和蜿蜒形流道,但它所需压降很小,在相同压降时,分形管道的散热效果将超过其他类型的微流道。仿真建立在层流的基础上,在实验中,由于湍流的形成,其散热效果将更加明显。分形流道温度场分布相对均匀,一般只需要对 2 层流道分布进行优化,无需加工层数更多的流道网络。但由于分形流道中流道分布复杂,液体流动和散热较难控制,还需要大量的研究和优化才能最终实现商业化应用。另外,看似散热效果不好的分形微流道,还具有其他突出优点,包括从几何形状上看,流道在基板中分布较为均匀,其对电互连布线的干扰较小;温度分布较均匀。因此可以通过提高质量流量的方法来克服其散热差的弊病。

我们对真空封装条件下微流道的冷却效果做了进一步仿真。由于真空热导率很低,因此,真空封装条件下微流道的冷却能力下降。仿真结果表明在真空封装的条件下产生了额外的温升,达到 25K,如图 5.9 所示。高液体流动率可以增强基板的散热能力,但是需要更高的泵运功率,这对微泵和密封设计有一定挑战。当流体速率足够大而出现湍流的时候,增加流速导致内外压差 ΔP 急剧上升。对于更大的热量,可能需要用其他液体来代替水以防止液体发生沸腾。对于需要真空封装的高功率应用,就要在散热能力和液体的泵运功率间做一个好的平衡。

(2)基板的微机械加工。我们优化了 LTCC 基板中内嵌微流道的加工工艺,实现了圆弧状流道拐角的加工;解决了基于热压牺牲层技术在 LTCC 衬底中加工 2 层微腔体的工艺技术难点,实现了双层微流道加工,突破了我们原有工艺只能加工单层流道的局限,这为基板内嵌多层散热网络性能的提高、波导管网络等的研制打下了基础。

微流道设计仿真结果表明,在流道直角拐角的地方压力偏低,流体的流动受到阻碍,流体与管壁的热交换率降低;低压区域主要集中在拐角的直角部分,如果流道拐角改进为圆形的弧线型流道,流体的运动将不受阻碍,散热效果会得到很大的提升,因此,目前工艺开发中,根据微流道结构设计优化的结果,优化了微流道微机

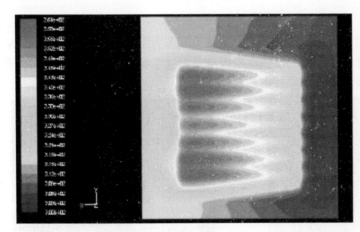

图 5.9　在真空封装条件下的温度分布仿真[51]

械加工工艺,引入了精确的圆弧控制冲孔方法,使得拐角区域能具有圆形过渡,以有利于液体的冷却和降低对微泵的要求。

同时,目前最具市场潜力的蜿蜒形微流道设计,由于其中心区域温度较高,不利于芯片散热。改进设计时,把微流道设计为交错的两层,在上层流道出口增加一个下层流道的入口,实现降低芯片温升的目的。另外,分形流道也需要采用双层流道结构,以优化其流动特性。相应地,在工艺开发中,通过改进牺牲层配方、优化填压温度/压力、烧结曲线等措施,克服了两层及以上加工有流道的生瓷带叠压、烧结时流道集中、交叠区域容易塌陷和开裂的问题。

常规台阶式腔体 LTCC 基板叠片时腔体逐渐变大,但微管道 LTCC 基板的微管道层、管道出入口调整层、管道出入口通道逐渐变小,同时要考虑在 LTCC 内部填充牺牲层材料的可行性,因而不能采用常规的叠片顺序;也不能采用常规 LTCC 热压工艺,需要分层预压,将所有生瓷片叠放在一起,再进行最终热压。试验发现,热压温度对微管道/微腔体 LTCC 基板的影响较大,不可超过石蜡熔点,而填充则应在石蜡液状下完成,这样可使微管道填实。在低于石蜡熔点的温度范围内,优化选取合适的热压温度,就可以保证填充石蜡过程中,完全填充微管道,不会导致最终热压过程中增大压力时微管道塌陷或堵塞变形。

为了保证石蜡完全填充微管道不会导致最终增压时微管道预先发生变形,需要采用一定的压力预压,在一定的温度范围内短时间等静压。

微管道 LTCC 基板的烧结技术与常规的 LTCC 烧结技术不同,由于 LTCC 生胚中含有的有机物更多、石蜡熔点较低,必须降低 LTCC 的升温速率、延长排胶时间,使石蜡在烧结工艺的排胶阶段就全部氧化、完全挥发成气体,从微管道的出入口通道排出,这样烧结阶段不致有气体从 LTCC 生瓷片各层之间排出,避免基板开裂分层。

　　由两层微流道剖面图(图5.10)可见,微流道改进为两层后,用15层DP951AT生瓷带利用牺牲层材料技术加工出的两层微流道对位准确,没有发生明显偏差,同时微流道没有发生塌陷、阻塞变形,形状良好。

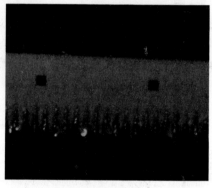

(a) 蜿蜒形微流道外形图(俯视)　　　　　　　(b) 双层微流道剖面图

图5.10　内嵌双层微流道LTCC基板图

　　(3) 散热效果测试。我们提出了更优化的测试方法,获得了封装结构的散热特性。即独立设计了一套检测LTCC基板微流道散热效果实验装置。以水作为散热液体,在LTCC出口用环氧结构胶连接塑料管,使用微型计量水泵(PF-1008,广东金利佳有限公司,功率14W,水扬程1.24m)提供水在基板中运动所需的驱动力。在基板发热区上方放置$2cm \times 2cm$的纯铜片(厚度0.5mm),基板与铜片间涂有一层很薄的绝缘导热硅胶以填充基板的铜片间的微缝隙,提高导热率。我们使用直流电源(HP-305D,华普仪器公司)对并联的贴片电阻(型号1812,200Ω,额定功率0.5W)加恒电压激励,将其贴在铜片上使整个发热区热流密度均匀。为了防止贴片电阻和电线与铜片短路,在铜片上方涂有一层较薄的绝缘导热硅胶。基板温度分布的实测则通过与铜片接触的K型热电偶(TP-01)来提供,该热电偶与整个发热区一起用热导率很低的敷料固定、封装。实验结果如图5.11所示。

　　从实测结果可以看出,直形冷却微流道网络可以在器件发热达到$1W/cm^2$的热流密度时能降低73.4%的温升(从79K降低到21K),随着发热功率的增加,其散热效果更加明显。传统的多排直槽和蜿蜒形流道各有优势,多排直槽所需压降小,散热能力一般,蜿蜒形流道散热效果好但所需压降大。随着微泵的发展,LTCC基板中蜿蜒形流道散热的商业化应用将更加广泛。随着热量密度的增加,温升线性增加,增加流速可以降低温升,但是带来更大的压降,需要更强的驱动力,限制了微流道的散热效果。要进一步提高散热性能,就需要通过压降相对非常低的分形

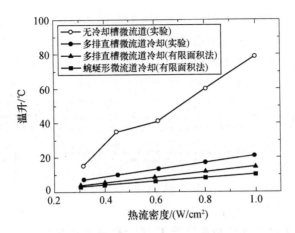

图 5.11　LTCC 基板无冷却微流道和内嵌不同微流道结构时的最高温升

流道来解决。若以 200℃ 为器件失效温度,则目前散热能力最高的螺旋形流道可以为发热量在 $10W/cm^2 \sim 15W/cm^2$ 以下的器件提供有效散热。

(4) 封装工艺质量和微结构完整性检测。封装体的结构完整性无损检测一直是一个挑战。我们在建立常规漏率检测和漏点检测手段的同时,还初步掌握了基于 X 射线透视成像的基板内嵌微流道无损检测方法。目前该方法证明了双层流道内部结构的完整性,有望支持加工工艺的在线检测。但要能提供准确的尺寸精度测量,则还需进行测试方法的改进(如具有三维成像能力的工业 CT)或采用超声显微手段。利用 X 衍射扫描的两种分形管道正面外形图如图 5.12 所示。

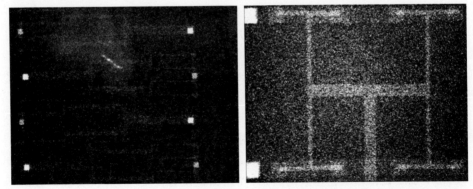

图 5.12　LTCC 基板分形管道 X 射线图

5.1.5　LTCC 基板材料的微结构、微力学性能及失效分析技术

许多 LTCC 器件都应用在恶劣的工作环境中,其应力大小与分布情况是决定

器件可靠性的一个重要因素,因此通过对 LTCC 的力学性能的研究可以帮助分析器件的失效机理,预测器件的寿命和失效速率。微观结构可以间接表现复合材料中各相的性质,解释材料在外界载荷作用下发生变形、损伤和破坏的机理,因此通过对 LTCC 材料微观结构和力学行为的研究,可以为 LTCC 基板的设计和合成提供依据。国内外都已开展了相关的研究工作。目前文献中绝大部分研究都将 LTCC 当作是单相各向同性的均匀材料,然而在很多失效行为中,如微裂纹的产生和扩展,微观结构的非均匀性对于材料性能的影响非常大,这要求我们必须考虑颗粒的尺寸和分布,颗粒与基体的界面,材料中是否存在孔洞等缺陷。借助高分辨率的环境扫描电镜和纳米压痕仪,可以对材料的微观结构进行观察,并且可以单独测量 LTCC 材料中各相的力学性能。

北京大学的张杨飞等研究者[51,52]针对一种商业应用最广泛,加工工艺成熟,拥有出众的电性能,但是力学性能有待提高的 LTCC 基板,利用纳米、微米和宏观尺度的实验手段研究基板的微观结构和力学性能,借助细观力学方法和材料各相的性能预测复合材料基板的整体性能[51],研究结果将有助于优化 LTCC 基板合成和加工参数,提高基于 LTCC 技术的微电子器件的可靠性。

基板的生瓷片为 Dupont 951 AT 生瓷片,每层厚度为(114 ± 8)mm,主要成分为氧化铝粒子填充硼硅酸铅玻璃。基板由 11 层生瓷片在真空的环境下烧结而成,烧结过程主要分为三个温度阶段:首先升温至 70℃,保持此温度 10min,然后升温至 400℃,保持此温度 20min,之后加热到 850℃保持此温度 20min,最后温度迅速降至室温。

烧结好的基板原始尺寸为 140mm × 140mm × 1.02mm,需要将基板切割成长40mm,宽 5mm,以方便进行实验。传统的机械切割对脆性、高熔点和高硬度的陶瓷材料会产生较大的残余应力和热变形,甚至破坏,因此采用激光切割的方法,得到了光滑、无裂纹的切割面,切割造成的材料变形很小,可以忽略不计。经千分尺测量,烧结后的基板平均厚度为(1.02 ±0.02)mm。

抛光采用砂纸抛光的方式,从 800 号砂纸逐渐过渡到 2000 号砂纸,对样品的表面和侧面进行了抛光处理。抛光没有对表面造成微裂纹、划痕等损伤。

目前国内外对 LTCC 材料(生瓷片或最终基板)的微力学性能研究仅处于起步阶段,由于加工设备和工艺参数的区别,性能测试设备与实验方法、实验参数的不同,厂商所提供的性能参数一般与实际加工的产品的性能差异较大,与实验室测量结果也会有所出入,仅能作为参考。

1)微观结构观察及微力学性能测试方法

在 LTCC 基板微观结构的观察中,研究者使用了光学显微镜(BX51M, Olympus 公司),带有能谱分析功能的环境扫描电镜(Quanta 200FEG , FEI 公司)和 X

射线衍射仪（X′ Pert Pro，Panalytica 公司）。图 5.13 是 LTCC 样品微观结构观察图。

(a) 抛光前

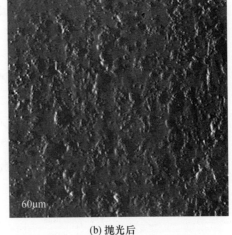

(b) 抛光后

图 5.13　抛光前后 LTCC 样品表面粗糙度的变化

纳米压痕实验是研究纳米尺度下材料力学性能的一种新兴的实验方法,已经成功地用于测量金属、陶瓷等材料的纳米力学性能,根据加载方式的不同可以分为三大类[53-57]:准静态纳米压痕实验(Quasi - static Nanoindentation)、动态纳米压痕实验(Dynamic Nanoindentation 或 Nanodynamic Mechanical Analysis)和模量成像(Modulus Mapping)其典型加卸载曲线和针尖与样品的接触剖面如图 5.14 所示。纳米压痕实验的基本原理是在样品的表面施加一个垂直方向的力,通过采集到的力—位移曲线,利用接触问题的理论和经验公式,计算出材料在局部范围的硬度、韧性、弹性模量、残余应力、屈服应力和表面下的损伤等性能。这种方法对样品的要求很低,对样品尺寸没有要求,只需要被测试的表面平整,粗糙度尽可能低,不仅能测量宏观实验常用的块状样品,而且能测量宏观实验很难测量的微纳米级别的薄膜样品。纳米压痕实验以 Sneddon[56] 提出的关于弹性半空间的接触模型为基础,经过大量的实验和理论研究,由 Oliver 和 Pharr[54] 在 1992 年提出了改进的静态纳米压痕计算公式,这套公式是目前使用最广泛、最被认可的方法,与针尖和样品在卸载段的实际弹性接触行为非常吻合。

模量成像以动态纳米压痕实验为基础,在小于 60mm × 60mm 的区域内进行快速扫描,相当于 256 × 256 次微力的动态纳米压痕实验,可以清楚地得到扫描区域内的模量分布图。扫描频率根据扫描的范围可以在 0.1Hz ~ 3Hz 之间取值,频率越低,扫描得到的模量图越清晰,但是扫描所需时间变长,实验仪器产生的热漂移

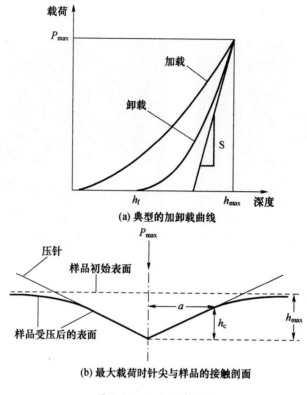

(a) 典型的加卸载曲线

(b) 最大载荷时针尖与样品的接触剖面

图 5.14　纳米压痕实验

增大,影响实验数据的准确性。

　　试验使用的仪器为美国 Hysitron 公司的 TriboIndentor 和 nano – DMA IITM 动态传感器,力传感器和位移传感器的分辨力分别为 1nN 和 0.04nm。在实验中使用了曲率半径为 100nm 左右的 Berkovich 金刚石针尖。准静态纳米压痕中最大载荷为 9mN,相同的实验重复 20 次,取平均值,得到弹性模量和硬度。模量成像最大平均载荷为 10mN,频率为 200Hz,动载荷大小为平均载荷的 10%,扫描频率为 0.5Hz。在整个实验过程中,温度保持在 26℃ 左右,相对湿度保持在 43% 左右。

　　由于 LTCC 基板是由 11 层厚度为(114 ± 8)mm 的生瓷片在 850℃烧结而成,烧结后的基板平均厚度只有(1.02 ± 0.02)mm,如果利用单边缺口梁法、山形切口梁法等方法测量断裂韧性,对预裂纹的控制难度会很大,不能很好地在基板表面形成预制沟槽,因此主要采用压痕裂纹(Indentation Method,IM)法测量断裂韧性。IM 法不同于单边缺口梁法等方法,无需用薄砂轮片制造人工裂纹,可用极小的试样测试,试样形状简单,实验快速、简便,目前已经成为一种测量断裂韧性研究的重要手段。压痕法测量显微硬度和断裂韧性的实验使用数字显微硬度计 MVK –

H210（Akashi 公司），针尖为标准的 Vickers 金刚石针尖，实验在样品抛光后的表面进行。在实验中采用了 5N、10N 和 20N 三种载荷，加载速度恒定为 1N/s，每种载荷重复实验 12 次取平均值。根据产生的裂纹属于半月形裂纹，使用针对半月形裂纹的计算公式，根据测得的残余压痕对角线的长度和裂纹长度计算材料的断裂韧性[57]

$$K_{IC} = 5.1636 H a^2 c^{-1.5}$$

式中：H 为硬度值；a 为压痕对角线长度的一半；c 为四条裂纹长度的平均值。

2）LTCC 微观结构和组成成分观察结果

为了了解 LTCC 的微观结构，对 LTCC 样品抛光后的上表面和侧面进行环境扫描电镜观察。研究发现 LTCC 材料主要由两种成分组成：颜色灰度较深的基体和形状不规则、尺寸大小不一、随机分散在基体中的颗粒（白色），如图 5.15(a) 所示。在白色颗粒中观察到有灰色的"Salami"结构存在，也就是存在一些基体相分布在大的颗粒中，这主要是由于烧结时，基体相流动性较好，紧密地包覆在小颗粒的表面，众多的小颗粒凝聚成大颗粒的过程中，基体随着颗粒一起凝聚到大颗粒中，烧结后的颗粒相与基体相在大颗粒中的同时存在造成了"Salami"结构。这种典型的结构在其他研究 LTCC 微观结构的文献中也能发现[58,59]，但是文献作者并没有针对扫描电镜图中出现的"Salami"结构进行说明和分析，而随着 LTCC 材料种类和加工工艺的不同，这种结构并不总是存在。图 5.15(b) 是侧面的电镜扫描结构图，可以看到上表面和侧面的微观结构很相近，从微观结构的角度可以证明 LTCC 材料在整体性能方面是一种各向同性的材料。

在进行粒径分析时，假设颗粒形状为理想的球状，利用金相图像处理软件，根据高清晰的扫描电镜图，统计出颗粒半径的分布情况，如图 5.16 所示。统计了 3151 个颗粒，颗粒尺寸从几百纳米到几十微米，平均半径为 0.71μm，体积分数约为 27%。

在颗粒和基体的组成成分的研究中，使用了能谱分析和 X 射线衍射实验。能谱分析实验的结果表明 Al 元素在颗粒中的含量比基体中的高，但是 Si 和 O 的含量变化情况正好相反，同时还发现微量的 C、Pb、Ca、Na、K 等元素，如图 5.17 所示。利用 X 射线衍射实验对组分的分子式进行测试后发现，颗粒的化学成分主要是结晶态的 Al_2O_3，基体主要是 SiO_2 和 Al_2O_3 的混合物，SiO_2 以非晶态为主，夹杂着少许晶态结构，其他的微量元素主要以硅酸盐的形式在基体中存在。

LTCC 基板是多层陶瓷片烧结而成的多层基板，层与层之间的黏结界面非常重要。图 5.18(a) 是抛光后侧面的低倍率扫描电镜图，根据基板烧结后每层的平均厚度为 93μm，图中至少会有一个层间黏结界面出现，但是在图中并没有发现界面，这表明 LTCC 材料烧结后凝固得非常好，基板可以看作一个整体。在三点弯曲实验断裂后的断截面（图 5.18(b)）电镜扫描图中，仍然没有看到层与层间的分界

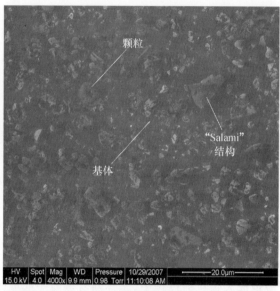

(a) 上表面扫描电镜图

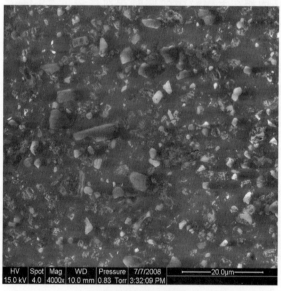

(b) 侧面的扫描电镜图

图 5.15　抛光后的 LTCC 样品

面,更加证实了无论是基板表面还是基板内部,层与层间的黏结都非常紧密。颗粒虽然形状不规则、大小不一、微观随机分布,但相对于基板整体,颗粒的分布相对均匀,整个基板在宏观上可以看作是各相同性的均匀材料,在微观上可以看作是典型

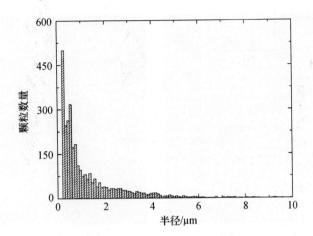

图 5.16　LTCC 基板粒径分布图

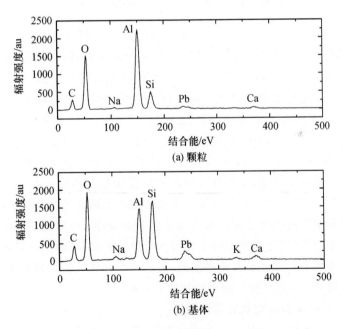

(a) 颗粒

(b) 基体

图 5.17　LTCC 基板的化学元素组成

的颗粒填充型复合材料。

3）准静态纳米压痕实验结果

利用准静态纳米压痕技术对基板进行了纳米尺度力学性能测试,实验加载方式一样,最大载荷均为 9 mN,在上表面和侧面各做 24 次实验,但是压入深度却在不断变化,结果表明,上表面的平均弹性模量值为(116.21 ± 6.64)GPa,平均硬度

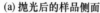
(a) 抛光后的样品侧面　　　　　　　　　(b) 基板断裂面的扫描电镜图

图 5.18　LTCC 的层与层之间的黏结界面

值为(8.85 ± 0.59)GPa;侧面的弹性模量值为(115.00 ± 10.59)GPa,硬度值为(8.85 ± 1.14)GPa,弹性模量接近厂商提供的参数(120GPa),硬度值与后文中 IM 方法测得的硬度(约 8GPa)相近。弹性模量和硬度值在一定的范围内变化,并不是简单地分布在基体和颗粒两个区域。这主要与 LTCC 的微观结构相关:除了大颗粒外,基体中还夹杂着很多的小颗粒,这些小颗粒与基体的界面区域的性质介于颗粒和基体性质之间,也就是说如果针尖压入的位置颗粒含量高,由于氧化铝颗粒硬度大、弹性模量高,那么压入的深度变小,得到的弹性模量和硬度值偏大。反之,针尖压入的位置粒子含量低,弹性模量和硬度值变小。小颗粒的分布和含量在基板中存在局部分布不均匀的现象,随着压痕实验在基板位置的变化,导致了弹性模量和硬度随着深度连续地变化。结合微观结构的研究,可以表明 LTCC 基板属于宏观各向同性均匀材料,微观上属于典型的颗粒填充型复合材料,其纳米尺度的弹性模量和硬度无论是在上表面还是侧面,都是连续分散在颗粒和基体的区间内,这个推断将有助于对 LTCC 材料的理论和仿真研究。

4) 三点弯曲实验和细观力学预测

三点弯曲实验使用的仪器为 Instron 3365,实验方法采用国际标准 ISO 14704。

三点弯曲实验测得的弹性模量值为(114.88 ± 0.98)GPa,弯曲强度为(201.80 ± 6.43)MPa,与 Dupont 公司提供的数据吻合,由于 LTCC 属于脆性材料,载荷—挠度曲线在最终断裂之前基本上是线性增长的。图 5.15(a) 中准静态纳米压痕实验中经抛光处理的上表面平均弹性模量值为(116.21 ± 6.64)GPa,与三点弯曲的实验结果吻合,这表明激光切割对样品没有造成影响,弯曲实验的结果值可靠、准确。

试验发现,由 Dupont 951 烧结而成的基板的力学性能比董青石、大多数的玻璃—陶瓷性能要好,包括 $LiO_2 - ZrO_2 - SiO_2 - Al_2O_3$ 玻璃陶瓷和大多数商业 LTCC 材料如 Dupont 943、Ferro A6 和 Heraeus CT2000。

对三点弯曲实验后的 LTCC 样品断裂面进行了观察,如图 5.19 所示。观察发现断截面平整,表明 LTCC 基板的断裂行为属于典型的脆性断裂。大多数颗粒都完好地埋在基体中,没有剥离或脱落,也没有观察到颗粒与基体界面存在空隙、裂缝等现象,说明颗粒和基体的黏结强度很高,界面非常好。在断裂面上观察到少量的气孔,这些气孔都呈规则的圆形,这表明气孔是在烧结的过程中形成的。进一步的研究表明,通过在基板加工的过程中控制烧结温度和施加压力,可以控制气孔的生成率。

图 5.19 三点弯实验后样品断截面的电镜扫描图

5)IM 方法测量断裂韧性

LTCC 产品的可靠性与微裂纹的产生和扩展密切相关,由于 LTCC 样品很薄(1.02mm),材料较脆,对预裂纹的控制难度很大,不能很好地在基板表面形成预制沟槽,因此 IM 法成为测量断裂韧性最有效和最方便的方法。图 5.20 显示了根据公式(5.1)计算出的断裂韧性 KIC 值随着 IM 实验中最大载荷(5N,10N 和 20N)的变化,可以发现断裂韧性值随着最大载荷增加而略微下降,这主要是由计算公式引起的误差,如果公式选得好,则断裂韧性值不随载荷变化,这种现象在其他文献中已经有相关讨论[58-60]。当材料达到完全塑性变形后,硬度值将趋于稳定,从图中可以发现,当载荷大于 10N 时,已经足以导致基板表面加载局部范围内材料的完全塑性变形。LTCC 基板的硬度值大约为 8GPa,属于非常硬的材料,断裂韧性值为 5～6,略大于 Al_2O_3 等陶瓷材料,说明 LTCC 仍属于脆性材料,但是相比其他陶瓷材料具有较高韧性。对样品进行切割、抛光等实验操作后,在高分辨率扫描电镜观测下均未发现有裂纹的产生,这也证明了这种材料相比其他陶瓷材料具有较高韧性。

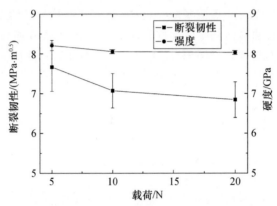

图 5.20　断裂韧性和硬度与最大载荷的关系

为了更好地分析微裂纹的产生和扩展的机理,我们观察了 IM 实验后的残余压痕。通过高分辨率的电镜观察,可以清楚地看到裂纹沿着压痕对角线的方向延伸,如图 5.21(a)所示,裂纹属于典型的半月型裂纹,证明公式(5.1)的选取是合适的。由于局部微观结构的不同和表层的残余应力,四条裂纹长度不同,并且不是完全沿直线扩展。从图 5.21(b)中可以观察到,裂纹总是在遇到颗粒后终止,裂纹首先在基体中扩展,在初始冲击能量足够大时,裂纹可能会劈开颗粒,能量因此被大量吸收掉。由于能量减小,无法劈开颗粒,再往前扩展的时候只能绕着基体和颗粒的边界前进,颗粒和基体界面的破坏再次吸收支撑裂纹扩展的能量,裂纹将一直沿着边界扩展或遇到颗粒后偏离扩展方向,直到能量耗尽,裂纹无法继续扩展。颗粒对裂纹扩展的抵抗可以提高断裂韧性,裂纹的扩展随着颗粒含量的增加,其扩展速率会不断降低,此外表面能量、颗粒的形状和尺寸、颗粒与基体的界面都会影响裂纹的扩展速率。

6)提高 LTCC 产品可靠性的建议

利用 IM 实验测得了 LTCC 的断裂韧性,并且利用裂纹在基体中和颗粒边界的扩展情况解释了失效机理。通过对 LTCC 材料的断裂韧性研究,相应提出三个提高 LTCC 产品可靠性的建议:针对 LTCC 产品裂纹仿真的时候需采用颗粒夹杂模型,这样才能准确地模拟裂纹的产生与扩展,并有利于对 LTCC 产品可靠性的研究;颗粒状物质(结晶态氧化铝)能阻止裂纹扩展,提高材料断裂韧性,应在工艺中

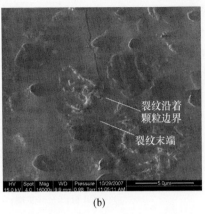

(a)   (b)

图 5.21　残余压痕的光学显微镜观察和裂纹尖端的扫描电镜观察

通过控制温度等手段提高其含量,如果能使它尺寸变小、更均匀、更密集地分布在基体相中,则将大大提高材料的抗裂纹能力;颗粒本身的弹性模量和硬度非常高,能增强材料的整体弹性模量和硬度,因此通过控制颗粒的生成,能同时提高 LTCC 基板的强度和韧性。

5.2　SMT 组装

　　MCM 技术正向着与系统级封装融合的方向发展。其中不仅可以组装 IC,还可以组装 MEMS 器件,从而使得 MCM 成为高密度、多功能系统集成的一个重要技术途径。除了高密度组装需求之外,随着目前 IC 工作频率的日益提升以及 RF MEMS、光学 MEMS 的引入,未来的组装互连方式还必须支持高频直至光频信号器件的组装、互连需求。因此表面贴装技术 SMT(Surface Mount Technology)就势必成为今后高密度、多功能 MCM 的主要组装技术。

5.2.1　表面贴装技术概述

5.2.1.1　表面贴装技术的组成及特点
　　SMT 是现代电子产品先进制造技术的重要组成部分,是由多种科学技术组合而成的群体技术。其主要内容包含表面组装元件、组装基板、组装材料、组装工艺、组装设计、组装测试与检测技术、组装与检测设备、组装系统控制与管理等,涉及材料、机械制造、电子与半导体技术、检测与控制、系统工程等诸多学科,是一项综合性工程科学技术。
　　与传统的 THT(通孔插装)技术不同,SMT 无需在印制电路板上钻插装孔,只需将表面贴装元器件贴、焊到印制电路板表面设计位置上,采用包括点胶、焊膏印刷、贴片、焊接、清洗、在线测试和功能测试在内的一整套完整工艺联装技术。具体地说,就是用一定的工具将黏接剂或焊膏印涂到基板焊盘上,然后把表面贴装元器件引脚对准焊盘贴装,经过焊接工艺,建立机械和电气连接,如图 5.22 所示。

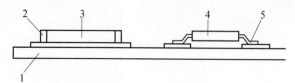

图 5.22　典型 SMT 结构示意图

1—PCB 板;2—焊接端;3、4—表面贴装元器件;5—焊接引脚。

THT 与 SMT 在工艺上的区别:

(1) THT 元件线度在 5mm 以上,且由于工艺要求机械手的操作在元件外沿,元器件之间要留出工位,限制了安装的密集度;SMT 的元件尺寸都在 2mm ~ 3mm 以下(除个别大功率件),使用吸嘴组装,无须在元器件之间留出工位,大大提高了密集度。

(2) 安装方面的主要区别就是"插"与"贴",THT 元件与焊点位于基板两侧,SMT 则在同侧。

(3) 在焊接方面 SMT 多采用回流焊,使用免清洗锡膏可大大提高焊接工效,有利于环保。

由以上的比较可以看出 SMT 同传统 THT 工艺相比技术优势是非常明显的,它的高度集成化使得在小尺寸印制电路板上可以放置更多的芯片,并且使得完成同样功能的印制电路板可以大幅度缩小尺寸,而这一切都源于大规模集成电路的广泛应用。因此 SMT 的特点可总结如下:

SMT 的优点:

(1) 由于基板不采用通孔而采用埋层互连布线技术,可以留出更多的空间来布线,从而提高了布线密度。在相同的功能情况下,可以减小面积,还可以减少层数以使整个组件成本降低。

(2) 重量减轻。这对于一些要求机动性高以及重量轻的电子设备特别适用,如航空、航天、移动式军事电子设备等。同时由于重量轻,其抗震等机械强度也会相应提高。

(3) 比插入式安装更有利于实现自动化,安装速度大大提高。大生产线每小时可安装的器件数在 5 万个以上,从而提高了劳动生产率,降低了组装的成本。

(4) 由于采用焊膏材料及新的焊接技术,提高了焊接质量,避免了因返修而导致的连线、虚焊和变形等问题。

（5）由于面积减小而使布线长度大幅度缩短,寄生的电感和寄生电容也相应降低,使信号传输速度成倍提高、噪声下降。从而提高了组件的电性能指标。

SMT 的缺点:

（1）随着安装密度的提高,相应的测试难度也随之增加,检测成本上升。

（2）为了实现表面安装必须将各种用于插装的元器件的封装结构加以改造,比如应重新考虑片状电阻、片状电容、片式载体集成电路,以及可供表面安装的晶体、变压器、开关和继电器等的封装结构和工艺装备。

从以上 SMT 与传统 THT 组装技术的优缺点对比可以看出,电子产品追求小型化、功能日渐完整;所采用的 IC 封装已无穿孔元件,特别是大规模、高集成 IC,不得不采用表面贴片元件。产品批量化、生产自动化已成必然要求,厂方要以低成本、高产量生产优质产品以迎合顾客需求及加强市场竞争力。随着电子元件的发展和集成电路的开发以及半导体材料的多元应用,SMT 取代传统 THT 组装技术的步伐也正在加速。

5.2.1.2　表面贴装元器件

表面贴装元器件简称 SMC/SMD,其外形为矩形片状、圆柱形、立方体或异型。SMC/SMD 的发展日新月异,小型化是主要方向,正由 1602、0805、0603 向 0402 或 0201 发展。表面贴装元器件的主要分类有片式晶体管和集成电路,集成电路,又包括 SOP、SOJ、PLCC、LCCC、QFP、BGA、CSP、FC、MCM 等封装形式。

表面贴装元器件具有下列特点:

（1）尺寸小、重量轻,适合于在基板两面贴装,有利于高密度组装。如传统组装的收音机采用表面贴装技术后,其厚度可减少到只有 5mm。

（2）无引线或引线很短,减少了寄生电容、电感,改善了高频特性。

（3）贴装后模件结构紧凑,不怕振动与冲击,能耐焊接高温,提高了电子产品的可靠性。

（4）尺寸和形状标准化,采用自动贴装机进行贴装、回流焊接,效率高、质量好,有利于大批量生产和在线检测,综合成本低。

5.2.1.3　表面贴装工艺

当前 SMT 的组装方式主要有:单面组装、双面组装,单面混装、双面混装,含 SMD 和 THC(Through－Hole Component)都在 A 面,SMD 在 A、B 面,THC 在 A 面等。(图 5.23)

对于全表面组装工艺一般 A 面布有大型 IC 器件、B 面以片式元件为主,充分利用 PCB 空间,实现安装面积最小化。全表面组装工艺控制复杂、要求严格,常用于密集型或超小型电子产品,如手机、PDA 等电子产品。

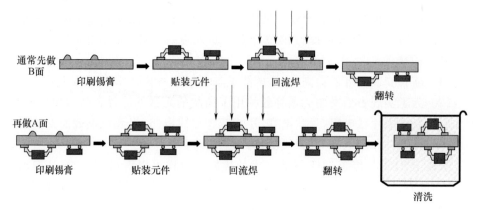

图 5.23　全表面组装工艺的流程图

5.2.2　面向 MEMS 器件的 SMT 中的工艺设计

与常规的集成电路器件相比,由于 MEMS 器件往往采用特殊材料、特殊结构、特殊工艺,其可靠性问题更加复杂化,涉及到设计、制造、材料、结构、封装等许多方面。MEMS 器件的可靠性不仅限于其电学特性,材料的力学、热学、光学特性同样起着重要作用。另外 MEMS 器件包含悬臂梁、膜等可动机械部件,和光、热、磁、流体等信号的感应与执行部件,与普通集成电路的固体器件相比这些结构更敏感、更脆弱。通过不断改进 MEMS 器件的结构设计、材料选择、工艺流程和设备,都可以使 MEMS 器件中微结构的可靠性得到一定的保障。但是如果要将 MEMS 器件用于工业化的大规模生产就需要控制生产过程中各个环节,以使 MEMS 器件所产生的缺陷率至少低于 1000 dpm（device per million）,否则在生产过程中产生的报废带来的损失是不能被企业接受的,也就会阻碍 MEMS 技术的高速发展。所以精心的工艺设计和过程控制在 MEMS 器件的 SMT 组装的生产环节中也是不可或缺的。

下面通过对在手机和 MP3 等产品里广泛使用的 MEMS 传声器（麦克风）在 SMT 生产制造环节的工艺加以分析来论证 SMT 在 MEMS 器件技术中大规模使用的可行性和工艺设计重点。

MEMS 传声器可由 flip chip 的方式封装而成（图 5.24、图 5.25）,由于这种传声器与传统手机里所用的传声器相比十分易碎,所以在任何时候对此 MEMS 器件的接触都需要十分谨慎。另外 MEMS 传声器必须避免受到较强的气压,这是由于其中的振动膜必须能够自由振动以保证传声器具有足够高的灵敏度,所以振动膜的状态是松弛的并且十分脆弱易碎。因为 MEMS 传声器有这些特殊要求,在大规模生产中必须对生产线和工艺专门设计,以保证这样的敏感器件不会被损坏。

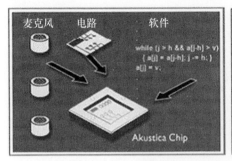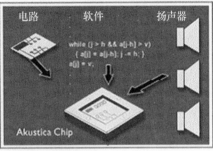

图 5.24 Akustica 公司的 AkuSound

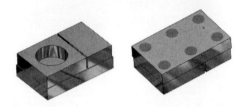

图 5.25 采用 Flip Chip 方法封装的 MEMS 传声器

5.2.2.1 实验装置

不同类型的 MEMS 器件在基板级组装的时候会有不同的特殊要求,但当从组装的工艺角度出发将 MEMS 器件作为基板上的各种电子元器件之一来考虑时,组装精度和组装强度便是其中两个重要的工艺参数。无论是加速度计还是微机械陀螺仪在基板级组装的过程中都需要保证 X、Y 方向和角度上的精度,这也就给表面贴装的工艺提出了更高的要求。下面根据目前电子工业中主流的高精度生产设备模拟 MEMS 器件的组装过程,并通过精密仪器对组装精度和封装强度的测试来分析研究 MEMS 器件在工业化大规模条件下的工艺实践。

5.2.2.2 组装精度的测量

所谓组装精度,即是在基板级组装的过程中,X、Y 方向和角度上的安装精度要求。MEMS 器件一般需要很高的组装精度,特别是现在应用最广泛的 MEMS 器件——加速度计和陀螺仪,对封装方向性的要求极高。以加速度计为例,它广泛地应用于精确制导、防止汽车倾斜、动作识别等。在某一方向一点的偏差就能导致误动作。除此,获得基板级组装精度的意义还在于:对下一级组装和最后的校准给出一定依据。

实验选用日本富士公司的模组型高速多功能贴片机 NXT(图 5.26)作为模拟 MEMS 器件贴装精度的验证工具。如图 5.27 所示,NXT 是由模组基座、本体模组、$X-Y$ 机械手、贴装工作头、吸嘴置放台、定位与元件相机、电路板搬运轨道、供料平

图 5.26　模组型高速多功能贴片机 NXT

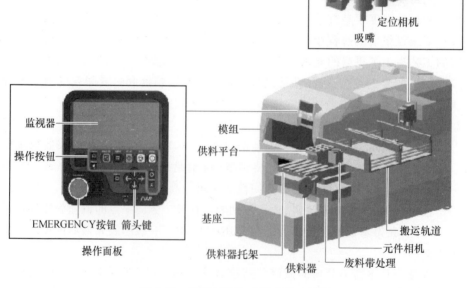

图 5.27　NXT 贴片机的模块单元组成

台(供料器小车和料盘单元)等模块构成的。本次实验中 NXT 贴片机选用精度最高的 H01 贴装头,贴装精度可以达到 ±0.03mm(36)。实验采用标有 IC 引脚刻度的高精度玻璃元件模拟贴装并用数字化仪进行测量。玻璃元件和数字化仪的系统误差可以忽略。

5.2.2.3 组装强度测试方法

本实验定义 MEMS 器件基板级集成封装的封装强度就是元器件在基板上的焊接强度,即施加应力与接触面积之商。如果 MEMS 器件与基板的连接强度不足以承受外界的机械冲击、碰撞、振动,那么整个集成微系统也会失效,即使 MEMS 器件本身的可靠性足够高,其所在的集成微系统也不能继续工作。所以这个实验的目的是,对常见的 MEMS 器件所采用的封装方式在基板级组装的焊接强度进行分析与测试。

实验选用德国汉高公司生产的乐泰 LF300 型焊锡膏,基板选用目前在电子产品中常见的多层无卤素印制电路板,焊盘为选择性镍/金镀层和 OSP 涂层结构。焊接强度测试仪采用 Dage 4000 - TP100 型焊接强度测试仪,机器的测量精度可以达到 0.000098N,推力范围 0~98N,推进速度范围 0~700μm/s。这次实验采用的推进速度为 262.1μm/s。

5.2.2.4 组装精度实验结果

实验对元件进行了 32 次贴装,在将元件从料盘中拾取后分别旋转了 0°、90°、180°、270°进行贴装各进行了 8 次。经过测量得出实验结果如图 5.28 和图 5.29 所示。表 5.2 中 θ 是对准角度偏差。

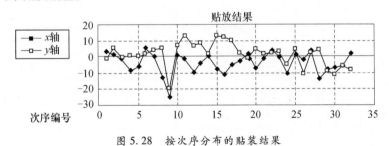

图 5.28 按次序分布的贴装结果

表 5.2 按各个角度计算的贴装精度

角度/(°)	平均			3σ		
	$X/\mu m$	$Y/\mu m$	$\theta/(°)$	$X/\mu m$	$Y/\mu m$	$\theta/(°)$
0	-2	3	-0.003	13	11	0.042
90	-2	2	-0.003	19	9	0.032
180	-6	1	-0.008	28	31	0.054
270	-5	0	-0.003	13	28	0.039

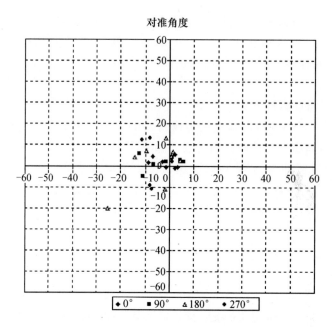

图 5.29　按各个角度分布的贴装结果

将四个方向旋转的数据汇总可以得出贴装精度的实际结果(表 5.3),可以看出在 3σ 精度下能够达到 ±0.03mm 的设备标称精度,这也代表了用先进 SMT 技术进行 MEMS 器件基板级集成封装所能得到的精度水准。

表 5.3　贴装精度的计算汇总

总计	$X/\mu m$	$Y/\mu m$	$\theta/(°)$
平均	−4	1	−0.004
3σ	20	22	0.043
最大	6	13	0.024
最小	−25	−20	−0.029

对于 MEMS 惯性器件来说,最重要的参数在于角度精确值,而不关心 X、Y 方向的组装偏离。通过实验看出,角度平均偏差为 0.043°。这说明组装精度完全在可以接受的范围内,当然对于高精度的产品,还需要系统级的最后校准。

5.2.2.5　封装强度实验结果

表 5.4 为实验元件的封装形式和尺寸参数。考虑到 MEMS 惯性器件的封装形式不同,我们以 A、B 代表陀螺仪封装形式,C、D 代表加速度计封装形式。

表 5.4　实验元件的封装形式和尺寸参数

元件编号	封装形式	封装体尺寸/(mm × m × m)	焊球个数	焊球直径/((mm)/高度(mm))
A	BGA	12 × 12 × 0.9	289	0.3/0.25
B	BGA	11 × 10 × 1.0	133	0.3/0.22
C	CSP	0.96 × 1.02 × 0.65	4	0.32/0.24
D	CSP	1.67 × 1.67 × 0.41	8	0.32/0.24

1) BGA 封装形式——元件 A(图 5.30 ~ 图 5.32)

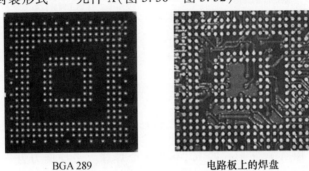

BGA 289　　　　　电路板上的焊盘

图 5.30　BGA 封装形式的元件 A

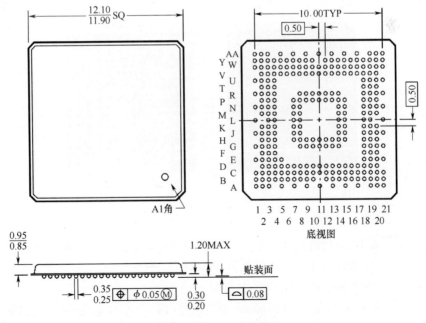

图 5.31　元件 A 的尺寸图

149

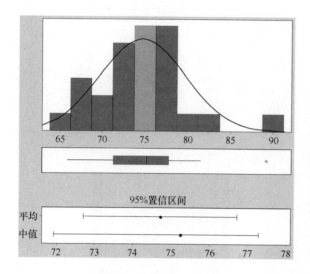

Anderson-Darling正态性测试	
A²	0.36
P值	0.432
统计数据	
平均值	74.721
标准差	4.953
方差	24.528
不对称	0.659
峰度	1.705
N	26
最小值	65.903
第一四分位数	71.330
中值	75.259
第三四分位数	77.784
最大值	89.224
平均值的95%置信区间	
72.720	76.721
中值的95%置信区间	
71.925	77.283
标准差的95%置信区间	
3.884	6.837

图 5.32　元件 A 的实验结果分析

元件 A 是 BGA 封装形式的 IC,有 289 个焊球。平均推力为 732N,相对应的焊点平均焊接强度为 36MPa。($1MPa = 106N/m^2$,焊接强度 = 元件推力/焊接面积)。

2）BGA 封装形式——元件 B(图 5.33~图 5.35)

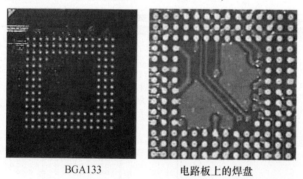

BGA133　　　　　　　　电路板上的焊盘

图 5.33　BGA 封装形式的元件 B

元件 B 是 BGA 封装形式 0.5mm 焊球间距的 IC,有 133 个焊球。平均推力为 352.8N,相对应的焊点平均焊接强度为 38MPa。

3）CSP 封装形式——元件 C(图 5.36~图 5.38)

元件 C 是 CSP 封装形式 0.65mm 焊球间距的 IC,有 4 个焊球。平均推力为 11.8N,相对应的焊点平均焊接强度为 36MPa。

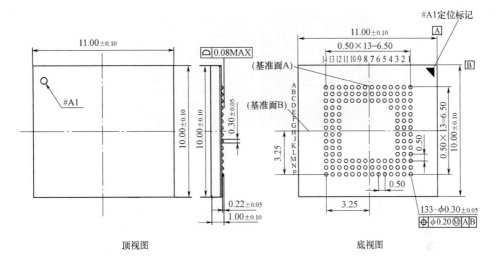

图 5.34　元件 B 的尺寸图

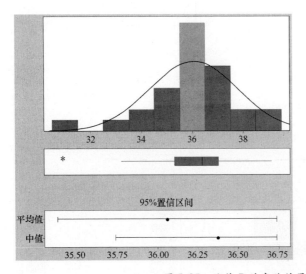

Anderson-Darling正态性测试	
A²	0.51
P值	0.177
统计数据	
平均值	36.061
标准差	1.732
方差	2.999
不对称	-0.914
峰度	2.064
N	28.000
最小值	30.818
第一四分位数	35.272
中值	36.373
第三四分位数	37.027
最大值	39.113
平均值的95%置信区间	
35.389	36.732
中值的95%置信区间	
35.744	36.735
标准差的95%置信区间	
1.369	2.357

图 5.35　元件 B 的实验结果分析

4）CSP 封装形式——元件 D（图 5.39～图 5.41）

元件 D 是 CSP 封装形式 0.65mm 焊球间距的 IC,有 8 个焊球。平均推力为 24.5N,相对应的焊点平均焊接强度为 38MPa。

实验结果如表 5.5 所列,可以看出:虽然使每个元件脱落的平均推力不同,但是作用到不同数量的焊球上,它们的焊接强度大致是相同的,误差为(38 - 36)/38 = 5.3%。即焊接强度与焊球大小、分布、高度无关。

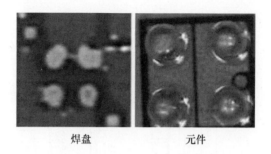

焊盘   元件

图 5.36　CSP 封装形式的元件 C

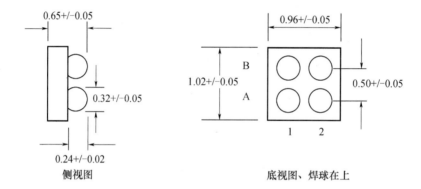

0.65+/-0.05

0.32+/-0.05

0.24+/-0.02

侧视图

0.96+/-0.05

B

1.02+/-0.05

A

0.50+/-0.05

1　　2

底视图、焊球在上

图 5.37　元件 C 的尺寸图

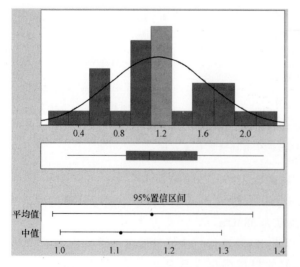

95%置信区间

平均值

中值

Anderson-Darling正态性测试	
A²	0.24
P值	0.755
统计数据	
平均值	1.169
标准差	0.479
方差	0.230
不对称	0.204
峰度	-0.427
N	29
最小值	0.293
第一四分位数	0.860
中值	1.112
第三四分位数	1.545
最大值	2.174
平均值的95%置信区间	
0.987	1.351
中值的95%置信区间	
1.000	1.296
标准差的95%置信区间	
0.380	0.648

图 5.38　元件 C 的实验结果分析

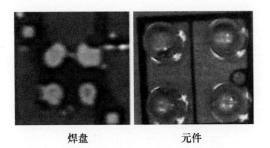

焊盘   元件

图 5.39   CSP 封装形式的元件 D

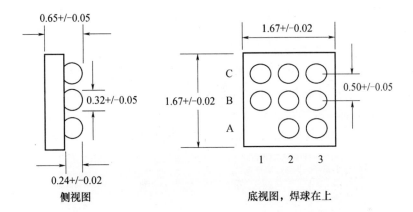

图 5.40   元件 D 的尺寸图

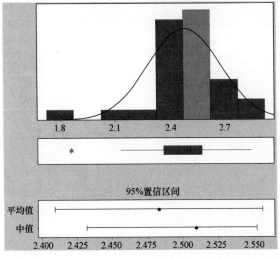

Anderson-Darling正态性测试	
A²	0.60
P值	0.111
统计数据	
平均值	2.483
标准差	0.198
方差	0.039
不对称	-0.927
峰度	2.589
N	30
最小值	1.857
第一四分位数	2.367
中值	2.509
第三四分位数	2.576
最大值	2.852

平均值的95%置信区间	
2.409	2.557
中值的95%置信区间	
2.432	2.553
标准差的95%置信区间	
0.157	0.266

图 5.41   元件 D 的实验结果分析

表 5.5　不同形式封装元件的焊接强度

元　件	平均推力/N	焊接面积/mm²	焊接强度/MPa
A(BGA)	732.266	20.418	36
B(BGA)	353.398	9.396	38
C(CSP)	11.456	0.322	36
C(CSP)	24.333	0.643	38

5.2.3　SMT 封装中的焊球可靠性分析实例

5.2.3.1　模型建立与参数设置

　　模型依据前述元件 C 的各项参数建立。简化后的立体结构图、正面剖面图如图 5.42 所示,各层尺寸和材料属性如表 5.6 所列。单元采用 solid187。施加的边界条件为:PCB 各面三个方向的位移为 0,施加力所在面 X、Z 方向位移为 0。实验时,分别施加 1MPa、2MPa、4MPa、6MPa、8MPa、12MPa、13MPa、14MPa 的压强。

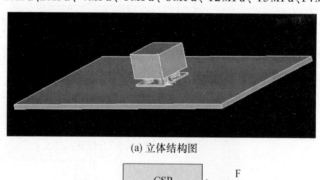

(a) 立体结构图

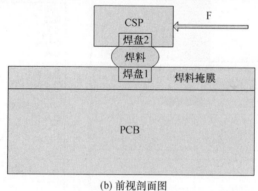

(b) 前视剖面图

图 5.42　模型示意图

表 5.6　各层尺寸和材料属性

层　号	材料名称	弹性模量/GPa	泊松比	尺　寸/mm
PCB12	FR4	18.2	0.19	$7 \times 4 \times 0.12$
Solder mask12		6.87	0.35	$0.96 \times 1.02 \times 0.04$
Pad112	Cu	68.9	0.31	$R = 0.14; h = 0.02$
Solder3	Sn(95%) Ag(30%) Cu(0.05%)	51	0.31	$R = 0.16; h = 0.16$
Pad23	Ni	200	0.31	$R = 0.14; h = 0.02$
CSP11	模塑树脂	26	0.3	$0.96 \times 1.02 \times 0.65$

5.2.3.2　模拟结果与讨论

通过模拟,我们发现,当施加 12MPa 的压强(相当于施加 7.96N 的力)时,焊球接近脱落。当施加 13MPa 的压强时,焊球脱落。由此,算出焊接强度为 32MPa,这和由实验测得的焊接强度 34MPa 较为接近,说明该模型能够很好地反映 MEMS 器件从电路板脱落时的应力分布情况。

通过图 5.43 看出,封装器件快脱落时的最大应力分布在两个区域,一个是焊球的四个边缘,另一个是焊球的中间区域。

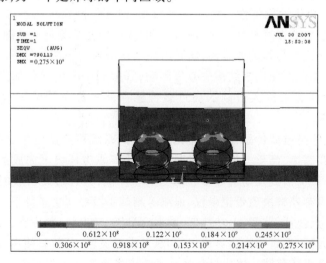

图 5.43　封装器件快脱落时 Von Mises 力分布示意图

图 5.44 为 14288 节点处 Von Mises 力与施加压强之间的关系。由该图可以看出,随着施加压强的增大,Von Mises 力也随着增大。

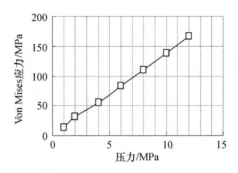

图 5.44　14288 节点处 Von Mises 力与施加压强之间的关系

5.3　MCM 加 固

在极端条件下工作的微纳器件和 MCM 面临着恶劣环境的挑战,包括高温、高压/力负载、强振动、强冲击、电磁干扰、辐照、腐蚀等,目前相应的技术一般尚未商业化,只有在少数强冲击和高温环境中工作的微加速计、压力传感器等器件分别在弹药引信、涡轮机等军事应用中得到试用。要让 MCM 在极端条件下稳定工作的使用寿命达到预期要求,应解决好如下几个问题:①应采用物理特性(如耐热性、抗冲击性)和化学稳定性出色的材料构成,如 SiC 和 GaN 等半导体材料和 Au 系金属互连材料;②在对材料在极端条件下的特性的充分测量的基础上,通过合理的结构设计,保证各材料的兼容性,防止出现结构密封在极端条件下出现破损或者因热机械特性不匹配而出现结构失效等问题;③采用必要的模件加固技术。本节将以中北大学薛晨阳等人研制的高过载传感存储一体化封装测试系统来演示 MCM 加固技术。

该微型化的高过载传感存储一体化封装测试系统可广泛应用于航天航空、兵器等领域,可在高速、高重力加速度过载、强振动等恶劣环境下完成加速度、冲击、振动、高温、以及引信或发动机等参数的测试和存储,并通过硬回收的方式再现原始工作参数,可有效解决磁带记录仪、遥测等测试手段在恶劣条件下无法完成的工作。其主要优点包括:体积小、功耗低、数据容量大、速度快、精度高、抗高过载高冲击、操作简单方便、具有一体化集成封装、触发方式灵活,可重复使用等。

1) 高过载传感存储一体化封装测试系统组成及主要工作原理

图 5.45 示出高过载传感存储一体化封装测试系统的系统组成,主要包括传感器、信号调理电路、A/D 变换器、时钟电路、电源(内部自带的钮扣电池)、FPGA 集成控制单元、大容量 FLASH 存储器单元、接口电路,其中 FPGA 集成控制单元主要实现 FLASH 大容量存储单元的数据读写、擦除、A/D 采样频率的设定、智能低功耗

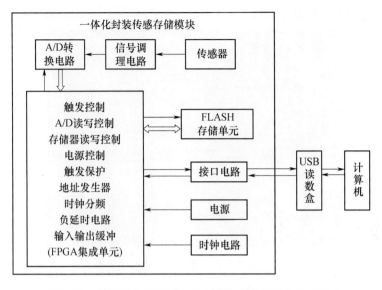

图 5.45　高过载传感存储一体化封装测试系统的系统组成

工作方式的实现等功能。

该系统根据需要可选择负延时传感器自动触发或外部触发两种工作方式,前一种是利用传感器的某个特征信号来作为系统的启动记录信号,后一种则只记录触发点以后的数据。

2)测试系统缓冲保护结构

高过载存储测试系统在实际应用中为了提高存储单元的可靠性,同时还要保证传感器单元与被测系统的刚性连接。图 5.46 给出了弹丸侵彻过载存储测试系统的典型缓冲保护结构,图中主要包括传感器、玻璃珠、采集存储电路、电源、模拟炸药、聚烯氨保护壳、多层泡沫铝、环氧树脂、绝缘座等几部分。

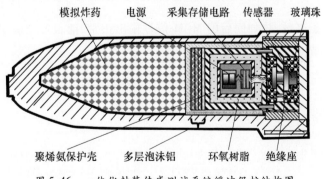

图 5.46　一体化封装传感测试系统缓冲保护结构图

3）系统封装图片及实测数据（图 5.47，图 5.48）

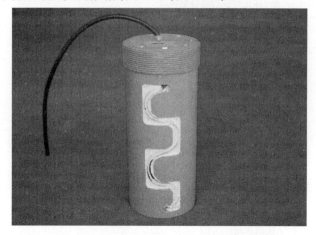

图 5.47　一体化集成单路高过载存储器实物照片

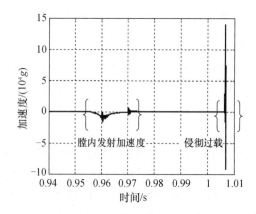

图 5.48　某炮射试验中测得的膛内及侵彻混凝土靶的过载测试数据

从实测数据来看，该加固后的 MCM 信号输出正常，能很好地满足新型弹药研制中的测试需要。

参 考 文 献

［1］ Gongora-Rubio M R, Espinoza-Vallejos P, Sola-Laguna L, et al. Overview of low temperature co-fired ceramics tape technology for meso-system technology (MsST)［J］. Sensors and Actuators A: Physical, 2001, 89: 222 - 241.

［2］ Harper Charles A. Electronic Materials and Processes Handbook［M］. 3rd Edition. NY: McGraw-Hill Companies, Inc, 2004.

[3] Scrantom C Q, Lawson J C. LTCC technology: where we are and where we're going-II [J]. IEEE MTT-S Symposium on Technologies for Wireless Applications Digest, 1999: 193 – 200.

[4] Golonka L J. New application of LTCC technology[C]. 28th International Spring Seminar on Electronics Technology, 2005: 148 – 152.

[5] Eustice A L, Horowitz S J, Stewart J J,et al. Low-temperature co-fired ceramics: A new approach to electronic packaging[C]. IEEE Proceedings of 36th Electronic Components Conference, 1986: 37 – 47.

[6] 钟朝位,周晓华,张树人,等. 低温共烧陶瓷用硼硅酸盐玻璃的研究进展[J]. 电子元件与材料,2006, 25:8 – 15.

[7] Kumar A H, Knickerbocker S, Tummala R R. Sinterable glass-ceramics for high-performance substrates[J]. IEEE Transactions on Components, Hybrids, and Manufacturing Technology, 1992, 215: 678 – 681.

[8] Knickerbocker S H, Kumar A H, Herron L W. Cordierite glass-ceramics for multilayer ceramic packaging[J], American Ceramic Society Bulletin, 1993, 72: 90 – 95.

[9] Shimada Y, Utsumi K, Suzuki M, et al. Low firing terperature multilayer glass-ceramic substrate[J]. IEEE Transactions on Components, Hybrids, and Manufacturing Technology, 1984, 27: 382 – 388.

[10] Kondo K, Okuyama M, Shibata Y. Low firing temperature ceramic material for multilayer ceramic substrates [J]. American Ceramic Society, 1986: 77 – 87.

[11] Kawakami K, Takabatake M, Minowa T,et al. A low temperature cofired multilayer ceramic substrate[J]. American Ceramic Society, 1986: 95 – 102.

[12] Hsu J Y, Wu N C, Yu S C. Characterization of material for low-temperature sintered multilayer ceramic substrates[J]. Journal of the American Ceramic Society, 1989, 72: 186 – 1867.

[13] Chen L S, Fu S L. Densification and dielectric properties of cordierite-lead borosilicate glasses[J]. Japanese Journal of Applied Physics, 1992, 31: 3917 – 3921.

[14] Lo S, Yang C F. The sintering characteristics of Bi2O3 added MgO-CaO-Al_2O_3-SiO_2 glass powder[J]. Ceramics International, 1998, 43: 139 – 144.

[15] 杨娟,堵永国,张为军. Ca-Al-Si 系低温共烧陶瓷(LTCC)性能研究[J].功能材料,2005,36:1715 – 1717.

[16] Yassini Bahram, Choi Savio, Zybura Andre ,et al. A Novel MEMS LTCC Switch Matrix[C]. 2004 IEEE MTT-S International Microwave Symposium Digest, 6 – 11 June 2004:721 – 724.

[17] Kim Ki-I, Kim Jung-Mu, Kim Jong-Man, et al. Packaging for RF MEMS devices using LTCC substrate and BCB adhesive layer[J]. School of Electrical Engineering & Computer Science, Seoul National University, Seoul, Korea,J. Micromech. Microeng. 16 (2006) :150 – 156.

[18] Gad-el-Hak Mohamed. MEMS: Design and Fabrication[J]. CRC Press Taylor & Francis Group6000 Broken Sound Parkway NW, Suite 300 Boca Raton, FL, 2006.

[19] Hohlfeld O, Werthsch utzky R,Miniature hermetically sealed housing for pressure sensors[J]. Mechatronics 12 (2002) :1201 – 1212.

[20] Qiu Yunsong, Zhao Lei, Jin Yufeng. A Novel Micro Pirani Gauge with Mono-wire Sensing Unit for Microsystem Application[C]. Proceedings of 2009 International Conference on Electronic Packaging Technology & High Density Packaging (ICEPT-HDP 2009) ,Beijing, China, August 10 ~ 13 , 2009: 467 – 470.

[21] Navian Inc. Advanced LTCC Technology[R]. Navian Marketing Report, 2001.

微米纳米器件封装技术

[22] Wilcox D L. Multilayer ceramic microsystems technology — an overview[C]. In: Proc 13th European microelectronics and packaging conference, Strasbourg, France, May 30th, 31st and June 1st, 2001:115 – 117.

[23] Birol Hansu, Maeder Thomas, Nadzeyka Ingo, et al. Fabrication of a millinewton force sensor using low temperature co-fired ceramic (LTCC) technology[J]. Sensors and Actuators, A 134 (2007): 334 – 338.

[24] Meijerink M G H, Nieuwkoop E, Veninga E P, et al. Capacitive pressure sensor in post-processing on LTCC substrates[J]. Sensors and Actuators A 123 – 124 (2005): 234 – 239.

[25] Khanna P K, Hornbostel B, Grimme R, et al. Miniature pressure sensor and micromachined actuator structure based on low-temperature-cofired ceramics and piezoelectric material [J]. Materials Chemistry and Physics,87 (2004) :173 – 178.

[26] Zarnik Marina Santo, Belavic Darko, Novak Franc. Finite-element model-based fault diagnosis, a case study of a ceramic pressure sensor structure[J]. Microelectronics Reliability, 47 (2007): 1950 – 1957.

[27] Neubert Holger, Partsch Uwe, Fleischer Daniel, et al. Thick Film Accelerometers in LTCC-Technology – Design Optimization, Fabrication, and Characterization[J]. Technische Universität Dresden, Institute of Electromechanical and Electronic Design, Germany,2008.

[28] Smetana Walter, Balluch Bruno, Stangl Gunther, et al. A multi-sensor biological monitoring module built up in LTCC-technology [J]. Microelectronic Engineering, 84 (2007): 1240 – 1243.

[29] Ibanez-Garcia Nuria, Martinez-Cisneros Cynthia S, Valdes Francisco, et al. Green-tape ceramics. New technological approach for integrating electronics and fluidics in Microsystems[J]. Trends in Analytical Chemistry, 2008, 27, (1): 24 –33.

[30] Hrovat, M, et al. Thick-film NTC thermistors and LTCC materials: The dependence of the electrical and microstructural characteristics on the firing temperature[J]. J. Eur. Ceram. Soc. (2009).

[31] Hrovat Marko, Belavic Darko, Kita Jaroslaw, et al. Thick-film PTC thermistors and LTCC structures: The dependence of the electrical and microstructural characteristics on the firing temperature [J]. Journal of the European Ceramic Society, 27 (2007): 2237 – 2243.

[32] Hrovata Marko, Belavicb Darko, Kitac Jaroslaw, et al. Thick-film temperature sensors on alumina and LTCC substrates [J]. Journal of the European Ceramic Society, 25 (2005): 3443 – 3450.

[33] Manteuffel Dirk, Arnold Matthias, Makris Yiannis, et al. Concepts for Future Multistandard and Ultra Wideband Mobile Terminal Antennas Using Multilayer LTCC Technology[J]. International Workshop on Antenna Technology - IWAT-2009, Santa Monica (USA), 2009.

[34] Zheng G, Pinel S, Lime K, et al. Design of Compact RF Components for Low-cost High Performance Wireless Front-ends[C]. 3rd International Conferecne on Microwave and Millimeter Wave Technology Proceedings, 2002: 259 –262.

[35] Mahmoud Al-Ahmad Ruth Maenner Richard Matz and Peter Russer. Wide Piezoelectric Tuning of LTCC Bandpass Filters[J]. 2005 IEEE MTT-S International Microwave Symposium,3:1275 –1278.

[36] Wu H Y, Cheng P. An experimental study of convective heat transfer in silicon microchannels with different surface conditions[J]. International Journal of Heat and Mass Transfer, 2003, 46:2547 –2556.

[37] Jones W K, Liu Y, Gao M. Micro heat pipes in low temperature cofire ceramic(LTCC) substrates[J]. IEEE Transactions on Components and Packaging Technologies, 2003, 26:110 –115.

[38] Ellsworth M J, Campbell L A, Simons R E, et al. The evolution of water cooling for IBM large server systems:

Back to the future[C]. 11th IEEE Intersociety Conference on Thermal and Thermomechanical Phenomena in Electronic Systems, 2008:266 – 274.

[39] 徐超,何雅玲,杨卫卫,等.现代电子器件冷却方法研究动态[J].制冷与空调,2003,3:10 – 17.

[40] Choondal B S, Suresh V G. A comparative analysis of studies on heat transfer and fluid flow in microchannels [J]. Microscale Thermophysical Engineering, 2001, 5:293 – 311.

[41] Swift G W, Alamos L, Migliori A, et al. Microchannel crossflow fluid heat exchanger and method for its fabrication[P]. US Patent,1985, 4516632.

[42] Lee P S, Garimella S V. Microchannel heat sink[P]. US Patent, 2007, 7277284.

[43] Tuckerman D B, Pease R F W. High-Performance Heat Sinking for VLSI[J]. IEEE Electron Device Letters, 1981, 2:126 – 129.

[44] Qu W, Mudawar I. Analysis of three-dimensional heat transfer in micro-channel heat sinks[J]. International Journal of Heat and Mass Transfer, 2002, 45:3973 – 3985.

[45] Kim Y J, Joshi Y K, Fedorov A G. An absorption based miniature heat pum Psystem for electronics cooling [J]. International Journal of Refrigeration, 2008, 31: 23 – 33.

[46] Zhao C Y, Lu T J. Analysis of microchannel heat sinks for electronics cooling[J]. International Journal of Heat and Mass Transfer, 2002, 45: 4857 – 4869.

[47] Rahman M M. Measurements of heat transfer in microchannel heat sinks[J]. International Communications in Heat and Mass Transfer, 2000, 27:495 – 506.

[48] Jung J Y, Kwak H Y. Fluid flow and heat transfer in microchannels with rectangular cross section[J]. Heat and Mass Transfer, 2008, 44:1041 – 1049.

[49] Zhang Jing, Zhang Yangfei, Miao Min,et al. Simulation of Fluid Flow and Heat Transfer in Microchannel Cooling for LTCC Electronic Packages[C]. Proceedings of 2009 International Conference on Electronic Packaging Technology & High Density Packaging (ICEPT-HDP 2009), August 10 ~ 13 , 2009, Beijing, China:327 – 330.

[50] Zhang Yang-Fei, Chen Jia-Qi, Bai1 Shu-Lin,et al. Microchannel Water Cooling for LTCC Based Microsystems [C]. Proceedings of 11th Electronics Packaging Technology Conference (EPTC 2009), Singapore, 9th – 11th December 2009.

[51] Zhang Yang-Fei, Chen Jia-Qi, Bai Shu-Lin, et al. Nanoscale Mechanical Properties and Microstructure of 3D LTCC Substrate[C]". Proceedings of 2009 International Conference on Electronic Packaging Technology & High Density Packaging (ICEPT-HDP 2009) August 10 ~ 13 , 2009, Beijing, China:133 – 136.

[52] Zhang Yang-Fei, Bai Shulin, Miao Min et al. Microstructure and mechanical properties of an alumina-glass low temperature co-fired ceramic[J]. Journal of the European Ceramic Society, 2009, 29: 1077 – 1082.

[53] VanLandingham M R. Review of instrumented indentation[J]. Journal of research of the national institute of standards and technology, 2003, 108: 249 – 265.

[54] Oliver W C, Pharr G M. An improved technique for determining hardness and elastic modulus using load and displacement sensing indentation[J]. Journal of Materials Research, 1992, 7: 1564 – 1583.

[55] Oliver W C, Pharr G M. Measurement of hardness and elastic modulus by instrumented indentation: Advances in understanding and refinements to methodology[J]. Journal of Materials Research, 2004, 19: 3 – 20.

[56] Sneddon I N. The relationship between load and penetration in the axisymmetric Boussinesq problem for a

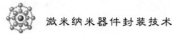

punch of arbitrary profile[J]. International Journal of Engineering Science, 1965, 3: 47 – 57.

[57] Evans A G, Charles E A. Fracture toughness determinations by indentation[J]. Journal of the American Ceramic Society, 1976, 59: 371 – 372.

[58] Ollagnier J B, Guillon O, Rodel J. Effect of anisotropic microstructure on the viscous properties of an LTCC material[J]. Journal of the American Ceramic Society, 2007, 90: 3846 – 3851.

[59] Tandon R, Newton C S, Monroe S L, et al. Sub-critical crack growth behavior of a low-temperature co-fired ceramic[J]. Journal of the American Ceramic Society, 2007, 90: 1527 – 1533.

第6章　真空封装技术

在进行圆片级真空封装时,有一系列的方面需要考虑,用来保证更好的密封性能。这些方面主要包括引线、密封、真空保持以及真空度检测等几个方面。本章将从这几个方面具体阐述基于键合技术的圆片级真空封装技术。

6.1　基本原理

要在空腔里维持一个高的真空度,必须清除残留的气体,例如材料的挥发气体,封装外的微漏气,以及封装流程中 MEMS 结构内表面的吸附气体。

6.1.1　封闭空间内的压强退化

众所周知,气体分子的数量可简单地用 PV 数表示,其中 P(托 1 托(Torr) = 133Pa)和 V(升)分别表示压强和容积[1]。1 托·升在 293K 温度下包含 3.24×10^{19} 个分子。在密闭空间内 PV 数随时间的变化量与泄漏气体 Q_L(定义为从外部有更高压强通过泄漏通道流入气体的流量,用每单位时间的 PV 单元数来表示)、由侧壁渗入的气体 Q_P、内表面解吸的气体 Q_D 以及内表面吸附的气体 Q_A 有关。由下述公式表示

$$\frac{\mathrm{d}(PV)}{\mathrm{d}t} = Q_L + Q_P + Q_D - Q_A \tag{6.1}$$

6.1.1.1　泄漏气体的影响

泄漏气体由公式(6.2)给出

$$Q_L = A_1 P_a \left(\frac{P}{P_a}\right)^{1/\gamma} \left[\frac{2\gamma}{\gamma - 1} \cdot \frac{R_0 T_1}{M}\left(1 - \left(\frac{P}{P_a}\right)^{(\gamma-1)/\gamma}\right)\right]^{1/2} \tag{6.2}$$

式中:A_1 表示等效泄漏面积(cm^2);P_a 表示大气压强(Torr);P 表示封装腔内压强;γ 表示定压下的比热与定容下的比热的比率;R_0 表示气体常数;M 表示分子质量;T_1 表示在大气一侧的气体温度。

对于 20℃ 气体,$\gamma = 1.4$,$T_1 = 293°K$,气压 760Torr,式(6.2)可以简化为

$$Q_L = 20A_1 P_a \tag{6.3}$$

式中:$P \leqslant 0.52 P_a$,且

$$Q_L = 199A_l P^{0.712}(4.54 - P^{0.288})^{0.5} \qquad (6.4)$$

式中:$0.52P_a < P \leq P_a$。

6.1.1.2 渗入气体的影响

大部分气体可以渗透穿过固体材料,即使材料没有足够使一个气体分子通过的洞孔。每秒通过一块面积的渗入气体量 Q_p 由下述方程给出:

$$Q_p = D_1 b \frac{P_a^{1/j} - P^{1/j}}{h} A \qquad (6.5)$$

式中:h 表示气体渗入材料的壁厚;D_1 表示扩散系数;b 表示溶度;$D_1 b$ 叫渗透常数 K;A 表示等效渗透面积(cm^2)。

渗透性随(T/M),即温度除以分子质量而变化。通过对不同分子质量气体的进行实验和计算研究证实了这一点。氢气渗透是引起真空退化最严重的因素之一,而较大分子质量渗透的影响较小。由于水汽及其他腐蚀性气体通常属于较重的分子,如果选择低渗透率的合适材料,其渗透影响在常压情况下可以忽略不计。

6.1.1.3 吸附与解吸附作用的影响

吸附与解吸附现象在任何一个表面时刻发生着,在表面吸附的分子数等于离开那同一个表面的分子数时达到平衡。吸附或解吸附都可用来分析表面气体。在现代表面分析仪器的帮助下,人们做了大量的实验了解吸附是如何发生的。

基本上,吸附作用受材料表面的形状与特性、压强和温度的影响。单位时间有限面积所吸附的分子数可由下述公式计算

$$Q_A = 1.08 \times 10^3 A \frac{P}{\sqrt{MT}} f \qquad (6.6)$$

式中:A 表示腔内的物理面积;T 和 M 分别表示热力学温度和气体分子质量;f 表示附着系数,由表面状况决定,取值在 $0.1 \sim 1.1$ 之间。

6.1.2 低压腔内的压强变化分析

对于混合气体,例如,空气包含 N_2,O_2,CO_2,H_2O 等,总的压强等于每一种气体的分压之和。每一种分子的影响可以进行单独分析。因而,式(6.1)可以改写为

$$P = p^1 + p^2 + \cdots + p^n \qquad (6.7)$$

$$\frac{d(P^i V)}{dt} = Q_L^i + Q_P^i + Q_D^i - Q_A^i \qquad (i = 1,2,\cdots,n) \qquad (6.8)$$

当泄漏率占主要地位,或者等效泄漏率与式(6.8)所示的右边四项之和相等时,式(6.8)可以改写为

$$\frac{d(P^c V)}{dt} = Q_L^c \tag{6.9}$$

式中:P^c 表示封装的 MOEMS 器件里腐蚀性气体 c 的分压;Q_L^c 表示该气体的等效泄漏率。

为了显示封闭空间内气体分压在不同体积下是如何退化的,我们使用 MAT-LAB 6.1 对式(6.9)进行了计算。封闭空间的体积分别选取了 1L、1mL、1μL。Q_L^c 则取 1×10^{-10} Torr·L/s,即商用真空检漏仪可测的最小泄漏率。腔外的压强为

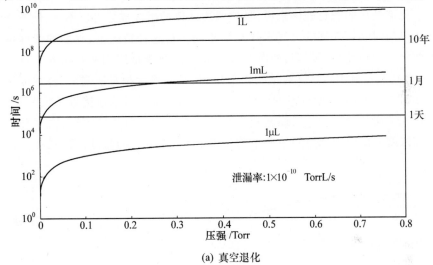

(a) 真空退化

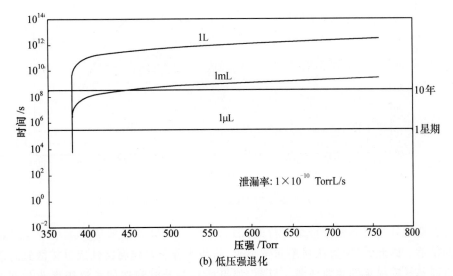

(b) 低压强退化

图 6.1 时间与压强的退化关系曲线(泄漏率 1×10Torr·L/s – 10Torr·L/s)

165

760Torr。仿真结果由图6.1所示。图6.1(a)表示压强从超高真空变化到0.76Torr（千分之大气压强）的期间。图6.1(b)表示压强从380Torr上升变化到760Torr的期间。在1mm³腔体内的真空状态会在几日内迅速退化，而1000cm³体积的密闭封装会保持高真空、低压强的良好状态十多年。真空状态对体积的依赖表明，体积越小，保持密封更为至关重要。

6.1.3 填充气体的腔内压强变化分析

对于无需低压的密封腔体来说，虽然两边气体的组成成分可以不同，但密闭结构内的压强与封装体外部的大气压强几乎相同。在这种情况下，封装的泄漏率比两边大压强差的情况小了很多，如图6.2所示。该曲线是用MATLAB 6.1计算式(6.4)而得到的。横轴表示密封结构内部压强，纵轴表示相对泄漏率，是在内压强为380Torr时从100%开始取值的。值得注意的是，随着内压强接近于大气压强，从外部进入结构的漏泄分子数逐渐减少。由于在结构中分压的不同，占主导地位的是从高浓度一侧向内部空间的分子的扩散，而不是分子的流动。这对保持微开

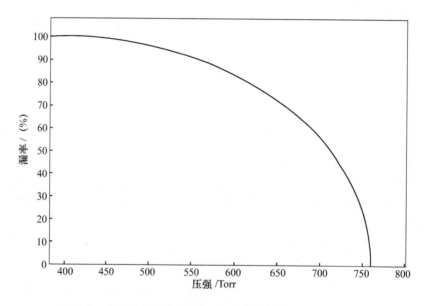

图6.2 当外部压强为760Torr时泄漏率与内压强关系曲线

关更长期地处于可靠的环境是有益的，因为空气中气体扩散的传播远小于空气流动的传播。因此，当两边压强差非常小时，防止水分及其他腐蚀性成分扩散到封装体里面是气密封装的主要任务。目前，如果所有封装材料选用了渗透率非常低的气密材料，则大气压强下渗透到微开关的影响可以忽略不计。对封装材料和器件

进行较好的预处理后,气体的解吸附作用也可以忽略掉,例如烘干后的内表面可以远离水汽分子及其他腐蚀性气体。在等温状态下,$Q_A{}^i$ 约等于 Q_D^i。因此,填充一种气体的腔体内部分压可以表示为

$$\frac{d(P^c V)}{dt} = Q_{dif}^c \tag{6.10}$$

式中:Q_{dif}^c 表示从高浓度一侧扩散到密封腔内部气体 c 的量。对于水汽,这个量可以由稳态菲克第一定律或过渡期的菲克第二定律给出的扩散方程计算得到[1]。对于稳态情形,可由下述方程近似估算

$$Q_{dif}^c = - D \frac{(P_a - P)A}{h} \tag{6.11}$$

式中:$D(cm^2/s)$ 表示气体扩散系数;h 表示气体扩散距离;A 表示等效扩散面积(cm^2)。负号代表气流方向与浓度梯度方向相反。

6.2 背面通孔引线圆片级真空封装整体结构设计

如图 6.3 所示,这种背面通孔的真空封装体由三层结构构成。最下方的是衬底结构,我们尝试了用玻璃作为衬底材料,衬底中有垂直穿通的引线通孔;中间的一层为硅结构,是 MEMS 器件的主要部分;上方为玻璃盖结构。

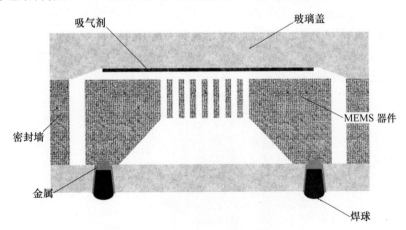

图 6.3 背面引线通孔封装结构示意图

衬底玻璃中有穿通的引线通孔,引线通孔中填入金属材料,与事先溅射在衬底玻璃表面的金属引线管脚相连;由于引线通孔是通过湿法腐蚀形成的,而玻璃的湿法腐蚀会造成较大的横钻(横钻比例大于 2,也就是说穿通 $400\mu m$ 的玻璃会在每侧造成大于 $800\mu m$ 的横钻),因此将玻璃衬底先减薄至 $100\mu m$,然后再刻蚀引线通

孔的图形。

中间的一层为硅结构,在每个金属引线通孔周围,都会有硅的锚点结构,以保证引线四周密闭,通孔不会引起漏气;在 MEMS 器件的周围,有一圈用于密封封装的墙状结构,玻璃封盖将对准键合在这一圈硅的墙结构之上。

最上的一层为玻璃封盖结构,它为一中央凹入的方形,周围的一圈与硅的墙结构键合形成密封,中间的凹入部分是为了避免与中间的硅结构接触,同时可以放置吸气剂,由于我们也可能采用金硅共熔键合的办法实现三层键合,因此在玻璃盖的键合区域也可以做上一圈键合用的金属。

从以上描述可以看出,影响该背面通孔真空封装的关键主要在于玻璃—硅—玻璃三层键合技术、背面引线通孔技术以及吸气剂置入技术。三层键合是否紧密将直接决定封装体密封性能的好坏;而背面引线技术的关键是需要在确保电连接功能正常的基础上,尽量减小通孔腐蚀过程中带来的横钻对气密性的影响。

6.3　通孔引线技术

6.3.1　现有引线技术

目前基于键合的圆片级真空封装方法中,最大的问题就是平面金属引线处键合不紧密带来的漏气问题。如图 6.4 所示,在金属引线的两侧存在三角形的间隙,气体分子可以从这个间隙中漏过。人们用了各种方法解决金属引线带来的漏气问题,主要的方式包括平面引线改进和纵向引线通孔两种[2]。

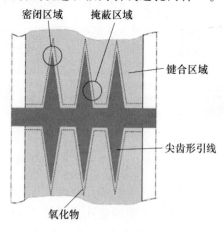

图 6.4　通过版图设计解决通孔漏气示例

6.3.1.1 横向引线改进方法

在不改变平面引线的基本工艺步骤的基础上，人们设计出了一些特殊结构或者添加特殊工艺来改进键合的间隙问题。基于横向引线改进的方法主要有如下几种。

（1）特殊引线结构方法。通过版图的设计，将密封封接处的引线做成特殊的形状，可以减小引线带来的密封不紧。如图6.4所示，在密封处引线被设计成了连续的尖齿形状，这样的设计使得在尖齿中间的连接处键合不紧仍然会形成间隙，但是在齿的尖端部位，玻璃会由于挤压产生形变，从而造成密封[3]。

这种封装方法只需改变引线结构设计，不需改变工艺流程就可以提高密封的性能。但这种方法也存在一定的局限性，首先引线旁边仍然存在键合不紧的间隙，并且会增大引线的寄生电容。

（2）通过刻蚀形成金属通路。这种方法如图6.5所示。首先在工艺上做了一点小小的改进，在衬底玻璃上刻蚀出浅槽，然后将金属引线制备在浅槽里，金属线的高度与浅槽的深度基本一致。其次，设计打折引线结构，使得金属引线与浅槽在拐角处重合，利用两个反方向的拐角形成密封封装。

这种封装方法基本不需要改变工艺步骤，并且简单易实现。但是玻璃表面与金属引线的表面很难做到完全等高，会造成密封不紧[4]。

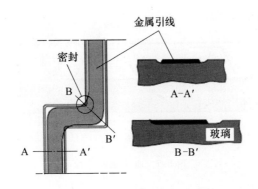

图 6.5　通过刻蚀引线浅槽解决引线漏气示例

（3）埋线法。为了使得键合面变平整，避免金属引线的凸出带来对键合的影响，人们尝试着在金属引线的上方长一层可键合绝缘材料，如图6.6所示。这样的方法使得金属线被埋在了键合表面以下，从而解决了键合面的漏气问题[5]。

这种方法很好地解决了金属引线带来的键合面漏气问题，但是需要在工艺上做出一定的调整。并且在有凸出金属引线的表面长一层绝缘材料很难使表面完全平整，因此还需要其他的方法处理才能完全解决键合不平整问题。

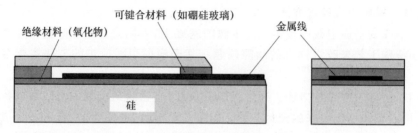

图 6.6　生长绝缘层材料解决引线漏气示例

6.3.1.2　纵向引线通孔

　　虽然以上方法可以使金属引线带来的漏气问题得到一定程度的解决,但是都不能从根本上解决问题。于是人们尝试着改变引线的方向来彻底解决引线通孔带来的漏气。在此基础上,纵向引线通孔的真空封装结构被提出,具有代表性的有如下几种结构[6,7]。

　　(1)开口在上方的垂直引线通孔结构(图 6.7)。这是一种两片键合的真空封装结构。通孔的开口在封装体的一端,金属引线被从上方的圆片中垂直穿孔引出[8-10]。

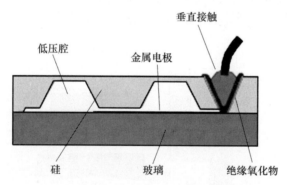

图 6.7　垂直通孔结构

　　这样的结构很好地对真空腔进行了密封,同时由于只在真空腔的一侧有开口,在键合之后封上引线通孔之前只需对一侧抽真空,因此可以更容易地形成较高的真空度。但这种封装方法会造成比较大的寄生电容,同时引线通孔还会占用比较大的额外的面积。

　　(2)三层键合背面通孔结构(图 6.8)。这种结构在衬底玻璃中的垂直引线通孔,同时将一个玻璃盖用三层键合的办法紧密地结合在硅结构上形成密封。衬底玻璃中的通孔用湿法腐蚀的办法形成,由于玻璃的湿法腐蚀会有很大的横钻,需要将衬底玻璃减薄之后再进行通孔的腐蚀,以避免过大的横钻将不同的引线通孔相连。

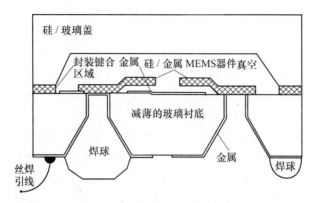

图 6.8　垂直通孔结构

　　这种方法能够很好地实现真空密封,同时它与 MEMS 体加工工艺兼容,具有很好的应用前景。但是衬底玻璃的减薄会减弱衬底的力学承受能力,存在一定的实现难度[11]。对于这种衬底背面穿通通孔结构,还有另一种工艺解决方案。这种方法与上一种类似,但是衬底玻璃不需要进行减薄,先用干法刻蚀形成贯穿整块玻璃的通孔,然后用电镀的方法在通孔中做出金属引线。具体加工工艺步骤如图6.9所示:(a)用干法刻蚀出穿通玻璃的通孔;(b)在硅片背面蒸发一层 Cu 作为种子层;(c)背面电镀金属;(d)通孔内部电镀金属 Cu,形成贯穿玻璃的金属引线;(e)在硅片正面蒸发和电镀金属 Cu;(f)光刻并刻蚀掉多余金属 Cu,形成金属电极图形。这种方法可以在玻璃中形成直径 $50\mu m$ ~ $90\mu m$,长 $400\mu m$ 的金属连线。

　　这种方法不需要将衬底玻璃减薄,干法刻蚀不会产生横钻,但是这种干法刻蚀穿通玻璃并进行电镀形成引线的技术本身的难度较大,比较难以应用到封装体当中[12]。

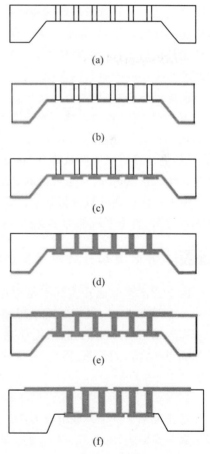

图 6.9　垂直通孔结构加工流程

6.3.2 通孔引线结构设计

在设计背面引线通孔工艺的过程中,我们分析了湿法腐蚀,干法刻蚀等方法,最终决定采用湿法腐蚀的方法刻出穿通衬底玻璃的引线通孔,并在通孔中蒸发金属形成引线。

垂直的引线通孔需要使用湿法腐蚀将玻璃穿通,而采用 HF 对玻璃进行湿法腐蚀会带来非常大的横钻。通常 40% 的 HF 腐蚀玻璃的横钻比例大约为 1:2.5,也就是说,为了刻穿 400μm 厚的玻璃,HF 带来通孔每一侧的横钻将达到 1mm。这就意味着,一个引线通孔穿通玻璃到达玻璃表面之后,至少会形成一个 2mm × 2mm 的孔。

我们将要封装的芯片大小大约为 4mm × 4mm,而通常一个芯片需要十个以上的引线通孔。这就意味着玻璃表面每个通孔的大小至多为 1mm × 1mm 左右,而上面所述的穿通整片 400μm 玻璃的通孔不能满足面积的限制。为了解决湿法腐蚀中玻璃横钻过大与衬底玻璃下表面腐蚀通孔面积限制的矛盾,我们设计将衬底玻璃减薄来减小腐蚀通孔的面积。

上述分析表明,玻璃表面每个通孔大小至多为 1mm × 1mm 才能保证被封装的芯片 10 个左右管脚的正常引出。考虑到大约 1:2.5 的横钻,玻璃衬底的厚度应小于 200μm。为了让版图的设计具备更多的灵活性,尽量少地被衬底引线通孔限制,我们设计将衬底玻璃减薄至 100μm。这样衬底玻璃下表面每个通孔的大小大致为 500μm × 500μm,完全可以满足封装体的要求。

但是衬底玻璃的减薄将带来衬底玻璃力学强度的减弱,当衬底玻璃被减薄到 100μm 厚时,整个系统的力学支撑将由玻璃封盖完成。

6.3.3 背面通孔引线的寄生电容

由于背面引线通孔实际上是增加了一个高度为 100μm,底面积为 400μm × 400μm 的锥形焊球,而相邻两个焊球之间的距离最短处只有 100μm 左右。因此对于电容信号拾取类的器件,引线通孔相当于给器件并联或者串联上了若干不小的寄生电容。同时,器件的悬空结构与背面引线通孔之间也存在寄生电容[13,14]。

如图 6.10 所示,以一个最简单的悬臂梁结构为例,器件本身的电容为 C_0,而引线通孔带来了三个并联电容 C_1、C_2、C_3。这三个寄生电容都会对器件本身的性能带来一些影响,由于 C_2 和 C_3 的大小与所密封器件本身的结构有关,因此我们着重研究了通孔间的寄生电容 C_1 对器件性能的影响。

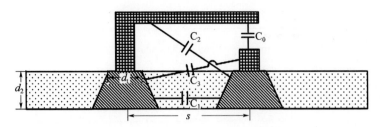

图 6.10　引线通孔带来的寄生电容示意图

利用 Ansoft Maxwell 3D 软件,本书对垂直引线通孔进行了建模,并对其寄生电容 C_1 进行了模拟仿真。两个引线通孔之间的电场分布如图 6.11 所示。其中通孔为上表面直径 40μm,下表面直径 400μm,高度 100μm 的锥形,相邻两个通孔在底部相距 300μm。为了研究各几何参数对寄生电容的影响,本书选取了通孔上表面直径(d_1)、玻璃片厚度(d_2)以及两个相邻通孔上表面中心间距(s)三个变量,分别模拟分析了这三个变量改变时寄生电容的变化,如表 6.1、表 6.2 所列。

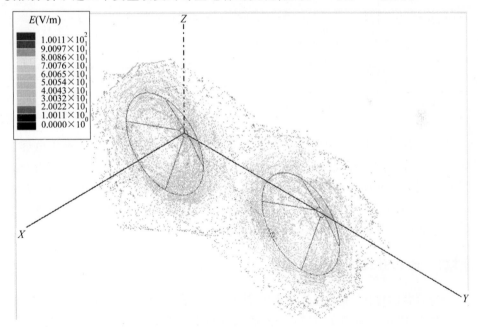

图 6.11　引线通孔之间电场分布模拟结果

其中表 6.1 中为改变变量 d_1 和 s 时寄生电容的变化,此时厚度 d_2 固定在 100μm。从表中可以看出:在其他变量不变的情况下,随着上表面直径 d_1 的增大,寄生电容 C_1 逐渐增大;而仅变动通孔中心间距 s 时,寄生电容 C_1 随着 s 的增大而减小。

表6.1　不同 d_1 和 s 下的寄生电容（10^{-14}F）

$d_1/\mu m$ ＼ $s/\mu m$	20	100	200	300	400	500	1000
20	7.70	6.58	5.97	5.75	5.52	5.48	5.01
40	7.69	6.59	5.99	5.70	5.51	5.31	5.06
60	7.80	6.60	6.05	5.68	5.48	5.34	4.94

然后将上表面直径 d_1 固定为 $40\mu m$，改变厚度 d_2 和中心间距 s。这时可以看到寄生电容 C_1 的大小是随着厚度 d_2 的增大而增大，同时随着通孔中心间距 s 的增大而减小的。

表6.2　不同 s 和 d_2 下的寄生电容（10^{-14}F）

$d_2/\mu m$ ＼ $s/\mu m$	700	1100	1900	2400
100	5.70	5.17	4.73	4.57
200		1.24	1.12	1.02
400			2.73	2.40
525				3.67

为了使封装带来的寄生电容不影响 MEMS 器件本身的性能，要求寄生电容至少要比器件本身的电容 C_0 小一个数量级。因此，可以根据器件本身的电容以及对寄生电容的要求来设计封装通孔的间距。例如，对于一个本身电容为 0.6pF 的谐振器，寄生电容应该小于 0.06pF，对照表 6.1 可以得到，如果通孔上表面的直径为 $40\mu m$，相邻两个通孔中心的距离至少应为 $600\mu m$。

6.3.4　通孔引线工艺

再进行背面通孔，主要工艺步骤如图 6.12 所示：用 HF 湿法腐蚀将衬底玻璃厚度减薄至 $100\mu m$ 后；(a) 在衬底玻璃表面淀积 SiC 并光刻刻蚀出通孔图形；(b) 再次将三层玻璃—硅—玻璃结构在 HF 中腐蚀至通孔完全刻开；(c) 在腐蚀好的通孔中溅射金属，用于制作焊球；(d) 在溅射好金属的通孔里点上焊球。

1) PECVD SiC 掩模腐蚀玻璃工艺[15]

由于需要使用 HF 将衬底玻璃减薄并腐蚀背面通孔，综合比较光刻胶，金属，SiC 等各种腐蚀玻璃的掩膜材料，最终采用了 SiC 作为掩膜层。

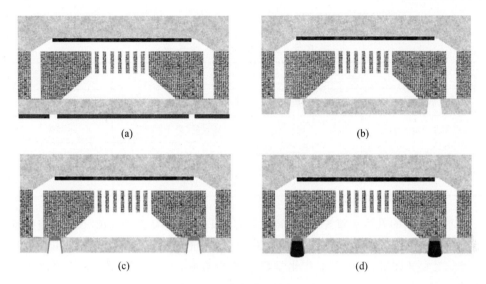

图 6.12　引线通孔制备工艺

　　SiC 由于其非常好的化学稳定性而被用做 HF 腐蚀的掩膜。通常光刻胶可以提供的腐蚀深度只有 20μm ~ 30μm,金属掩膜则横向钻蚀过于严重,而 1μmPECVD 制备的 SiC 即可掩膜整片玻璃的穿通腐蚀,并且横向钻蚀比金属掩膜要小很多。如表 6.3 中所列,1μm SiC 掩膜经过 450℃炉退火 1h 后,各种条件下 HF 腐蚀玻璃的速率与横向钻蚀角度。

表 6.3　HF 湿法腐蚀玻璃的速率与横向钻蚀角度

HF 浓度	横向腐蚀速率 /(μm/min)	纵向腐蚀速率 /(μm/min)	横向腐蚀/纵向腐蚀	横向钻蚀角度/(°)
BHF2h	0.158	0.064	2.46	26
HF(40%)4min	5.688	3.450	1.65	37
HF(20%)10min	1.953	1.264	1.55	38.4
HF(5%)1h	0.164	0.117	1.41	41

　　PECVD 制备 SiC 的参数如表 6.4 所列。

表 6.4　PECVD 制备 SiC 的参数

淀积参数	参数值	淀积参数	参数值
温度/℃	300	CH_4 流量/mL/min	400
气体压力/mTorr	1000	Ar 流量/mL/min	400
SiH_4 流量/mL/min	20	射频功率/W	高频(HF)10s,300W + 低频(LF)30s, 300W,高低频交替进行

SiC 薄膜的特性如表 6.5 所列。

表 6.5　SiC 薄膜的特性参数

参数	参数值	参数	参数值
折射率	2.405	Si/C 原子比	≈ 1:1
电阻率/(Ω·cm)	10^7	H 含量(原子百分比)	≈35%
弹性模量/GPa	150	晶体结构	无定形
应力/MPa	-200 ~ -450		

制作掩膜的具体步骤为:①玻璃片上淀积 $1\mu m$ SiC($0.5\mu m$ SiC 不足以掩膜穿通);②片子上甩 $2\mu m$ 厚胶,光刻定义图形;③用光刻胶掩膜,RIE 刻蚀 SiC 薄膜,在 SiC 上定义图形;④去胶 SiC 化学稳定性非常好,但容易被 SF_6 基的等离子体刻蚀。

SiC 化学稳定性非常好,但容易被 SF_6 基的等离子体刻蚀。因此,通常 SiC 薄膜的图形化采用干法刻蚀的方法,可使用刻蚀气体 SF_6、Ar、O_2 进行等离子体增强反应离子刻蚀(ICP),也可以使用 SF_6,He 进行反应离子(RIE)刻蚀。而各种方法的刻蚀速率如表 6.6 所列。

表 6.6　SiC 薄膜的刻蚀方法及速率比较(HF: HNO_3 = 2:5 为体积比)

腐蚀/刻蚀方法	SiC 腐蚀/刻蚀速率	腐蚀/刻蚀方法	SiC 腐蚀/刻蚀速率
HF(40%)	<1nm/h	ICP	80.0nm/min
KOH(80C 45%)	1.3nm/h	RIE	200.0nm/min
HF: HNO_3 = 2:5	10.5nm/h		

2)衬底玻璃减薄工艺

由于减薄之后还需要在玻璃表面进行光刻并刻蚀通孔,我们进行了衬底玻璃减薄实验,尽可能获得平整腐蚀表面。

首先,将 pyrex7740 玻璃与硅片键合在一起,然后将其置入 HF 中减薄至玻璃剩余 $100\mu m$,接着在减薄后的玻璃表面 PECVD SiC $1\mu m$ 并光刻刻蚀出通孔图形,最后再次用 HF 湿法腐蚀出玻璃通孔。

在玻璃减薄实验中,我们将玻璃放入 40% 的 HF 中腐蚀。为了让腐蚀变均匀,将整个腐蚀盒放入超声台中,开至功率 40% 温度为 40℃,腐蚀时每隔 3min ~ 5min 将腐蚀盒顺时针旋转 60°。玻璃减薄的结果如表 6.7 所列。

表 6.7　玻璃减薄腐蚀结果

位置	初始厚度/μm	50min/μm	86min/μm	前50min减薄厚度/μm	前50min平均速率/(μm/s)	后36min减薄厚度/μm	后36min平均速率/μm/s	总减薄厚度/μm	总平均速率/(μm/s)
上	906	671	489	235	4.7	182	5.06	417	4.85
下	902	656	484	246	4.92	172	4.78	418	4.86
左	903	671	494	232	4.64	177	4.92	409	4.76
右	905	663	486	242	4.84	177	4.92	419	4.87
中	902	672	516	230	4.6	156	4.33	386	4.49

3）玻璃衬底通孔工艺

减薄后的玻璃表面较平整（图 6.13），玻璃片四周与中心的最大厚度差为 30μm，大部分地方起伏都在 10μm 之内，并且表面平滑。我们在其上光刻了一个方孔阵列，并在 HF 中进行湿法腐蚀，得出 100μm 深的通孔（图 6.14）。

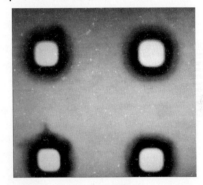

图 6.13　腐蚀减薄后玻璃光滑的表面　　　图 6.14　腐蚀穿通的玻璃引线通孔

4）通孔引线工艺

在减薄后的玻璃衬底上用 HF 腐蚀形成的通孔，可以通过溅射金属引线或者放置焊球实现电学连接，进而可以通过倒装焊或者引线键合进行下一步的封装。我们采用的是溅射金属引线方法。金属引线覆盖整个通孔区域，从硅表面连接到衬底玻璃表面。溅射金属引线同时还可以对封装腔体区域形成金属覆盖层，加强封装腔体的真空保持能力。在衬底玻璃面采用腐蚀的方法形成 Cr/Au 金属引线图形，由于存在着 140μm 左右深度的深坑通孔，普通的光刻涂胶方法不能实现光刻胶的均匀覆盖，因此选用喷胶的方法实现光刻胶的涂胶过程，这样可以在整个玻璃衬底表面形成均匀厚度的光刻胶层。因为通孔引线的图形化尺寸较大（100μm

以上),并且图形部分没有经过通孔部分(需要金属引线将通孔完全覆盖),因此光刻并不会因为通孔的存在而导致图形偏差太大。图 6.15 为制作的通孔引线图形的照片。除了覆盖通孔的金属引线,其余大部分均为金属膜覆盖,这是为了加强封装的密封效果。当有金属膜存在的时候,通过玻璃衬底逃逸的气体会减少很多。

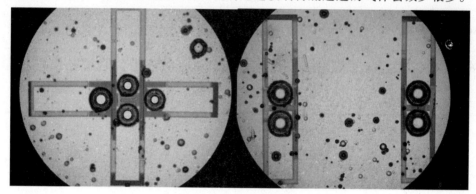

图 6.15　通孔引线照片

采用溅射金属覆盖通孔实现电学连接的方法,需要溅射金属薄膜在通孔内的爬坡效果比较好,才能够实现通孔底部与硅表面相连接,引出到玻璃衬底表面。图 6.16 所示为其中一个引线通孔的显微镜照片,可以看出溅射金属膜在硅表面和通孔侧壁覆盖性比较好,而在通孔侧面与衬底玻璃连接部分发生了断裂。通过扎探针测试直流导通情况,发现孔内的金属膜是完全相连接的,而与玻璃衬底表面的金

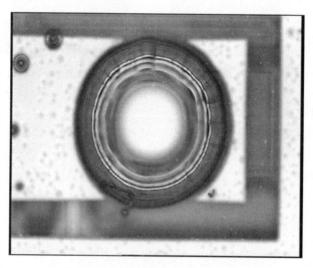

图 6.16　一个引线通孔的显微镜照片

属线之间断路。金属膜在通孔侧面与玻璃衬底表面连接处的断裂现象,很可能是由湿法腐蚀深坑的几何形状决定的,在通孔内整个表面有平滑的连接,而在通孔侧面与玻璃衬底表面则有一个角度,所以对于溅射形成的金属膜,会在此处发生断裂。由于过腐蚀严重,金属引线并没有完全覆盖住通孔,也降低了金属膜在通孔内外的连接性。

6.4 基于键合的圆片级密封技术

6.4.1 键合技术

键合技术是保证真空封装密封效果的最关键步骤之一,键合是否成功将直接影响到真空封装的质量。在保证键合紧密的同时,同样需要注意键合时加的高温高压等条件对器件性能的影响。在以上前提下,我们考察了几种键合技术[16,17]。

1)硅/玻璃阳极键合技术

静电键合又称场助键合或阳极键合。静电键合技术是 Wallis 和 Pomerantz 于1969 年提出的,它可以将玻璃与金属、合金或半导体键合在一起而不用任何黏结剂。这种键合温度低、键合界面牢固、长期稳定性好。

静电键合装置如图 6.17 所示。首先将需要键合的两个衬底对准面对面重叠在一起,然后在二者背面施加电压、压力并加热,其中电压 500V ~ 1000V,并且硅片接电源正极、玻璃接负极;加热温度 300℃ ~ 500℃。在电场作用下,玻璃中的 Na⁺ 将向负极方向漂移,在紧邻硅片的玻璃表面形成耗尽层。由于耗尽层带有负电荷,硅片带正电荷,而耗尽层宽度约为几微米,这相当于外加电压就主要加在耗尽层上,因此在硅片和玻璃衬底相对压在一起的正面之间存在较大的静电引力,使二者紧密接触。因此,通过电路中电流的变化情况可以反映出静电键合的过程。刚加上电压时,有一个较大的电流脉冲,后电流减小,最后几乎为零,说明此时键合已经完成。

静电键合中,静电引力起着非常重要的作用。例如,键合完成样品冷却到室温后,耗尽层中的电荷不会完全消失,残存的电荷在硅中诱生出镜像正电荷,它们之间的静电力有1MPa 左右。可见较小的残余电荷仍能产生可观的键合力。另外,在比较高的温度下,紧密接触的硅/玻璃界面会发生化学反应,形成牢固的化学键,如 Si—O—Si 键等。如果硅接电源负极,则不能形成键合,这就是"阳极键合"

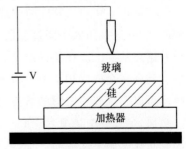

图 6.17 硅玻璃阳极键合示意图

名称的由来。静电键合后的硅/玻璃界面在高温、常温—高温循环、高温且受到与键合电压相反的电压作用等各种情况下进行处理,发现:

(1)硅/玻璃静电键合界面牢固、稳定的关键是界面有足够的 Si—O 键形成。

(2)在高温或者高温时施加相反的电压作用后,硅/玻璃静电键合界面仍然牢固、稳定。

(3)静电键合失败后的玻璃可施加反向电压再次用于静电键合。

影响静电键合的因素很多,主要包括:

(1)两静电键合材料的热膨胀系数要近似匹配,否则在键合完成冷却过程中会因内部应力较大而破碎。

(2)阳极的形状影响键合效果。常用的有点接触电极和平行板电极。点接触电极,键合界面不会产生孔隙,而双平行板电极,键合体界面将有部分孔隙,键合的速率比前者快。

(3)表面状况对键合力也有影响。键合表面平整度和清洁度越高,键合质量越好。表面起伏越大,静电引力越小。表面相同的起伏幅度,起伏越圆滑的情况静电引力越大。

静电键合时的电压上限是玻璃不被击穿,下限是能够引起键合材料弹性、塑性或黏滞流动而变形,有利于键合。硅/玻璃键合时,硅上的氧化层厚度一般要小于0.5mm。

静电键合技术还可以应用于金属与玻璃,FeNiCo 合金与玻璃以及金属与陶瓷等的键合。

2）金硅共熔键合技术

金硅共熔键合常用于微电子器件的封装中,用金硅焊料将管芯烧结在管座上。1979 年这一技术用在了压力变送器上。金硅焊料是金硅二相系(硅含量为 19(原子)％),熔点为 363℃,要比纯金或纯硅的熔点低得多(图 6.18)。在键合工艺中使用时,它一般被用做中间过渡层,置于欲键合的两片之间,将它们加热到稍高于金硅共熔点的温度。在这种温度下,金硅混合物将从与其键合的硅片中夺取硅原子以达到硅在金硅二相系中的饱和状态,冷却以后就形成了良好的键合。利用这种技术可以实现硅片之间的低温键合。

然而,金在硅中是复合中心,能使硅中的少数载流子寿命大大降低。许多微机械加工是在低温下处理的,一般硅溶解在流动的金中,而金不会渗入到硅中,硅片中不会有金掺杂。这种硅—硅键合在退火以后,由于热不匹配会带来应力,在键合中要控制好温度。

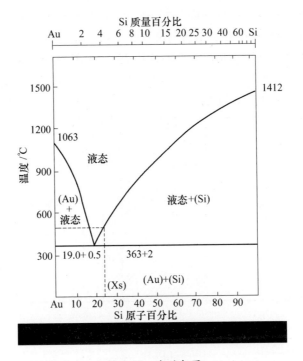

图 6.18 金硅相图

金硅共熔中的硅—硅键合工艺是,先热氧化 P 型(100)晶向硅片,后用电子束蒸发法在硅片上蒸镀一层厚 30nm 的钛膜,再蒸镀一层 120nm 的金膜。这是因为钛膜与 SiO_2 层有较好的黏附力。最后,将两硅片贴合放在加热器上,加一质量块压实,在 350℃~400℃温度下退火。实验表明,退火温度 365℃,时间 10min,键合面超过 90%。键合的时间和温度是至关重要的。

除金之外,Al、Ti、PtSi、$TiSi_2$ 也可以作为硅—硅键合的中间过渡层。

在参考了各种圆片级真空封装结构并进行改进的基础上,我们设计采用了一种背面引线通孔的基于三层键合的封装体结构。

6.4.2 玻璃—硅—玻璃三层键合

传统的键合中,一般均为两层材料的键合,比如硅—玻璃的阳极键合。两层的硅—玻璃阳极键合时,在强电场的作用下,两种材料中的正负电荷移动在接触处产生了一个结,并且在外加电场撤去之后结仍然存在,于是形成了两种材料的键合。

而三层键合的结构中电荷分布情况比两层结构中要复杂一些。如图 6.19 所示,在事先键合好的硅—玻璃片中,玻璃与硅接触面附近形成了一个空间电荷区,而外加电势主要降落在这个空间电荷区上。而三层键合的过程中,由于外加电场方向与第一次键合相反,电荷会沿着与该空间电荷区相反的方向移动。这样一来,在硅与玻璃2的界面处也会形成一个空间电荷区,但是这个电荷区的强度会低于第一次键合形成的空间电荷区的电场强度。同时在硅中移动的负电荷也可能会减弱第一次形成的空间电荷区强度。

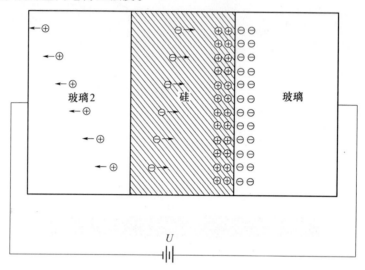

图6.19　三层阳极键合中电荷分布示意图

也就是说,三层键合的强度将会低于普通静电键合的强度,同时第二次键合也会减弱第一次键合面的强度,这对我们的工艺是一个挑战,也将直接影响到最终的密封质量。对此,我们想到的可能的优化办法有如下几个方面:①对二次键合前的Si表面进行化学机械抛光,使得表面尽量平整;②将正电极直接加在中间的硅上,把三层键合变成普通的两层阳极键合;③在第二次键合中采用金硅共熔键合的办法代替阳极键合。

6.4.3　圆片级玻璃封盖密封工艺

玻璃封盖的制备与键合的工艺步骤(图6.20),主要包括:(a)将玻璃盖溅射金属 W/Au 作为掩膜层,光刻并刻蚀出玻璃封盖的图形;(b) HF 腐蚀出 $30\mu m$ 深的玻璃盖并去掩膜层;(c)在玻璃盖中溅射吸气剂;(d)将玻璃盖与器件结构键合在一起;(e)将玻璃衬底腐蚀减薄。

此工艺采用的阳极键合具体过程如下:首先将玻璃盖与硅—玻璃结构放入键合机中对准,此时上下两个片子中由夹具隔开数微米的间距;然后键合机开始抽真空,并且将温度升高至350℃左右;抽真空完毕后,将夹具抽出,两个片子表面紧贴

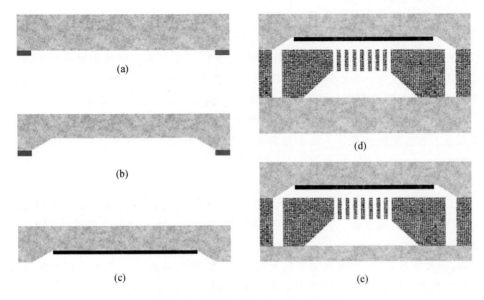

图 6.20 玻璃盖的制备以及三层键合

在一起;在两片的外侧加上 1100V 的电压,完成阳极键合。

在上述阳极键合过程中,存在着一些需要解决的问题。在键合机抽真空时,由于 MEMS 器件的悬空结构具有一定的弹性,器件在上下两侧气压差的作用下向上翘起,贴合在玻璃盖的内表面上。由于器件和玻璃盖的表面都非常光滑,表面张力远远大于器件本身的重力和弹性恢复力,使得器件和玻璃盖紧紧地吸附在一起。

为了解决这个问题,本书采取了如下方法进行改进:①增加玻璃盖与器件上表面之间的距离,将玻璃盖的深度增加至 $30\mu m$,由于 HF 湿法腐蚀玻璃的横钻作用,玻璃盖的深度被限制,很难再增加了;②增加玻璃盖表面的粗糙程度来减小表面吸附力,利用反溅射的方法将玻璃盖的内表面变粗糙,使得两个表面不会吸附太紧密。

6.5 真空度保持技术

6.5.1 吸气剂的考虑

吸气剂(getter)可以用来获得、维持真空度以及纯化气体,能有效地吸着某些(种)气体分子,有粉状、碟状、带状、管状、环状、杯状等多种形式。吸气剂大量应用于真空电子器件中,为器件创造了良好的工作环境,稳定了器件的特性参量,对器件的性能及使用寿命有重要的影响[18,19]。

183

吸气剂主要分为下面几类：

（1）蒸散型吸气剂，也称为扩散型或闪烧型：需要对吸气金属加热后蒸散出来形成吸气薄膜。以钡、锶、镁、钙为主体材料，典型蒸散型吸气剂常用的有钡铝镍吸气剂和掺氮吸气剂。钡铝镍吸气剂广泛用于各类功率发射管、振荡管、摄像管、显像管、太阳能集热管等器件中。一些显像管中使用的是掺氮的钡铝吸气剂，它在蒸散放热反应中放出大量的氮气，在大量钡蒸散时由于与氮分子的碰撞，使吸气剂钡膜不致附着在屏面或荫罩上面而是集聚在管颈周围，不但吸气性能好，还提高了屏的亮度。

（2）非蒸散型吸气剂

不需要把吸气金属蒸散出来，通过对吸气金属表面激活使其具有吸气能力即可。目前常以锆为主体。它是体积型的吸气剂（涂层型），可分为单质体积型、合金体积型、大比表面积型三种。它们适于应用在不能使用蒸散型吸气剂的场合。例如：器件体积很小，无合适的蒸散沉膜表面，怕漏电和怕引入寄生电容的器件以及工作温度高的器件等均不能用蒸散型吸气剂。一般把它制成片状或带状，广泛用于功率管、磁控管、真空继电器、气体激光器、吸气泵、真空保温容器、X 射线管、图像转换器、摄像管、磁控管、静电悬浮陀螺仪、心脏起搏器等装置中。典型非蒸散型吸气剂常用的有：锆铝 16、锆钒铁和锆石墨等。

（3）复合型吸气剂：由蒸散型与非蒸散型吸气剂混合在一起而形成。如释放汞的吸气剂，它既能释放出汞金属，又能吸气的，这种吸气剂就称为复合型吸气剂。典型复合型吸气剂还有碱金属释放剂（碱源）。

在我们的设计中，最后非蒸散型吸气剂锆被选用放置于玻璃封盖中，而键合中需要加温到 350℃ 左右，正好使锆的表面被激活而具有吸气能力。

6.5.2 吸气剂研究

要在空腔里维持一个高的真空度，必须清除残留的气体，例如材料的挥发气体，封装外的微漏气，以及封装流程中 MEMS 结构内表面的吸附气体。一种有效的方法是使用吸气剂，它可以通过化学过程吸收活性气体，例如水湿气、一氧化碳、二氧化碳、氮气、氧气和氢气[7]。一般情况下，吸气剂必须在使用之前被活化，比如在真空环境中以高温加热指定时间。在气体出去过程后，几乎所有的金属都具有将气体吸附在其表面的能力。吸气剂一般是由金属制成，例如 Ta，Zr，V，Al，Ti，Mg，Ba，P 或其混合物。根据材料发挥作用的形式，吸气剂可以分成三类：蒸发吸气剂，涂层吸气剂和非蒸散型吸气剂 NEG 或者体腔吸气剂[20]。NEG 大量使用在不能有多余的气化物质和不允许高温的电子元件上。本书中选择了 Zr、V 和 Fe 的合金来制备吸气剂，因为这种组合有更强的吸气能力和更低的活化温度（约 350℃ ~500℃），与阳极键合工艺的温度相匹配。它还有很高的稳定性和气密性。此外,用于制作厚膜的这种粉末可以在空气中进行安全的操作,而不会像纯锆粉末那样有自燃的危险。活化参数包括加热温度,加热时间,加热方法和活化过程中的压力。

1)实验

在我们的研究中,密封空腔中的 NEG 相当于一个小的真空泵。图 6.21(b)展示了使用吸气剂厚膜的芯片级真空封装方法示意图。作为对比,图 6.21(a)是使用传统 NEG 的封装示意图。与传统的吸气剂使用方法(将片层、导线或者块状的材料放进 MEMS 空腔内)不同,新方法是直接把材料做成空腔内表面的涂层。在 MEMS 封装中使用到的吸气剂一般需要满足以下要求:①对残余气体高效的吸收能力(至关重要);②NEG 厚膜需要有对基底良好的附着性(如硅或者 Pyrex 7740 基片)和良好的机械稳定性,这样器件才能承受制作、激活、测试和使用过程中的震动和晃动;③在活化之前(即温度在室温到 150℃ 间)吸气剂必须表现出低吸收性,并且活化温度不能太高,这样才可以在阳极键合过程中进行(阳极键合的典型温度是大约 400℃)活化。另外,制造过程应该能与 IC 制造工艺相兼容。

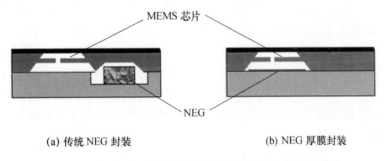

(a) 传统 NEG 封装　　　　　　　　(b) NEG 厚膜封装

图 6.21　传统 NEG 技术和 NEG 厚膜技术芯片级封装比较

为了研究吸气剂膜的应力和与衬底间的附着性等性能,我们制备了各种面积的吸气剂膜样品,从几平方毫米到可覆盖整个硅片,样品的厚度从 $50\mu m$ 到 $400\mu m$ 不等。图 6.22 展示了使用 NEG 厚膜涂层的传感器封装制作过程。准备工作包括设计掩膜,混合 K_4Si,石墨以及 $Zr-V-Fe$ 合金粉末制作吸气剂贴层和制作 MEMS 芯片。NEG 厚膜涂层的制作过程如下:首先,把吸气剂贴层印刷到一个 $500\mu m$ 厚、双面抛光的 Pyrex 7740 玻璃基片上,形成模型化吸气剂厚膜,然后在 120℃ 的温度下预热半个小时,最后将玻璃基片和硅片通过阳极键合工艺密闭地结合起来。键合过程是在 1×10^{-3} Torr 的低压环境中使用 1000V 电压在 450℃ 高温下持续 60min 完成的。高温是为了活化吸气剂,而键合时间被延长是为了清除 MEMS 芯片和吸气剂厚膜表面的附着气体。

在玻璃片上制备吸气剂涂层

MEMS 芯片制作

晶片键合与吸气剂活化

图 6.22　传感器采用 NEG 厚膜技术封装过程示意图

2）结果与讨论

（1）吸气剂表面结构测试。最基础的实验开始于在基底上制备 NEG 涂层。NEG 厚膜已被成功地覆盖在硅片和 Pyrex 玻璃片上。我们通过在一块 4 英寸（1 英寸 = 2.54cm）硅片上涂抹吸气剂膜制备了一个样品，用来研究膜的均匀性。薄膜的厚度由表面光度仪进行测量。图 6.23 显示了吸气剂膜厚度的分布状况。膜的厚度是 $100\mu m$，表面的剖面起伏为 $\pm 15\mu m$，这是由膜的多孔性造成的。我们还通过在玻璃基片上覆盖模式化的 NEG 膜制备了一个样品，这种玻璃基片经常用来制作 MEMS 传感器的空腔或者封装中的盖子或底部结构。典型的玻璃基片上覆盖 NEG 膜如图 6.24 所示，图中吸气剂膜的面积分别是 $1 \times 1mm^2$，$2 \times 2mm^2$ 和 $5 \times 5mm^2$。

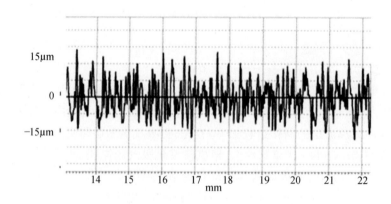

图 6.23　硅片上覆盖 NEG 厚膜的外轮廓

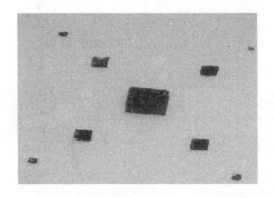

图 6.24　玻璃片上覆盖模型化 NEG 膜的照片

　　NEG 的多孔性是必要的,因为这样可以增大 NEG 涂层有限尺寸内吸气剂的吸收面积,从而增强吸收能力。图 6.25(a)和(b)的显微照片分别显示了 NEG 在硅片上和玻璃基片上的涂层状况,图片展示了厚膜涂层的物理性多孔表面。

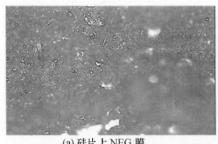

(a) 硅片上 NEG 膜　　　　　　　　　　(b) 玻璃片上 NEG 膜

图 6.25　NEG 厚膜显微照片

　　(2) 吸收能力测试。吸收能力测试的目的是检验吸气剂膜的性能。图 6.26 是实验系统示意图。在测试实验的开始阶段,我们把热电偶和涂有 NEG 膜的晶片安装到加热器上,然后把该组件放进体积为 650ml 的测试腔内,接着将测试腔抽成压强为 1×10^{-5}Torr 的近真空状态。将硅片加热到预设好的 350℃ 并保持 10min 以活化吸气剂,然后将测试腔冷却到室温。通过可调节的泄漏闸门将测试气体氢气引入测试腔直到腔内压强达到 5000Pa。吸气剂的吸收能力可以通过观察测试腔内压强的变化而得到。图 6.27 给出了测试腔内压强随测试时间变化的曲线。

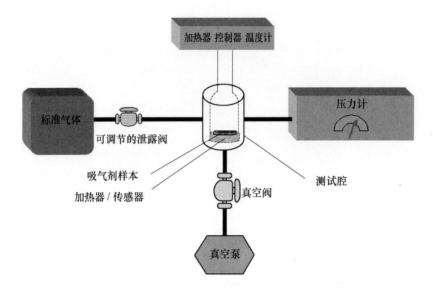

图 6.26　测量 NEG 厚膜吸收能力的实验装置示意图

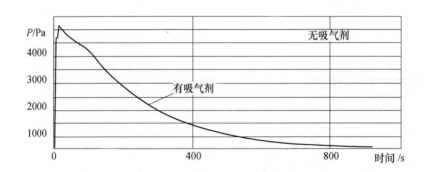

图 6.27　压强随测试时间变化关系

限定空间中 NEG 厚膜的吸收能力可由下式表达:

$$Q_g + Q_c = -\frac{d(PV)}{dt} \qquad (6.12)$$

式中:Q_g 和 Q_c 分别对应被吸气剂和测试腔内表面吸收的气体量;t 为时间;P 为测试腔内的压强;V 为测试腔的体积。负号代表被吸收的气体量与压强的减小量相关。因为 Q_g 比 Q_c 大得多,所以式(6.12)可以近似地写成

$$Q_g \approx -V \frac{P_t - P_0}{t - t_0} \tag{6.13}$$

式中:P_t 和 P_0 分别表示 t 和 t_0 时刻的压强。代入变量:$V = 650\text{mL}$,$P_0 = 5000\ \text{Pa}$ ($t_0 = 0$ 时刻),$P_t = 1000\text{Pa}$ ($t = 400\text{s}$)。可以得到该 NEG 厚膜的吸收率为约 6500Pa mL/s 或 6.5Pa L/s。

用被吸收气体总量(3250Pa L)除以吸气剂膜的面积(约 666mm²),得到该模型化 NEG 膜的吸收能力为 $4.88 \times 10^6 \text{Pa L/m}^2$。

为了展示 NEG 厚膜的制作工艺在 MEMS 器件中的应用,我们设计实验将 NEG 厚膜附着到微压力传感器内表面。这个结构包括涂有吸气剂厚膜的 Pyrex 玻璃盖和一个带有空腔的硅衬底,空腔是由湿法腐蚀刻蚀而成的。图 6.28(a)和(b)是一个样品显微照片的俯视图和仰视图。该腔体体积为 $(10 \times 10 \times 0.46)\text{mm}^3$,隔膜厚度 37 μm。吸气剂膜的尺寸约为 $(2.5 \times 2.6)\text{mm}^2$,厚度约为 100μm。在键合工艺之前和吸气剂活化之后,需要观察吸气剂膜和玻璃盖之间的黏附程度。在实验过程中未发现任何散落颗粒。初步测试结果表明其具有良好的机械稳定性。

(a) 俯视图

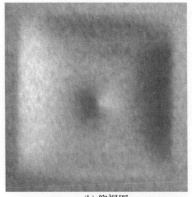
(b) 仰视图

图 6.28　真空腔内壁涂有 NEG 厚膜的 MEMS 器件样品的显微照片
(吸气剂膜在阳极键合过程中完成活化(约 450℃))

6.5.3　圆片级置入吸气剂工艺

由于真空封装中构成器件结构的各种材料(硅,玻璃,金属等)都会不断释放出气体,如果器件工作在较高的温度下则会加快在各种材料表面吸附的气体释放到微小腔体中,导致腔体内气压增加。MEMS 封装中的微小腔体通常体积都非常小,因此材料释放气体对于腔体内的气压影响是比较大的。实际封装加工中,在玻璃封盖键合前,在玻璃盖通过 HF 腐蚀的坑中溅射了 100nm 的 Zr,用做封装后的吸气剂。Zr 的激活温度在 300℃ 左右,这与键合时提供的温度相同,因此在键合玻璃盖的过程中,Zr 膜便被激活,具有吸气能力。

由于 Zr 很难被腐蚀,很难通过腐蚀步骤对其进行图形化。并且玻璃盖上已经通过 HF 腐蚀出 $30\mu m$ 的深坑,无法进行光刻。为了能够在玻璃盖上 $30\mu m$ 深的坑中做出 Zr 的图形,我们选用了 Shadow Mask 的方法放置吸气剂。这种方法是用一张硅片上光刻出图形,然后将硅片刻蚀穿通;将穿通的硅片与玻璃盖需要溅射金属的一面对准并黏在一起;然后直接对整片溅射金属,完成后取下硅片,玻璃盖上则完成了 Zr 图形的制作。

制作 Shadow Mask 的工艺步骤如图 6.29 所示:(a)将双抛硅片清洗干净;(b)在硅片表面 LPCVD 一层 SiO_2 以及一层 SiN 薄膜;(c)光刻出图形;(d)RIE 刻蚀 SiN 层;(e)BHF 腐蚀 SiO_2 层;(f)去胶并用 KOH 腐蚀穿通整个硅片;(g)HF 浸泡去除残留的 SiN 和 SiO_2。图 6.30 是我们所制作的硅 shadow mask,图 6.31 是利用 shadow mask 技术制作出的带有吸气剂的玻璃盖。

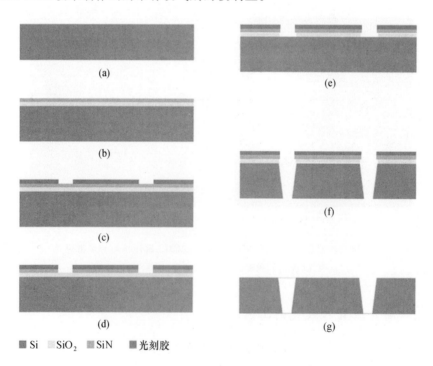

■ Si ▢ SiO_2 ▨ SiN ■ 光刻胶

图 6.29　制作 shadow mask 工艺步骤

图 6.30　硅 shadow mask 照片

图 6.31　利用 shadow mask 制作的带有吸气剂的玻璃封盖

6.6　真空度测量技术

6.6.1　真空度测试方法简介

　　真空度是对气体稀薄程度的客观量度,最直接的物理量是单位体积中的分子数 n,当温度 T 一定的时候,有关系 $n \propto P$,所以使用气压 P 也可以反应真空度。

191

气体压强测量方法可分为直接法和间接法两种。直接法利用液柱差、机械变形等原理直接测量压强,包括液位压强计、压缩式真空计、弹性元件真空计等。这些真空计可以直接通过测出的物理量算出压强值,属于绝对真空计。间接法利用气体的某些物理性质(如热传导、黏滞性、电离即光散射效应等)来测量压强,包括热传导真空计、黏滞真空计及电离真空计等。在真空技术中使用的真空计绝大多数采用间接法,这些真空计必须用绝对真空计或其他方法校准。对于用间接法测量的真空计,由于不同种类气体的物理性质不同,即使在相同的压强下,压强读数也随气体而异,因此要用相应的气体来校准。当被测气体不是单一成分时,这些真空计的读数含义则有所不同 。由于一般真空计校准时采用的气体是纯氮,因此这些真空计的读数在未经气体种类修正之前统称为等效氮压强。当被测空间包含多种气体成分时,只有通过分压强测量才能精确地反映容器中的真空状态和总压强。

各种真空计的测量范围见图 6.32,在选择真空计类型时,除考虑测量范围外,还应注意各种真空计的准确度、对工作条件的适应性、对被测环境的影响(如真空规头本身放气、吸气的影响)和压强的读数是否与气体种类有关等[21]。

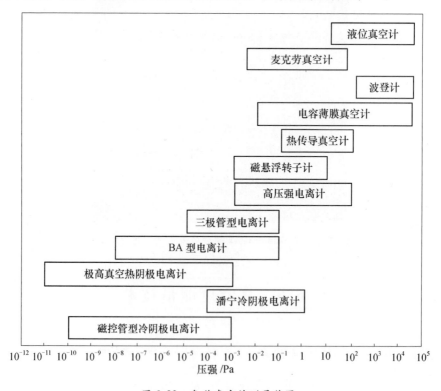

图 6.32 各种真空计测量范围

另外,还可以通过检漏测试检测真空系统的漏率(即单位时间漏气作用流过的气体量)来对真空系统的真空度进行估算。漏率单位是 $Pa \cdot m^3/s$,半导体工业中常用 $atm \cdot ml/s$(stdcc/s,标准大气压·毫升/秒)。现代真空检漏的主要方式是使用示漏气体与探测器。实际检漏时,探测器与示漏气体分别处于漏孔两端,利用漏孔两端的压强差,导致气体流动,利用探测器测量特定的示漏气体量,通过计算判定系统的漏率。

6.6.2 MEMS 真空封装的真空度检测方法

微系统真空封装中真空度保持性能在很大程度上决定了器件的最终性能、工作的可靠性及其寿命。于是,真空封装对封装体内真空度以及漏率的测试,是真空封装中一个重要的研究领域。针对微系统真空封装的检测方法主要有氦质谱仪漏率检测法、谐振器 Q 值检测法和微型 MEMS 皮拉尼计检测法等。

6.6.2.1 氦质谱仪漏率检测法

氦质谱仪漏率检测法只能进行密封腔体的漏率检测而不能检测密封腔体内的真空度。这种方法的检测原理为,先用高压将氦气压入封装体中,然后将充好氦气的微系统封装体放置在真空环境下,利用氦质谱仪(图6.33)检测真空环境中泄漏出的氦分子的数量来测量封装体的漏率。在压力容器中,使用氦质谱检漏仪检漏常用的方法大体可分为三种,即喷氦法(负压法),吸枪法(正压法),氦罩法。目前采用氦质谱仪检漏法可以检测到 $10^{-11}Pa \cdot m^3/s$ 的漏率。

图 6.33　氦质谱检测仪

氦质谱仪检漏法测量精度较高,但由于需要较为昂贵的氦质谱仪,测试的成本较高,并且不能实现实时的监测。同时,这种方法只能检测漏率而不能检测封装体内的真空度大小,具有一定的局限性。

6.6.2.2 谐振器检测法

在研究谐振器的过程中,人们发现不同真空度下,谐振器具有不同的 Q 值(图 6.34),并且谐振器的 Q 值随着周围环境压强的变化比较明显。于是,利用谐振器 Q 值随着真空度变化的曲线(图 6.35)标定真空度成为了一种重要的微系统封装中真空度检测方法[22]。

谐振器检测的方法能够很精确的测量真空度,但提取谐振器的 Q 值本身需要较为复杂的外围测试电路的配合,因此这种测试方法仍较为复杂[23]。

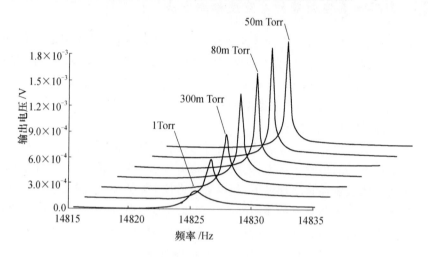

图 6.34　不同真空度下谐振器 Q 值的变化

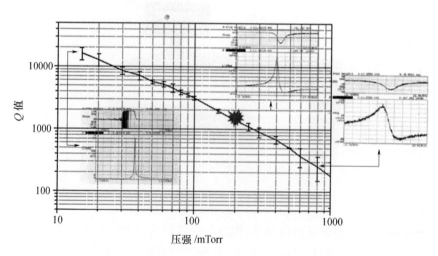

图 6.35　谐振器 Q 值测试真空度标定曲线示例[22]

6.6.2.3　MEMS 皮拉尼计检测法

近年来,一种精度较高、制造工艺和测试都较为简单的真空度检测器件——皮拉尼计被 MEMS 制造工艺微型化,应用于微型腔体中真空度的检测。它利用高真空度下加热电阻的散热速率和周围气体压强的相关性来测量真空度,测量精度能达到谐振器同等量级甚至更高,而测试方法非常简单。

目前的微型 MEMS 皮拉尼计主要都包含有悬空的加热电阻以及热沉两个主要部分,加热电阻与热沉之间有微小间距。加热电阻的材料可为金属或半导体,热沉的材料通常为半导体或者半导体氧化物等。图 6.36 为横向、纵向两种 MEMS 皮拉尼计的结构示意图。微型 MEMS 皮拉尼计测试方法简单,测量动态范围为数 Pa 到数百 Pa 之间,灵敏度较高[24]。

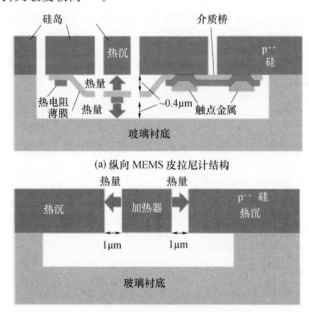

(a) 纵向 MEMS 皮拉尼计结构

(b) 横向 MEMS 皮拉尼计结构

图 6.36　横向和纵向 MEMS 皮拉尼计结构示意图[24]

6.6.3　MEMS 皮拉尼计研究进展

皮拉尼计是一种热传导真空计,微加工工艺制作的 MEMS 皮拉尼计比传统皮拉尼计有着更精细的结构和更微小的间隙,有体积小、低功率、低温、热过程迅速以及测量范围大等许多优点。MEMS 皮拉尼计制作简单,与一般 MEMS 工艺相兼容,用于 MEMS 真空封装的实时真空测量。MEMS 皮拉尼计加热电阻为悬空结构,目前文献报道使用基于表面硅工艺或者体硅工艺加工出了各种几何结构的 MEMS

皮拉尼计。这些皮拉尼计可以分为两种类型:①绝缘膜上制备加热电阻的结构; ②微桥结构。

对于绝缘膜上的电阻结构,一般是在 CVD 形成的长方形 Si_xN_y 或者 SiO_2 绝缘膜上图形化折叠的金属[25,26]或多晶硅薄膜电阻[27,28](图 6.37Pt 薄膜)。绝缘层用来实现结构的机械支撑,因为许多金属和多晶硅薄膜的机械强度较低并且有较高的残余应力。典型的金属薄膜电阻选用的是高电阻温度系数(temperature coefficient of resistance,TCR)材料,如铂或镍。而悬空结构的释放是通过 KOH 湿法腐蚀体硅完成。运用这种方法,Shie 等[29]加工成的皮拉尼计测量范围达到 $10^{-7}Torr$ ~ $1Torr(1.33 \times 10^{-4}Pa \sim 1.33Pa)$。这种较低气压的测量方式需要一个稳定温度的电路来去除压阻效应、热电效应和温度稳定性,还需要集成一个参考电阻来对环境温度的波动进行修正。其他制备绝缘膜上电阻结构的方法是横钻腐蚀多晶硅层实现结构释放,而不是腐蚀掉体硅[28,30,31,32]。这种方法能够形成绝缘薄膜与衬底之间非常小的间隙,因而允许测量更高的气压。Chou 和 Shie[30]制备的皮拉尼计可以测量气压的范围为 $10^{-1}Torr \sim 10^5Torr(13.3Pa \sim 1.33 \times 10^7Pa)$。

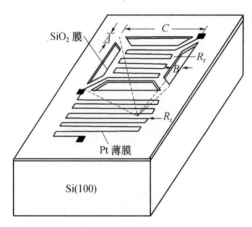

图 6.37 绝缘膜上制备加热电阻的 MEMS 皮拉尼计示意图

微桥结构由一个悬空梁或者折叠结构组成(如图 6.38 所示),相对于悬空膜结构,微桥结构加工工艺简单,与许多 MEMS 加工工艺兼容。许多研究人员开发制备出这种结构的皮拉尼计的方法是,首先通过一系列的步骤制备在 Si_xN_y 或者 SiO_2 层上的多晶硅桥结构,然后湿法释放悬空结构[33,34,35]。Swart 和 Nathan[33]使用这种方法制备了一种 $1200\mu m$ 长的多晶硅折叠电阻,能够测量 $10^{-2}Torr$ ~ 10^3Torr $(1.33Pa \sim 1.33 \times 10^5Pa)$ 范围的气压。许多不同几何形状和材料的微桥结构采用铂作为悬空梁,使用的是表面微加工工艺,能够达到 $300nm$ 的间隙[36]。文献[37]报道了一种使用 SOI(Silicon - on - insulator)圆片制备 $10\mu m$ 厚的单晶硅梁结构的方法。文献[24]报道了一种使用熔硅工艺(Dissolved Wafer Process, DWP)制备浓硼掺杂(p^{++})单晶折叠结构的方法。总体上,微桥结构制备较为容易,但是由于没有膜结构为其提供机械支撑,很难得到长而薄的结构,因此限制了器件的测量下限。表6.8总结了文献中的不同微型皮拉尼计的结果。

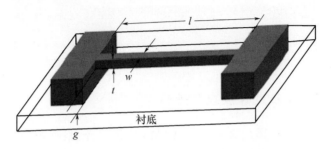

图 6.38　微桥结构的微型皮拉尼计示意图

表 6.8　不同微型皮拉尼计类型以及测量范围

研究者/年份	皮拉尼计类型	测量气压范围/Torr
Shie 等, 1995[25]	绝缘膜上电阻(铂)	$10^{-7} \sim 1 \ (1.33 \times 10^{-4} Pa \sim 1.33 Pa)$
Chuo 等, 1997[30]	绝缘膜上电阻(铂)	$10^{-1} \sim 10^{5} (13.3 Pa \sim 1.33 \times 10^{7} Pa)$
Robinson 等, 1992[27]	绝缘膜上电阻(多晶硅)	$10^{-2} \sim 100 \ (1.33 Pa \sim 1.33 \times 10^{4} Pa)$
Paul 等, 1994[28]	绝缘膜上电阻(多晶硅)	$0.75 \sim 7.5 \times 10^{3} (10^{2} Pa \sim 10^{6} Pa)$
Stark 等, 2003[31]	绝缘膜上电阻(铂)	$10^{-3} \sim 10 \ (0.133 Pa \sim 1.33 \times 10^{3} Pa)$
De Jong 等, 2003[32]	绝缘膜上电阻(铂)	$7.5 \times 10^{-2} \sim 150(10 Pa \sim 2 \times 10^{4} Pa)$
Swart 等, 1994[33]	微桥(1200μm 长多晶硅折叠结构)	$10^{-2} \sim 10^{3} (1.33 Pa \sim 1.33 \times 10^{5} Pa)$
Mastrangelo 和 Muller, 1991[34]	微桥(1200μm 长多晶硅梁)	$7.5 \times 10^{-2} \sim 75(10 Pa \sim 10^{4} Pa)$
Dom 等, 2005[36]	微桥(100μm 长铂梁)	$0.75 \sim 7.5 \times 10^{3} (100 Pa \sim 10^{6} Pa)$
Moelders 等, 2004[37]	微桥	$10^{-2} \sim 1 \ (1.33 Pa \sim 133 Pa)$
Chae 等, 2003[24]	微桥(p^{++}硅折叠结构)	$20 \times 10^{-2} \sim 2 \ (2.67 Pa \sim 267 Pa)$
Stark 等, 2005[38]	微桥(多晶硅梁)	$10^{-2} \sim 100 \ (1.33 Pa \sim 1.33 \times 10^{4} Pa)$

其中,文献[24]报道了一种横向热传导模式双热沉结构的皮拉尼计,其结构如图6.39所示。其加热器为折叠结构的 p^{++}硅,在加热电阻的横向两边均有热沉存在,加热电阻与热沉之间的气体间隙达到 $1\mu m$。这种结构是通过融硅工艺制备而成,结构释放采用 KOH 自停止腐蚀。器件测试范围为 $5 \times 10^{-2} Torr \sim 5 Torr$ $(6.65 Pa \sim 665 Pa)$,灵敏度为 $3.7 \times 10^{3} K/(W \cdot Torr)(27.8 K/(W \cdot Pa))$。

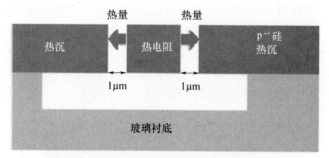

图 6.39　横向热传导双热沉结构皮拉尼计示意图

6.6.4　MEMS 皮拉尼计原理与设计

我们参考了文献报道的多种类型 MEMS 皮拉尼计,根据现有的工艺条件,提出并设计了一种具有高深宽比结构的单晶硅横向 MEMS 皮拉尼计。

6.6.4.1　皮拉尼计工作原理

皮拉尼计是皮拉尼(M. Pirani)于 1906 年制成的,利用热丝本身的电阻值作为标示,利用不同真空下气体的热传导系数不同原理而制成的真空计。皮拉尼计通常由加热电阻和热沉组成,通过设计结构使得在真空下,热量大部分通过加热电阻与热沉之间的微小间距中的稀薄气体传导。传统皮拉尼计一般选用电阻温度系数大的材料,如钨丝、镍丝等[21]。

稀薄气体热传导由其克努森(Knudsen)系数决定,$K_n = \dfrac{\lambda}{s}$(λ 是气体的平均自由程,s 是气体导热的特征尺寸,例如平行板之间的距离)。其中

$$\lambda = \frac{kT}{\sqrt{2}\,\pi\sigma^2 P} \qquad (6.14)$$

式中:σ、P、T 分别是碰撞截面、气压、气体温度;k 是玻耳兹曼常数。高气压下 $K_n \ll 1$,气体热导率可以认为是常量;低气压下,$K_n \gg 1$ 通过气体传导的热量可以认为与气压成正比。通过合理假设和近似,皮拉尼计加热电阻和热沉之间稀薄气体的热传导 $G(P)$ 可以表达为[39]

$$G_{Gas}(P) = G_{Gas}(\infty)\,\frac{P/P_0}{1 + P/P_0} \qquad (6.15)$$

式中:P_0 是转换点气压,是克努森系数 K_n 为某个定值时的气压。在高气压下,气体处于连续区域,热导是一个定值。在低气压下,气体可以认为是自由粒子,其热传导正比于气压 P。

典型的皮拉尼计结构如图 6.40 所示,其中加热电阻(Heater)的宽度、厚度和

长度分别为 w、t 和 l，s 是加热电阻与热沉(Heat sink)之间的距离,忽略边界效应,则通过加热电阻和热沉之间的气体间隙传导的热量可以表示为

$$Q(P) = G_{\text{Gas}}(P) \cdot (T - T_0) \qquad (6.16)$$

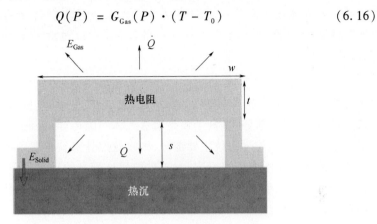

图 6.40　典型皮拉尼计结构图

则有

$$\dot{Q}(P) = \dot{Q}(\infty) \frac{P/P_0}{1 + P/P_0} \qquad (6.17)$$

相应的转换点气压

$$P_0 \propto \frac{w}{d} \cdot \frac{1}{s} = \frac{1}{2\left(1 + \dfrac{t}{w}\right)} \frac{1}{s} \qquad (6.18)$$

式中：d 是加热电阻的周长；通常 t/w 远远小于 1。通过平行板间气体间隙导热量与气压的关系如图 6.41 所示。

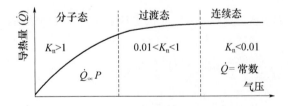

图 6.41　通过气体间隙导热量与气压关系

　　一般地,皮拉尼计加热电阻通过恒定直流对其进行加热。加热电阻选择与温度相关的电阻材料制成。在不同气压下,由于气体的热传导不同,通过间隙传导的热量不同,在相同的直流偏置下加热电阻稳定后的温度则有相应的变化,加热电阻表现的直流电阻值就会有所不同。或者采用惠氏电桥以及反馈电路实现加热电阻

保持相同的温度,则皮拉尼计所消耗的功率则会与电压有一个对应的关系。当通电加热的时候,整个耗散的热量 Q_{total} 可以分为通过气体间隙传导的热量 $Q(P)$、通过加热电阻固体连接部分传导的热量 Q_{solid} 以及通过辐射传导的热量 $Q_{\text{radiation}}$。在稀薄气体下的皮拉尼计基本没有气体的流动,所以也就没有对流损失的热量。则有

$$Q_{\text{total}} = Q(P) + Q_{\text{solid}} + Q_{\text{radiation}} \qquad (6.19)$$

对于皮拉尼计通常的工作温度(<300℃),辐射损失的热量也可以忽略。如图6.42所示,在高气压部分,热量主要是通过气体间隙传导,在低气压部分,气体热传导率非常小,固体热传导占位主要部分,则皮拉尼计直流偏置下的稳定电流与气压脱离依赖关系。从图中可以看出,对于皮拉尼计测量的动态范围,其上限与转化点气压 P_0 有关,反比于加热器与热沉之间的间隙距离;其下限与固体热传导所占的比例有关,固体热传导所占比例越小,测量的气压下限越低。

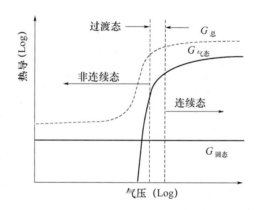

图6.42 皮拉尼计通过气体和固体部分的热导以及总热导与气压的关系

根据公式(6.17)和公式(6.18),皮拉尼计热导相对于气压的灵敏度值可以表达为

$$\text{灵敏度} = \frac{\partial G_{\text{Gas}}(P)}{\partial P} = \frac{G_{\text{Gas}}(\infty)}{P_0} \propto A(w \gg t) \qquad (6.20)$$

式中:A 是加热电阻与热沉之间的正对面积(忽略边界效应)。因此在其他参数不变的情况下,器件的灵敏度主要由 A 决定,即为通过气体传导热量的面积,A 越大,则通过气体导热部分越多,器件灵敏度越高。

6.6.4.2 MEMS 皮拉尼计结构设计

从上一节所述的各种 MEMS 皮拉尼计的对比来看,作为嵌入 MEMS 真空封装腔体中的皮拉尼计,选用加工工艺简单的微桥结构可以很大程度上节约成本,并且

与许多 MEMS 器件的加工工艺相兼容。横向热传导模式的皮拉尼计因为拥有双热沉结构并且加热电阻为折叠结构,通过气体热传导的面积要大于同芯片面积的其他类型的皮拉尼计。目前许多梳齿电容结构的 MEMS 惯性器件通过体硅加工工艺中的 DRIE 释放步骤,可以形成高深宽比的结构,提高梳齿电容值。使用同样的工艺,MEMS 皮拉尼计可以形成大气体热传导面积的结构,大大提高器件性能。这样的皮拉尼计制作工艺简单,与常用体硅工艺兼容,可以在加工其他 MEMS 功能器件的同时制成,无需增加特殊工艺步骤。单晶硅材料有着非常良好的机械特性和稳定的电学特性,因此选用单晶硅作为 MEMS 皮拉尼计的材料。为了保证加热电阻是理想的电阻特性,还需要在金属引线与压点接触部分形成欧姆接触,因此对压点底部进行离子注入形成高掺杂区,使得在恒流下表现为标准的电阻特性。

图 6.43 是本书所设计的高深宽比结构的 MEMS 皮拉尼计示意图。整个皮拉尼计加热电阻和热沉以及相连接的压点都是低阻单晶硅结构。加热电阻的宽度、高度和长度分别为 $25\,\mu m$、$80\,\mu m$ 和 $33.53\,mm$,热沉的宽度和高度也分别为 $25\,\mu m$ 和 $80\,\mu m$,气体间隙为 $5\,\mu m$,悬空结构与玻璃衬底的距离为 $10\,\mu m$。

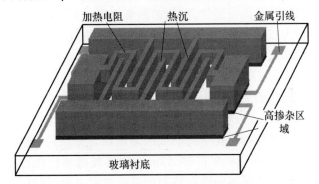

图 6.43　高深宽比结构的单晶硅 MEMS 皮拉尼计示意图

标准体硅加工工艺中释放悬空结构,如果采用 ICP 的 DRIE 工艺,可以达到 20∶1 的深宽比,因此设计气体间隙为 $5\,\mu m$ 的情况,悬空结构可以达到 $100\,\mu m$ 的厚度,为了保证刻蚀的质量,实际设计中选用了 $80\,\mu m$ 的高度。高深宽比结构使器件的稳定性和性能都有很大的提高,具体如下:

高深宽比使得结构有良好的机械稳定性。设计中的折叠电阻结构在机械强度上可以简单看成梁结构,则对于长度为 l,宽度为 w,厚度为 t 的梁来说,其刚度 S_B 可以表示为

$$S_B = \frac{12Ewt^3}{l^3} \tag{6.21}$$

式中:E 是弹性模量。从公式中可以看出,刚度与厚度的三次方成正比,因此对于

本书设计的 $80\mu m$ 厚度的悬空结构来说,其刚度相当大,保证了器件可以承受很大的加速度和机械振动,可靠性大大增加。

高深宽比结构大大增加了气体导热面积。气体间隙导热面积 A 在横向热传导模式中表示为 $A = l \cdot t$,即加热电阻长度和高度的乘积。高深宽比结构的高度本身就能达到比较高的程度,而其良好的机械强度允许设计非常长的结构,同样能够提高气体导热面积。

高深宽比结构能够有效提升器件测量下限。皮拉尼计的气压测量下限由通过固体导热与通过气体导热的比值决定。高深宽比结构的良好机械强度,使得非常长的结构设计成为可能,因而就能够降低固体导热的比例,使得皮拉尼计能够测量更低的气压。

常用的体硅加工工艺是对硅材料进行刻蚀释放,形成所需的悬空结构,因此结构本身都是体硅材料。体硅材料形成的结构力学性能良好、应力小并且电学特性一致性好。

单晶硅有着非常好的力学性能、比较高的屈服强度和极限强度,甚至比不锈钢更坚硬。对于小尺寸的单晶硅器件,结构的断裂强度与尺寸有关,微观尺寸的断裂强度比毫米级的要大(23 ~ 28)倍。硅的断裂性质还由存在的缺陷和原有的裂缝决定。对于很小的单晶硅结构,由于小体积内没有缺陷,器件可能表现出比预测的弹性强度和应变更大。

体硅工艺加工而成的悬空结构,是刻蚀释放通过掩膜存留下来的体结构,因此基本上没有残余应力,这一点上比生长的薄膜或者梁结构有着先天的优势。

体硅材料的悬空结构相比较生长而成的薄膜或者梁结构,缺陷少很多。尽管加热电阻的总长度非常长,达到了 $33.53mm$,但是其电学特性有很好的一致性。为了保证器件稳定的直流导通特性和较高的电阻温度系数,设计中选用电阻率为 $0.01\Omega \cdot cm \sim 0.03\Omega \cdot cm$ 的 n 型低阻硅片作为加工硅片,其杂质掺杂浓度为 $10^{18}cm^3 \sim 10^{19}/cm^3$,经测量其在 $50℃ \sim 100℃$ 范围内的电阻温度系数为 $4.86 \times 10^{-4}/K$ 。

MEMS 皮拉尼计工作在直流恒流状态下,因此金属引线与压点之间形成的金属—半导体接触对于器件直流性能有很大影响。为了保证金属引线与压点之间形成良好的欧姆接触,需要对压点底部进行高掺杂处理。对于设计选用的 n 型硅片,体硅加工工艺中在刻蚀形成结构背腔之前,对其压点面进行磷注入,形成高掺杂的一层薄膜,刻蚀背腔过程中将悬空结构部分的注入区刻蚀掉,只保留了压点底部的注入区。金属引线与压点的注入区接触,形成了良好的欧姆接触,保证了整个器件在通过金属引线施加的恒流下表现的是理想的电阻,确保了测试的精确度。

6.6.4.3 MEMS 皮拉尼计的性能模拟

这里设计的单晶硅结构横向热传导的 MEMS 皮拉尼计,器件尺寸(电阻条的长度、宽度、高度)以及加热电阻条与热沉之间的间隙距离对灵敏度和测量范围有着很大的影响。通过对皮拉尼计性能的模拟可以比较出各个几何尺寸对于性能影响的相对比例,可以指导微型皮拉尼计的设计。

1) CFD – ACE + 软件介绍

MEMS 皮拉尼计的工作过程涉及到恒定电流下的焦耳加热,气体、固体的热传导的物理过程,其平衡状态为焦耳加热的功率等于整体通过气体和固体耗散的功率。对于涉及多物理场的平衡问题,使用基于有限体积方法的软件能够快速准确地得到一定边界条件下的平衡稳定解。

有限体积法,又称为有限容积法,是基于物理量守恒这一基本定律提出的。这也是其受计算流体力学界广为称道和喜欢之处。其以守恒型的方程为出发点,通过对流体运动的有限子区域的积分离散来构造离散方程。有限体积法有两种导出方式,一是控制容积积分法,另一个是控制容积平衡法。不管采用哪种方式导出的离散化方程,都描述了有限各控制容积物理量的守恒性,所以有限体积法是守恒定律的一种最自然的表现形式。

该方法适用于任意类型的单元网格,便于模拟具有复杂边界形状区域的流体运动;只要单元边上相邻单元估计的通量是一致的,就能保证方法的守恒性;有限体积法各项近似都含有明确的物理意义;同时,它可以吸收有限元分片近似的思想以及有限差分方法的思想来发展高精度算法。由于物理概念清晰、容易编程,有限体积法成为了工程界最流行的数值计算手段。

CFD – ACE + 是由美国 CFDRC 公司开发的最先进的 CFD 及多物理场软件。它采用最先进的数值计算方法并融入多年工程咨询的经验,结合各个专业的特点,是最全面、最丰富、最强大的多物理场耦合分析软件。它能够模拟流体、热、化学、生物学、电学、力学现象。它包括最先进的数值和物理模型,高级的前后处理模块。支持所有的网格技术,包括多块结构化、一般的非结构化多面体网格,任意的界面、移动和变形网格等。还支持最常用的 CAD,CAE,和 EDA 数据格式。而且,CFD – ACE + 可以在所有的硬件/软件系统上运行,在高性能工作站或 PC 机群上进行高效并行计算。

2) 模型建立与体条件边界条件设定

使用 CFD – ACE + 软件中的 CFD – VIEW 模块建立微型皮拉尼计的有限体积模型(图 6.44),并对模型进行六面体网格划分。

模拟过程选用电(Electric)模块和热传导(Heat Transfer)模块耦合计算。电模块应用的是直流稳态导通的计算公式。皮拉尼计中单晶硅结构的材料特性设定为：密度 2329kg/m³，恒定比热容 702J/(kg·K)，恒定的热传导率 124W/(m·K)，各向同性的温度相关的电阻率 $\rho = \rho_0 [1 + \alpha(T - T_0)]$，其中 ρ_0 为 0.000206Ω·m，T_0 为 293K，电阻温度系数 α 为 0.001/K。皮拉尼计的周围气氛设置为氮气，其密度为 1.1614kg/m³，恒定黏滞系数 1.65×10⁻⁵kg/(m·s)，电导率设置很小基本可以作为绝缘体，恒定比热容 1042 J/(kg·K)。

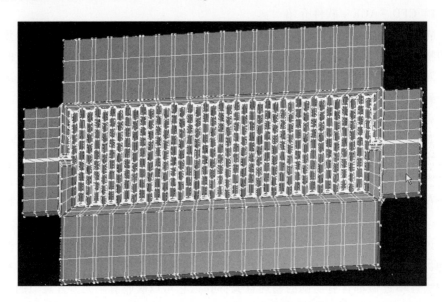

图 6.44　MEMS 皮拉尼计的有限体积模型

氮气的热传导率根据不同气体导热间隙在不同气压下设定相应的值。根据气体的平均自由程 λ 与气压 P 的关系可知，在标准大气压下氮气的平均分子自由程为 5.99×10⁻⁷m，因此可以计算出不同气压下氮气的平均自由程。气体的热导率公式为

$$k = \frac{k_p}{1 + 2\left(\dfrac{2-a}{a}\right)K_n} \tag{6.22}$$

式中：a 是热适应系数；K_n 是克努森系数；k_p 是标准大气压下的气体热传导率。热适应系数 a 表征气体分子流碰撞固体表面而交换能量的程度。对于氮气，其标准大气压下温度 300K 的热传导率 k_p 为 0.0259 W/(m·K)，热适应系数选取 0.9，忽略温度对于气体热传导率的影响，计算后的 5μm 间隙的氮气热传导率随着气压变化关系如图 6.45 所示，其中气压和热导率均是对数坐标，当气压小于 1000Pa 的时候热导率与气压近似线性关系。

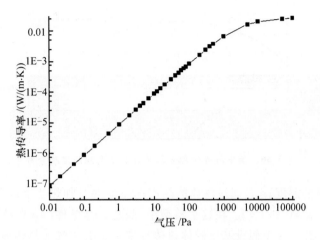

图 6.45   计算所得 5μm 间隙的氮气热传导率随着气压变化关系

　　为了简化运算,在边界条件的设定中,热传导模块设定支撑加热电阻条的两个压块和支撑两边热沉的两个压块底部设为恒温 293K,其他与外界相临的边界均设为绝热。在这种设定条件下,热量最终只能通过四块压块向衬底导走。电模块中,设定支撑加热电阻条的两边压块侧面一边通有 j 的电流密度,另一边侧面通有 $-j$ 的电流密度,实现了通过压块加到加热电阻条上的恒定电流。

　　在不同气压下,使用相应的气体热传导率,施加三组不同的恒定电流。每一组电流边界条件下,计算模拟达到热电平衡,可以得到平衡后的电压差 U,计算出此时加热电阻条的电阻值 R,通过电阻温度系数算出电阻条的平均温度 T。三组不同的电流下,就有三组不同的平衡温度和加热功率值,那么则可以提取这个气压下皮拉尼计的热阻值(Thermal Impedance)。热阻值定义为加热电阻达到的温度除以所消耗的功率,即 $R_{\text{thermal}} = (T - T_0)/P$。然后在不同气压下重复操作,则可以得到热阻值与气压的关系。

　　3)模拟结果与讨论

　　(1)折叠加热电阻的温度分布。MEMS 皮拉尼计的加热电阻条是单晶硅材料,有均匀的热传导率,沿着电阻条上温度并不是均匀分布的。通过 U/I 求出的电阻实际上是加热电阻条的平均电阻,根据电阻温度系数求出的温度值也是平均值。文献[40]对单个微桥结构的皮拉尼计的温度分布做了分析,图 6.46 是简单微桥结构皮拉尼加热电阻上的温度分布图。

　　在这个模型中,温度分布是通过稳态的热传导公式进行计算的

$$\frac{\mathrm{d}^2 u}{\mathrm{d}x^2} - \varepsilon u = \delta \tag{6.23}$$

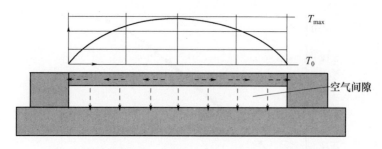

图 6.46　简单微桥结构皮拉尼计加热电阻的温度分布

式中：u 是微桥的温度；ε 是通过气体的热损耗；δ 是焦耳加热功率；x 代表微桥上的位置；x 范围从 $x=0$ 到 $x=l$。在这个模型中，假定边界条件（$x=0$ 和 $x=l$）温度固定在室温条件 T_0。这个假设基于固体热传导率远远大于气体热传导率，微桥两端的温度则会稳定到衬底的温度。其中关于温度有

$$\rho(x) = \rho_0(1 + \alpha(T(x) - T_0)) = \rho_0(1 + \alpha u(x))$$
$$u(x) = (T(x) - T_0) \tag{6.24}$$

对于整个微桥，通过欧姆定律表现的电阻是沿着微桥的积分值，表现出的的温度则为平均温度

$$R = \int_0^l \mathrm{d}R = R_0(1 + \alpha\bar{u}), \bar{u} = \frac{1}{l}\int_0^l u(x)\,\mathrm{d}x \tag{6.25}$$

则可以得到

$$u(x) = \frac{\delta}{\varepsilon}\left[1 - \frac{\cosh\sqrt{\varepsilon}(x - l/2)}{\cosh\sqrt{\varepsilon}\,l/2}\right]$$

$$R = R_0\left[1 + \frac{\delta\alpha}{\varepsilon}\left(1 - \frac{\tanh\sqrt{\varepsilon}\,l/2}{\sqrt{\varepsilon}\,l/2}\right)\right] \tag{6.26}$$

式中：

$$\delta = \frac{I_b^2 R_0}{k_b wlt}; \varepsilon = \left(\frac{\eta k_g(P)}{k_b g t} - \delta\alpha\right) \tag{6.27}$$

式中：δ 是焦耳加热功率；k_b 是微桥的固体热导；w 是微桥的宽度；l 是微桥的长度；t 是微桥的厚度；ε 是通过气体的热损耗；$k_g(P)$ 是间隙的气体热传导率；g 是微桥和衬底的间隙；α 是电阻温度系数；η 是考虑到边缘效应的修正项。

　　对于本书设计的 MEMS 皮拉尼计，尽管是折叠电阻结构的加热器和横向热传导模式，基本结构与描述的单桥模型也是很类似的，通过公式（6.26）得到的温度分布很难看出分布规律，因此需要模拟得到温度分布情况。模拟结果显示整个结

构的温度分布如图 6.47 所示。此时气压设定为 60Pa(通过设定气体的热传导率),电流密度 8000A/m³。从图中可以看出,对于连接加热电阻条的两个压点以及连接两边热沉的两个压点,温度达到稳定的 293K,即设定的压点底部的恒温温度。加热电阻条有着明显的温度梯度,在整个电阻条中间部分温度最高,靠近压点的地方温度最低。对于同样是悬空结构的热沉条,其温度也基本上达到了稳定的293K,与假设的条件一致。因为设定气体为恒定的热导率特性,所以气体间隙的温度分布基本上是一个均匀梯度分布,即从加热电阻条温度稳定变化到热沉的温度。

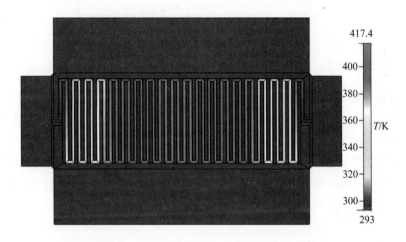

图 6.47　模拟得到微型皮拉尼计的温度分布图

　　(2) 标准器件基本性能。模拟过程作为对比的标准尺寸的器件为实际加工的器件的尺寸,加热电阻条的长度 33.53mm,宽度 25μm,高度 80μm,在加热电阻条两边的热沉宽度为 25μm,热沉高度与加热电阻条相同,也为 80μm,在加热电阻条与热沉之间的气体间隙为 5μm。在整个气压范围内模拟得到的热阻值与气压关系如图 6.48 所示。从图中可以看出器件可测量的范围为 0.2Pa ~ 1000Pa。

　　(3) 结构尺寸影响。对于本 MEMS 皮拉尼计结构,其结构各个尺寸必然对于器件的灵敏度、测量范围等性能有很大的影响。通过有限体积模型的对于直流导通焦耳加热和热传导物理域的模拟可以得到具体尺寸变化的大小对于性能影响的大小。器件的主要几何参数主要是加热电阻条、热沉以及气体间隙。对于热沉的几何参数来讲,其高度由工艺决定,与加热电阻条高度保持一致。在器件工作条件下,热沉基本保持与其压点同样的温度即室温,因此只要热沉条不是太细太长,尺寸对于器件的性能完全没有影响。加热电阻条的几何参数包括其高度、宽度、长度值。每一项值都会改变器件的热阻值,影响到器件的性能。

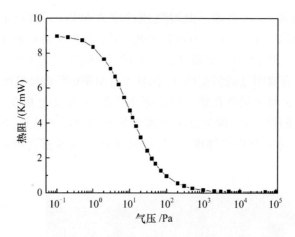

图 6.48　模拟得到的 MEMS 皮拉尼计热阻值与气压的关系

① 加热电阻条宽度的影响。在加热电阻条长度和高度不变的情况下,改变电阻条的宽度,会直接影响到电阻条的电阻值,因此在同样的恒定电流下,其焦耳加热功率就成比例变化,稳定温度就会不同,提取的器件热阻值也会不同。图 6.49是在三种宽度下 15μm、25μm、40μm 的加热电阻条模拟结果,其长度和高度都相同,分别为 33530μm 和 80μm,热沉尺寸也都一样,气体间隙也均为 5μm,因此通过气体热传导的面积没有变化。

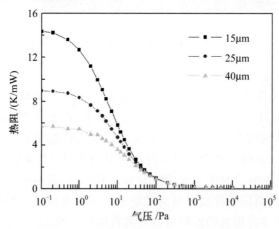

图 6.49　模拟的不同宽度的微型皮拉尼计热阻值与气压的关系

从图中可以看出,随着加热电阻条宽度的增大,其热阻值变小,并且相应的灵敏度(曲线的斜率)有明显的降低。热阻值基本上在整个有性能的气压范围内与宽度的倒数成正比。宽度的增加同时也会增加加热电阻条与两边压点(anchor)的接触面积,增加热量通过固体传导的部分,导致器件测量下限升高,然而这点在图中基本上没有表现出来,测量下限基本没有变化,说明对于加热电阻条在如此范围内的宽度变化,固体热传导部分没有很大的改变,对于器件测量范围没有很大的影响。虽然较宽的结构设计能够提高悬空结构的机械性能,但是其灵敏度显著降低。

②加热电阻条长度的影响。加热电阻条长度的改变也同样直接改变了电阻值,改变了通过气体热传导的面积,影响器件的灵敏度和测量范围。更长的加热电阻条还使得整个电阻条上气体热传导部分占更大的比例,提高器件的性能。图 6.50 是对于长度分别为 19.85mm、28.4mm、33.53mm 的结构的模拟结果。热沉的尺寸也保持一致,气体间隙也均为 5μm。长度的改变会改变折叠结构的折叠数量,因此相对应的热沉条的数量也有所不同,但仍然是双热沉结构,加热电阻条与两边支撑压点相连接的部分也完全相同。

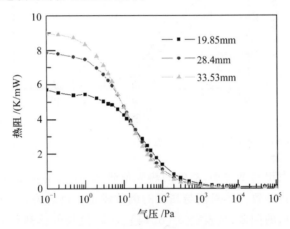

图 6.50　模拟的不同长度的微型皮拉尼计热阻值与气压的关系

从图中可以明显地看出长度越长,器件的灵敏度越高,这点在低气压部分很明显,不同长度器件的热阻值有着明显的差别。然而到了高气压部分,三种长度的结构的热阻值相差不大,从图中看到三条曲线基本上重合,说明长度变化对于器件高气压下的特征没有明显的改变。因为长度改变引起的电阻值的变化和气体导热面积的变化是成同样比例的。器件的测量下限随着长度的减小而升高,因为相对短的器件通过固体热传导部分所占的比例要大于长的器件。因此在不影响器件力学性能,对面积和功耗没有特别要求的前提下,长的器件的灵敏度和测量下限都有明显的提高。

③加热电阻条高度的影响。加热电阻条的高度不同于长度和宽度特性,长度和宽度可以由光刻图形设计而决定,而高度则是通过工艺步骤实现。气体间隙宽度与高度也有联系,因为对于本微型皮拉尼计,结构释放通过 ICP 的 DRIE 工艺实现,其深宽比决定了高度与气体间隙的最大比值。在深宽比 20:1 的时候,气体间

隙设计为 5μm,则高度最大只有 100μm。模拟过程选取的高度值为 40μm、60μm、80μm。加热电阻条的宽度和长度分别为 25μm 和 33.53mm。热沉的高度则与加热电阻条相同,也分别为 40μm、60μm、80μm,气体间隙为 5μm。高度变化也同时改变了加热电阻条的电阻值和气体传热面积。不过与长度变化不同的是,高度变化对于这两个方面的影响是相反的。高度增加会减小电阻值,而增加气体传热面积。图 6.51 是模拟的三组不同高度器件热阻值与气压的关系图。

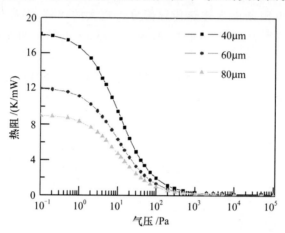

图 6.51　模拟的不同高度的微型皮拉尼计热阻值与气压的关系

从图中可以看出高度越小,器件的热阻值越大,相应的灵敏度越高,器件的气压测量范围则保持一致。热阻值与高度的倒数成正比例的关系。这是因为器件的热阻值是其热导值的倒数,根据公式(6.14),热阻值与气体热传导面积倒数成正比。虽然说从模拟结果上看,通过提取热阻与气压关系而作为标定曲线的方法,高度越小越能提高器件的性能,但是高度减小会降低悬空结构的机械稳定性。因此,虽然高度增加会减小器件的热阻值,但是可以保证器件足够的机械强度,保证大部分热量通过气体间隙传导,气体热传导模式可以近似为平行板之间的传导模式。

　　④ 气体间隙的影响。通过式(6.22)可以看出气体间隙影响了气体的热传导率,影响器件气压测量范围上限,越窄的间隙能够允许器件测量更高的气压。图 6.52 所示为气体间隙为 3μm、5μm、6μm、20μm 的模拟结果。加热电阻条均为宽 25μm,高 80μm,长 33.53mm,热沉尺寸也都相同。由于气体间隙的改变,保证加热电阻条的总长度不变,则折叠结构稍微有所改变(其中短条长度和折叠数量有所改变,而长条的长度没有变化)。

　　从图中可以看出,气体间隙减小会升高器件的气压测量上限。图中纵坐标热阻值为对数坐标,气体间隙的改变引起的热阻变化在低气压范围基本上没有变化,

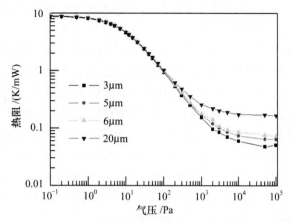

图 6.52　模拟的不同气体间隙的微型皮拉尼计热阻值与气压的关系

在高气压范围有微小变化,只有当气体间隙尺寸有数量级的改变时,引起的变化才较大。尽可能减小气体间隙并且保持相当的均匀性是提高测量上限的关键因素。

6.6.5　MEMS 皮拉尼计制作

如图 6.43 所示结构的单晶硅材料高深宽比结构的 MEMS 皮拉尼计,采用的是标准的基于硅—玻璃键合的体硅工艺制作而成。其工艺加工过程示意图如图6.53所示。

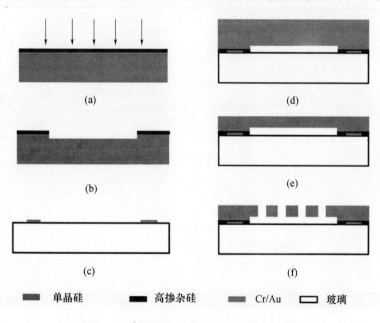

图 6.53　单晶硅微型皮拉尼计工艺加工步骤

具体步骤如下：(a)选取掺杂浓度比较高的 N 型 100 双抛单晶硅片,硅片的电阻率为 $0.05\Omega \cdot cm \sim 0.20\Omega \cdot cm$,低于一般的双抛硅片,对其一面进行磷离子注入,产生很薄一层高掺杂的区域,用于将来形成与金属引线的欧姆接触;(b)使用 ICP 的 DRIE 工艺刻蚀出背腔图形,背腔深度 $10\mu m$;(c)选取 Borofloat 33 玻璃,在玻璃上溅射金属 Cr/Au,厚度 20nm/110nm,图形化采用剥离工艺,为了保证总共 130nm 厚度的金属不会影响后续硅片与玻璃的键合,首先是在玻璃上挖 90nm 左右的槽,金属引线露出槽 40nm 左右;(d)将硅片与玻璃片进行阳极键合,金属引线垫出的高度并没有影响键合质量;(e)将硅片减薄到 $90\mu m$,如果后续需要三层键合则使用磨片和 CMP(化学机械抛光)方法保证硅表面的平整度,如果无需三层键合可以直接使用 KOH 湿法减薄;(f)使用 ICP 的 DRIE 工艺铝做掩膜刻蚀释放加热电阻条以及双侧热沉结构,悬空部分高度 $80\mu m$。

　　加工完成的微型皮拉尼计的 SEM 照片如图 6.54 所示,其中(a)是结构俯视

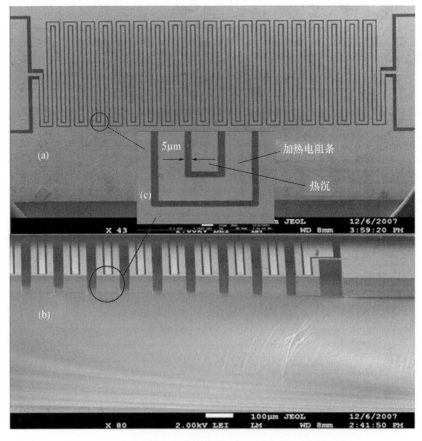

图 6.54　体硅工艺加工制成的微型皮拉尼计 SEM 照片

图;(b)是结构侧面图,其中一边的热沉条已经脱落;(c)是结构中一个拐弯的部分。加热电阻条的总长度、宽度、高度分别为 33.53mm、25μm、80μm,热沉宽度为 25μm,热沉高度也同样是 80μm,加热电阻条与热沉之间的气体间隙是 5μm。整个结构所占的芯片面积为 2.95mm^2,而总气体导热面积有 5.36mm^2。

使用 ICP 的 DRIE 工艺刻蚀高深宽比结构,对于间隙的平均度保持是非常重要的。图 6.55 是结构侧面的放大图,可以看出整个结构的垂直度和平行度较好。在整个结构偏下部分会略微宽一点,这是因为干法刻蚀较深的结构时,刻蚀速率会稍微降低,导致刻蚀间距并不是绝对的平行。从图中可以看出干法刻蚀的结构侧面会有些粗糙。这是由于干法刻蚀的特点所决定的,这种现象在结构偏下部分会更加明显,因为当刻蚀的深度比较深时,离子刻蚀的均匀性会低于刻蚀浅深度部分时的均匀性。

图 6.55　MEMS 皮拉尼计结构侧面 SEM 照片

6.6.6　MEMS 皮拉尼计测试与结果分析

采用如第 4 章描述标准的体硅加工工艺,制作第 2 章设计描述的 MEMS 皮拉尼计。利用 MEMS 皮拉尼计测量真空度,需要先对其某个特性参数与气压的关系进行测量关系曲线。下面通过提取热阻的方法测量 MEMS 皮拉尼计在真空下的直流加热特性,作为与气压比对的关系参数。

6.6.6.1 提取热阻的测量方法

一种新的测量方法是提取整个微型皮拉尼计器件在特定气压下的热阻值（R_{thermal}）。热阻值为加热电阻的温度除以所消耗的功率,即 $R_{\text{thermal}} = (T - T_0)/P$。在一定气压下,器件的热阻值由器件的传导热量的能力决定,在一定的温度范围内是恒定的值,因此可以通过测量不同温度下消耗的功率来得到热阻值。器件在特定气压下的热阻值由其通过各种方式传导的热量值决定,当通过气体间隙热传导占热传导主要部分的时候,热阻值与气体热传导率的倒数成正比例关系,因此提取的热阻值相应地与气压的对数有非常好的线性度。

本 MEMS 皮拉尼计,由于加热电阻条是单晶硅材料,电阻温度系数较小(测量为 $4.86 \times 10^{-4}/\text{K}$),微小的电阻变化换算成温度变化就会很显著。采用提取热阻值的测量方法,能够将测量电阻的微小变化转换成测量热阻值的较大的变化量,能够提高器件的灵敏度。本书所设计的皮拉尼计的金属引线是通过金属与高掺杂硅相接触形成欧姆接触连接到单晶硅结构,尽管通过高掺杂形成了较好的欧姆接触,但是金属与硅的接触电阻仍然存在,极大地影响了器件的性能。为了去除接触电阻以及引线电阻的影响,选用四探针的方法进行测量。连接加热电阻条的两个压点分别接有两个引线。直流电 I 通过两边的两根引线施加到电阻条上,电压 V 通过另外两根引线进行测量。电阻 R 通过 V/I 求得,去除了接触电阻和引线电阻等寄生电阻的影响。

加工的微型皮拉尼计使用金属封装,芯片上的金属引线通过金线键合连接到封装管腿上(图6.56)。实际测量过程中电流源选用的是 SB118 型直流稳流源,其精度可以达到 0.001mA,测量电压选取的是 Fluke289 万用表,四位半精度。测量系统如图 6.57 所示。将 MEMS 皮拉尼计器件置于真空腔体中,将金属封装的盖子摘掉,在不同的气压下,给定一组恒定电流,得到一组电压,进而提取相应气压下器件的热阻值。

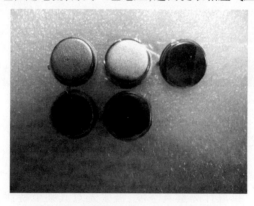

图 6.56 MEMS 皮拉尼计的金属封装

SB118 直流稳流源, 施加直流 I

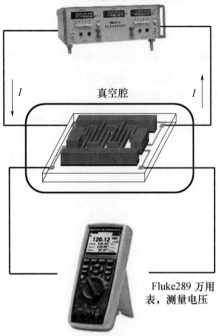

真空腔

I I

Fluke289 万用
表, 测量电压

图 6.57　四探针测试系统

6.6.6.2　器件电阻特性

通过四探针方法, 可以去除掉接触电阻与引线电阻等寄生电阻的影响, 在大气压下测量得到的 MEMS 皮拉尼计加热电阻条的 $I-U$ 曲线如图 6.58 所示。从图中可以看出器件有非常良好的电阻特性, 是一个理想电阻, 金属与硅属于理想的欧姆

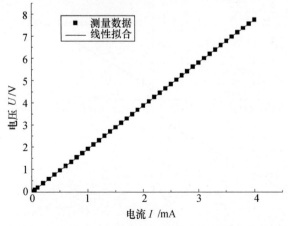

图 6.58　大气压下四探针测量 MEMS 皮拉尼计的 $I-U$ 曲线

接触。在大气压下,气体热传导率很高,进行 $I-U$ 扫描的电流持续时间也比较短,因此电阻的温度可以认为是恒定的室温。通过线性拟合曲线的斜率可以得到电阻条在室温下的电阻 R_0 为 1940.2Ω。

四探针方法可以有效地去除接触电阻和引线电阻等寄生电阻的影响。图6.59所示为利用二探针测量同一个 MEMS 皮拉尼计的 $I-U$ 曲线,通过线性拟合得到的电阻值为 2638.6Ω。曲线良好的线性度表明了即使在二探针方法下,器件也表现出了良好的电阻特性。得到的电阻值与四探针结果的差别可以看出器件的寄生电阻相当大。

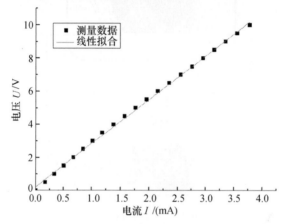

图 6.59　大气压下二探针测量 MEMS 皮拉尼计的 $I-U$ 曲线

压点底部高掺杂区域的设计使得金属引线与硅形成了良好的欧姆接触。图6.60 所示为无高掺杂区域的皮拉尼计 $I-U$ 曲线。从图中可以看出,当电流较小

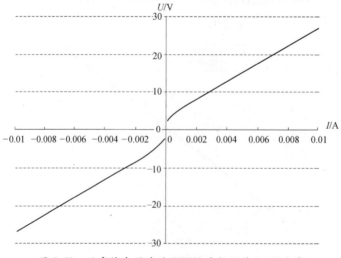

图 6.60　无高掺杂区域的 MEMS 皮拉尼计 $I-U$ 曲线

的时候,接触结表现了肖特基接触的特点。这种现象对于皮拉尼计真空直流测量是不利的。引入的高掺杂区域的设计改进了皮拉尼计的直流特性,使得真空测量更加精确。

6.6.6.3 电阻—温度特性

有掺杂杂质的单晶硅材料的电阻—温度特性并不是完全线性的[24]。其电阻率与温度的关系可以分为三个区间:

(1)温度很低,本征激发可忽略,载流子主要由杂质电离提供,随着温度而增加,迁移率也随着温度升高而增大,因而电阻率随着温度升高而下降。

(2)温度继续升高(包括室温),杂质已全部电离,本征激发不显著,载流子基本不随温度变化,晶格振动散射上升为主要矛盾,迁移率随温度升高而降低,电阻率随温度的升高而增大。

(3)温度继续升高,本征激发很快增加,大量本征载流子的产生远远超过迁移率减小对电阻率的影响,电阻率将随温度的升高而急剧地下降。

MEMS 皮拉尼计的工作温度范围在第二个区间内,从室温到 250℃ 这个温度范围内,杂质全部电离并且小于大量本征激发时的温度。这个范围内单晶硅的电阻—温度关系近似呈线性。图 6.61 所示为测量的 50℃ ~100℃ 范围内的电阻—温度关系,经过线性拟合可以得到单晶硅的 TCR(电阻—温度系数)值为 4.86×10^{-4}/K。

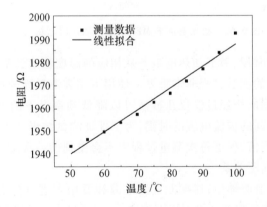

图 6.61　在 50℃ ~100℃ 范围内的电阻与温度的关系

6.6.6.4 器件的响应特性

器件的响应特性是当施加恒流时,经过一定时间能够达到电学和热学平衡的过程。通过了解器件达到平衡所需的时间,以保证测试结果的正确,同时尽可能节省测试时间。图 6.62 所示为在 0.8Pa 气压下,2mA 直流恒流下每 10s 测试一次的结果。从图中可以看出当施加上恒流电流后,电阻两边的电压迅速稳定到

4.08V左右。在整个半个小时的测量过程中,电压仅仅升高了0.3%,变化非常小。电压的微小升高可能是由于热量通过玻璃衬底传导到金属封装管壳的速率并没有假设的那么大,导致玻璃衬底的温度有微小的提高,从而为了达到热传导平衡,器件的温度升高。测量中使用的 SB118 型恒流源施加稳定电流,当刚开启开关时,电流源并不能迅速地达到所期待的电流,需要几秒反馈电路调整输出功率达到所期望的电流值。因此在测量器件的响应特性时最初几秒表现的电压并不是在所期待电流下的电压值。然而从目测结果来看,当电流稳定的时候,电压只需要几秒的时间便可以达到相对稳定的值。

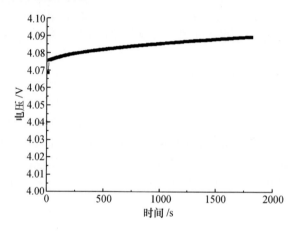

图 6.62　稳定电流下 MEMS 皮拉尼计的电压响应

　　当断开电流的时候,考虑加热电阻条从相应的温度稳定到室温所需要的时间,对于连续施加恒流的测试过程非常重要。使用万用表测量断开恒流源后加热电阻条的电阻变化,目测同样经过仅仅几秒便可以降低到室温下的电阻值。测量过程中需要连续施加不同的恒流电流的时候,为了保证测试结果,应该是从小电流开始加起,顺序增加电流值,保证每次测量过程中不会受到前一次施加电流的影响。

6.6.6.5　热阻与气压关系

　　将器件置于真空腔体中,连接上直流电源和万用表进行标定。在特定气压条件下,给定不同的横流电流 I 得到不同的电压 U,通过求得的电阻值 R 得到温度值 T,温度 T 比对焦耳加热功率 $P = IU$ 的曲线如图 6.63 所示,可以看出功率与温度曲线有着良好的线性度。由于 SB118 型恒流直流源的功率有限(最高 60mW),在高气压下并不能将电阻条加热到更高的温度,限制了我们的测试范围。如果测试选用更好的直流源,那么高气压测试结果会更加精确。从图中可以看出对于不同气压下,温度与加热功率的线性度很好,进行线性拟合后求得的斜率即为在此气压下的热阻值。图 6.64 是热阻比对气压的关系图。从图中可以看出器件的测量为

2Pa 到至少 400Pa,如果使用更高功率的恒流源则可以更加精确地测试气压高于 400Pa 时器件工作在 50℃~100℃ 内的性能。在测量范围内,热阻值对于气压的对数表现了良好的线性度。

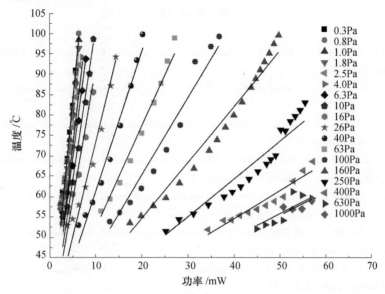

图 6.63　MEMS 皮拉尼计在不同气压下测量加热功率与稳定温度的曲线

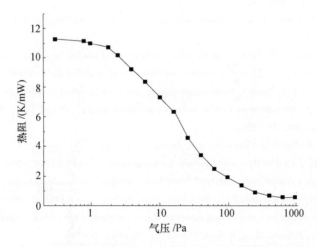

图 6.64　MEMS 皮拉尼计热阻值与气压关系

本 MEMS 皮拉尼计在 50℃ 的电阻为 1943.7Ω,到 100℃ 仅仅增加了 50Ω,变化比例非常小。而提取的热阻值从 400Pa 的 689.4K/W 增加到 1.8Pa 的 10712.9K/W,变化量非常大。因此使用提取热阻值的方法比直接比较电阻与气压关系,得到的器件灵敏度要高许多。对于整个测量范围来说,其灵敏度的平均值达到了212K/(W·Pa)。

参 考 文 献

[1] Roth A. Vacuum Technology [M]. third updated and enlarged edition. New York, Elsevier Science Publishers B. V. 1990.

[2] Corman Thierry. Vacuum – Sealed and Gas – Filled Micromachined Devices[M]. Stockholm:Royal Institute of Technology.

[3] Pertersen K E. Method and apparatus for forming hermetically sealed electrical feed – through conductors[J]. 1985, Patent No WO 85/03381.

[4] Hiltmann K M, Schmidt B, Sandmaier H, et al. Development of micromachined switches with increased reliabili-ty[J]. Chicago, USA: Transducers'97,1997:1157 – 1160.

[5] Sassen S, Kupke W, Bauer K. Anodic bonding of evaporated glass structured with lift – off technology for hermet-ically sealing[J]. Sendai, Japan:Transducers'99, 1999:1320 – 1323.

[6] Bartek M, Foerster J A and Wolffenbuttel R F. Vacuum sealing of microcavities using metal evaporation[J]. Sensors and Actuators A, 1997, 61:364 – 368.

[7] Henmi H, Shoj S, Yoshimi K, et al. Vacuum packaging for microsensors by glass – silicon anodic bonding[J]. Sensors and Actuators A, 1994,43:243 – 248.

[8] Cabuz C, Shoji S, Fukatsu K, et al. Fabrication and packaging of a resonant infrared sensor integrated in silicon [J]. Sensors and Actuators A, 1994,43:92 – 99.

[9] Esashi M. Packaged sensors, microactuators and three – dimentional microfabrication[J]. J. Robotics Mecha-tronics, 1995, 7:200 – 203.

[10] Bowman L, Schmitt J M, Meindl J D. Electrical contacts to implantable integrated sensors by CO2 laser – drilled vias through glass[J]. Micromachining and Micropackaging of Transducers, 1985:79 – 84.

[11] Chae J, Giachino J M, Najafi K. Wafer – level vacuum package with vertical feedthroughs[C]. in Proc. 18th IEEE Int. Conf. Microelectromechanical Systems (MEMS): MEMS Technical Dig. , Miami, FL, Jan. – Feb. 30 – 3, 2005:548 – 551.

[12] Nguyen N T, Boellaard E, Pham N P, et al. Through – wafer copper electroplating for three – dimensional in-terconnects[J]. Journal of Micromechanics and Microengineering, 12 (2002):395 – 399.

[13] Mittra R, et al. A general purpose Maxwell solver for the extraction of equivalent circuits of electronic package components for circuit simulation[J]. IEEE Trans. Circuits Syst. , Nov. 1992,39:964 – 973.

[14] Omer A A, et al. The per – unit – length capacitance matrix of flaring VLSI packaging interconnects[J]. IEEE Trans. Comp. , Hybrids, Manu Technol. , Dec. 1991. 14, (4):749 – 754.

[15] 郭辉. PECVD SiC 薄膜材料制备及在 MEMS 中的应用研究[J]. 北京大学,2006.

[16] 黄庆安,硅微机械加工技术[M],北京:科学出版社,1995 年 3 月.

[17] (荷)埃尔文斯波克,(荷)威杰林克. 硅微机械传感器[M]. 陶家渠,李应选,等译. 北京:中国宇航出版社,2003 年 9 月.

[18] Lafferty J M, Foundations of Vacuum Science and Technology [M]. New York: John Wiley & Sons,

1998:261 - 316.

[19] Caplet S, Sillon N, Delaye M T. Vacuum wafer level packaging for MEMS applications[J]. Proceedings of SPIE, SPIE,2003,4979:271 - 278.

[20] Roth A. Vacuum technology[M]. North Holland:Elsevier North - Holland,1982.

[21] 王欲知,陈旭. 真空技术[M].北京:北京航空航天大学出版社,2007 年 6 月.

[22] Candler R N, Park W T, Hopcroft M,et al. Hydrogen diffusion and pressure control of encapsulated MEMS resonators[C]. in Proc. TRANSDUCERS. 13th Int. Conf. Solid - State Sensor. , actuators Microsyst. Dig. Tech. Papers, Jun. 5 - 9, 2005:920 - 923.

[23] Choa S H. Reliability of vacuum packaged MEMS gyroscopes[J]. Microelectronics Reliability 45 (2005): 361 - 369.

[24] Chae Junseok, Stark Brian H,Najafi Khalil. A Micromachined Pirani Gauge With Dual Heat Sinks[J]. IEEE TRANSACTIONS ON ADVANCED PACKAGING, NOVEMBER 2005,28(4):619 - 625.

[25] Shie J, Chou B C S, Chen Y. High performance Pirani vacuum gauge[J]. J. Vac. Sci. Technol. A, Vac. Surf. Films, Nov. 1995,13(6):2972 - 2979.

[26] Chou B C S, Chen Y,et al. A sensitive Pirani vacuum sensor and the electrothermal SPICE modeling[J]. Sens. Actuators A, Phys. ,May 1996,53(1):273 - 277.

[27] Robinson A M, Haswell P, Lawson R P W, et al. A thermal conductivity microstructural pressure sensor fabricated in standard complementary metal - oxide semiconductor[J]. Rev. Sci. Instrum. ,Mar. 1992,63(3): 2026 - 2029.

[28] Paul O, Haberli A, Malcovati P, et al. Novel integrated thermal pressure gauge and read - out circuit by CMOS IC technology[A]. in IEDM Tech. Dig. , Dec. 11 - 14, 1994:131 - 134.

[29] Shie J, Chou B C S,Chen Y. High performance Pirani vacuum gauge[J]. J. Vac. Sci. Technol. A, Vac. Surf. Films,Nov. 1995,13(6):2972 - 2979.

[30] Chou B C S. An innovative Pirani pressure sensor[A]. in Proc. Int. Solid State Sens. Actuators Conf. (Transducers), Jun. 16 - 19, 1997:1465 - 1468.

[31] Stark B H, Mei Y, Zhang C. et al. A doubly anchored surface micromachined Pirani gauge for vacuum package characterization[A]. in Proc. IEEE 16th Annu. Int. Conf. Micro Electro Mech. Syst. , Jan. 19 - 23, 2003: 506 - 509.

[32] De Jong B R,Bula W P, Zalewski D,et. al. Pirani pressure sensor with distributed temperature measurement [A]. in Proc. IEEE Sensors, Oct. 22 - 24, 2003:718 - 722.

[33] Swart N R,Nathan A. Integrated CMOS polysilicon coil - based micro - Pirani gauge with high heat transfer efficiency[A]. in IEDM Tech. Dig. , Dec. 11 - 14, 1994, :135 - 138.

[34] Mastrangelo C H,Muller R S. Microfabricated thermal absolutepressure sensor with on - chip digital front - end processor[J]. IEEE J. Solid - State Circuits,Dec. 1991,26(12):1998 - 2007.

[35] Mastrangelo C H,Muller R S. Fabrication and performance of a fully integrated μ - Pirani pressure gauge with digital readout[A]. in Proc. Int. Conf. Solid - State Sens. Actuators, Jun. 24 - 28, 1991:245 - 248.

[36] Doms M, Bekesch A,Mueller J. A microfabricated Pirani pressure sensor operating near atmospheric pressure [J] J. Micromech. Microeng. ,Aug. 2005,15(8):1504 - 1510.

[37] Moelders N, Daly J T,Greenwald A C,et al. Localized, in situ vacuum measurements for MEMS packaging

［A］. in Proc. Micro – Nanosyst. Symp. , Dec. 1 – 3, 2004:211 – 215.

［38］ Stark B H, Chae J, Kuo A, et al. A highperformance surface – micromachined Pirani gauge in SUMMIT V ［A］. in Proc. 18th IEEE Int. Conf. Micro Electro Mech. Syst. , Jan. 30 – Feb. 3, 2005:295 – 298.

［39］ Mastrangelo C H. Thermal Applications of Microbridges［D］. Univ. California, Berkeley:Ph. D. dissertation, Dept. Elect. Eng. Comp. Sci. , 1991.

［40］ Mitchell J, Lahiji G R, Najafi K. An Improued Performance Poly – si Pirani Vacuum Gauge Using Heat – Distributing Structural Supports［J］. J. M:croelectromech Syst. ,2008,17:93 – 102.

第7章　微米纳米封装技术的应用

7.1　惯性测量单元封装技术

MEMS 惯性器件主要由机械结构构成,其中一部分器件需要工作在谐振状态下,因此外界气压对其性能影响十分显著。对于 MEMS 微型器件,无论结构尺寸还是气隙都非常小,通常在微米量级,此时气压的影响就更为严重,因此低压/真空封装对微型 MEMS 器件的最终性能将起到决定性作用,例如:MEMS 微型加速度计、MEMS 微型陀螺以及 RF MEMS 器件(如 RF MEMS 开关、谐振器等)等都需要在特定的气压环境下才能保持良好的工作状态。

随着高度集成的需求越来越大,目前半导体封装产业正向圆片级封装方向发展。它不仅能提高系统集成度,而且能降低测试和封装成本、降低引线电感、提高电容特性、改良散热通道、降低贴装高度等优点。

国际上对于 MEMS 惯性器件的封装技术一直都十分关注,美国是其中起步最早的国家,相关研究主要通过 DAPRA 和 Sandia Labs 来进行。欧洲各国如德国、法国、英国、瑞士、荷兰等国同样在 MEMS R&D 投入了大量人力物力。而欧洲的 IMEC 已经将 MEMS 的研究重点转向了可靠性与封装方面。

Au/Sn 共熔焊球作为一种高可靠性的器件气密性封装方式经受住了时间的考验,但是在圆片级封装上的研究较少,同时由于焊球印刷过程中存在着污染器件的风险,因此通常需要后续的清洗过程。2003 年韩国 Korea Advanced Institute of Science and Technology 和 Electronics Institute of Technology 的 Seong – A Kim, Young Ho Seo 等人采用的 Au/Sn 焊料环封气密封装的密封腔大小为 $(6.89 \pm 0.2) \times 10^{-6}$ L、漏率在 $(13.5 \pm 9.8) \times 10^{-10}$ mbarL/s(衬底加热)和 $(18.8 \pm 9.9) \times 10^{-10}$ mbarL/s(局部加热)以下[1]。2005 年美国 Surfect Technologies 公司. 的 Gerard Minogue 和 Hionix 公司的 Ravi Mullapudi 提出的一种新型的用于圆片级的 RF MEMS 封装方式,对于原有的 Au/Sn 共熔键合进行了改进,检测漏率可以达到 $(10 \sim 7)$ mL/s (He)[2]。

一直以来,键合工艺是 MEMS 气密性封装中的主流技术之一,但是它存在着高温处理过程和表面粗糙度敏感的问题。聚合物键合的温度虽然低,但是在气密性和键合强度方面存在着问题。2000 年,Michigan 大学的 K. Najafi 提出了局部加热熔硅键合和共熔键合技术,可以在局部将多晶硅加热至 1000℃ 的条件下完成键合而在器件部位仍然维持室温[3]。2001 年 UC berkeley 的 Yu - Ting Cheng、Liwei Lin 等人采用局部加热的方法实现 Al 和玻璃,Al/Si 和玻璃的键合,其密封结构在 3 大气压(1 大气压 = 101kPa)、100% RH、128℃ 环境中进行了加速老化实验,失效时间可以达到 450h 以上[4]。近些年,对于室温下的硅—硅键合技术人们也进行了研究。2003 年,日本东京大学 RCAST 和 AIST 国家研究所的 Toshihiro Itoh,Hironao Okada 等人采用 SAB(表面激活键合)的方式在室温下进行了 Si - Si、Si - Cu 键合的封装技术研究,并且进行了漏率检测,其中 Si - Si 键合密封腔体积为 $(2.4 \times 5.6 \times 0.5) mm^3$,漏率为 $2 \times 10^{-15} Pa \cdot m^3/s$,气压保持在 3Pa 以下的时间超过 1500h[5]。2004 年密歇根大学的 A. Margomenos、L. P. B. Katehi 等人采用对金硅共熔键合的条件重新进行了优化摸索,并进行了 MEMS 器件的封装和漏率检测。通过在 130℃、2.7 大气压、100% RH 环境下进行加速老化实验,封装后的平均失效时间为 577h;相应在 85℃、85% RH 下平均失效时间为 1010 天,热带条件(即 35℃、95% RH)下为 224 年[6]。

2005 年,韩国 Chung - Ang University, Agency for Defense Development, Seoul National University 的 Ki - Il Kim, Jung - Mu Kim 等人针对 RF MEMS 器件提出了一种采用 LTCC 衬底和 BCB 黏附层的气密封装方法,其中 LTCC 作为封盖片,BCB 用做 LTCC 和 MEMS 片之间的黏附剂。对于该种封装方式采用了 IPA 和 He 的漏率检测方式,其中大部分封装样品在 IPA 中没有检测到漏气,而在 He 检测的漏率为 $(10 \sim 8) atm mL/s$[7]。

在国内,2003 年,中国电子科技集团公司第十三研究所的张丽华等人针对微机械陀螺的封装进行了真空封口技术及真空度检测技术方面的研究,利用自行改装的真空封口设备和陶瓷管壳成功实现了对陀螺器件的封装,封装后的器件可以在 2 个月内保持在 0.1Pa[8]。

近些年来,华中科技大学在建立 MEMS 的标准封装工艺方面做了很多工作,对于封装的标准工艺包括键合工艺(熔硅键合,静电键合,金硅键合),贴片工艺,清洁工艺,引线键合工艺和管壳工艺(陶瓷和金属管壳)方面都进行了实验和优化,并且初步实现压力传感器、加速度计、微陀螺的标准封装,同时利用吸气剂来维持封装腔内较长时间的真空度[9]。但产业化方面的报道和代客服务标准进展,没有进一步的资料。

中国电子科技集团公司第 24 所十五期间也开展了圆片级真空封装的初步研究,建立了真空封装装置,进行了带图形的圆片级封装研究。但是长期可靠性尚待解决。

加速度计的封装相对比较成熟,山西科泰微技术有限公司采用将控制电路和

MEMS 芯片装在一个基板上,然后再封装在一个管壳里,实现了多芯片封装,提高了生产效率,有利于批量生产[10]。

目前,惯性 MEMS 器件的封装主要依赖于密封制造技术,其研究趋势是:①采用新材料、新技术,探索和开发新的、简单的、低温键合方法;②开发新的电气互连材料与技术;③多功能性研究,如散热、冷却及其他功能的引入;④制造工艺技术与器件工艺技术的兼容。

下面介绍高 g 值压阻加速度计的封装:

加速度计是最早出现也是最重要的一种 MEMS 器件,在汽车工业里安全气囊更是得到了广泛应用。加速度计是少数的几种可以完全密封的产品之一,因为对于加速度的探测不需要与外界环境直接通道。由于可以借鉴 IC 产业的封装方式,加速度计的封装比较简单,但是封装结构还是不能阻碍可动部件。同时封装中的最关键一个因素就是带入的应力。因为任何的应力都可能改变其灵敏度。另外在集成时需要考虑的一个因素就是方向性的问题。加速度计通常检测的是某个方向的加速度,如安全气囊。任何干扰检测方向以至对于检测的绝对数值产生影响的因素都会造成问题。假设集成时的加速度计的正面朝向偏离了 45°,则正面的感应就会减少一半。虽然通常情况下不会有那么大程度的倾斜,但是倾斜或多或少总是存在。不但是传感的部件不应该有偏离,其他的一些因素如焊料的厚度也会对灵敏度造成影响。不同厚度的焊料层对于加速度计会有不同程度的缓冲作用,使得其灵敏度发生变化。

北京大学在开发 MEMS 器件的同时,也独立设计和制作相应的封装方式。下面的内容以高 g 值压阻加速度计为例简单介绍我们在这方面做的一些工作。

针对于压阻加速度计的结构和特点设计了如下所示的封装结构,如图 7.1 所示。因为硅片背面是经过 KOH 腐蚀形成的深槽,因而传感器芯片固定在管座上之

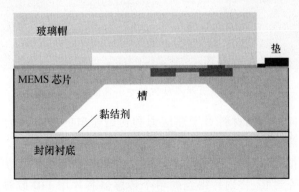

图 7.1　高 g 值压阻加速度计封装结构示意图

后,结构薄膜不会受到外界的影响,因而背部不需要保护;而正面的结构梁在外界大冲击的过程中会发生大的位移,需要对正面进行保护,因而采用正面键合玻璃片的封装方法。划片后用黏结剂或者焊料将片子黏贴到管壳衬底上,电互连通过金丝键合引出。

通过计算机模拟我们发现在高 g 冲击下,金丝所承受的最大应力会超过其断裂极限,因此我们采用了环氧树脂对其进行了固化,以保证其在冲击过程中的可靠性。由于是压阻加速度计,封装带入的应力会使得压阻阻值在封装前后发生改变,使得零点有所漂移。采用不同的胶和管壳材料,这一变化有所不同。为了使得材料的选择更有针对性,我们首先用 ANSYS 针对不同材料封装对应力和加速度计性能可能产生的影响进行了模拟。图 7.2 是利用 ANSYS 软件建立的一个封装模型以及图典型的应力分布结果。结果发现不同的衬底材料的热膨胀系数和黏结剂的弹性模量会在封装和应用过程中带入不同的应力,从而对加速度计的性能产生影响。一般来说,稍软的黏结剂可以起到更好的缓冲作用从而减少带入的应力,而同时封装衬底与硅片之间良好的热膨胀系数也会减少所带入的应力。图 7.3 示出了黏结剂及管壳类型对热应力和初始输出的影响。

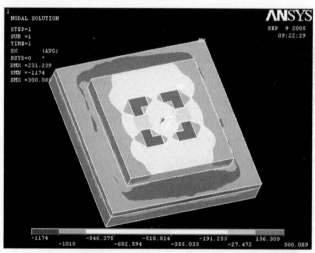

图 7.2　ANSYS 有限元分析的一个典型应力分布结果

（a）图是不同黏结剂材料对于热应力和初始输出的影响,（b）图是不同的封装衬底管壳对于热应力和初始输出的影响。

在计算机模拟的基础上,我们在实际封装中采用了几种不同的管壳和黏结剂。

（1）金属管壳封装:将划片得到的单个传感器芯片用 110 胶黏附在 4 腿管座上,半个小时风干,通过超声金丝焊将传感器上的压焊点连接到管脚上。我们采

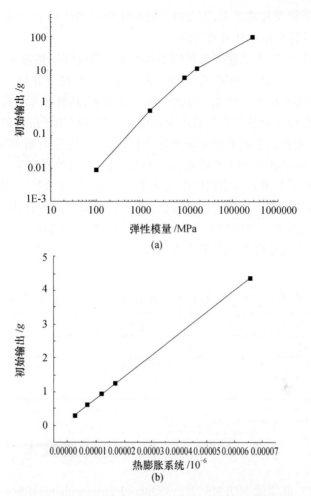

图 7.3　黏结剂及管壳类型对热应力和初始输出的影响

用环氧树脂作为固化层,覆盖在整个结构上部,经过两天的固化,形成非常结实的保护结构。底座材料为合金,外表镀金,管帽为镀镍铁壳,该种封装的优点在于结构简单,易于加工,而且结实可靠。缺点是易老化,并且要先检验零点。此处为了减小由于铜底座和 110 胶引入的应力,可以通过在传感器芯片底部再键合一块衬底材料的方法来减小应力对传感器的影响,也可以通过改变黏附胶来实现,通过试验验证,395 胶(烘干温度:150℃,2min)的性能要优于 110 胶和 DG–4 胶(烘干温度:60℃,0.5h)。

(2) 陶瓷管壳封装:我们还采用了 C20 的陶瓷管壳来对器件进行封装。管壳尺寸为:1cm×1cm×1.5mm,这样就大大缩小了封装结构的体积。用 395 胶将传感器芯片黏附于管壳衬底之上,用金丝将压焊点引出到管壳上,之后同样采用环氧树脂封装胶将器件整体固化在管壳内。

(3) PCB 板封装:为了便于将传感器和外围处理电路连接起来,我们也尝试了将传感器芯片直接黏附在 PCB 板上的封装方法。这样便于在同一块板子上实现信号的采集,补偿和放大。缺点是黏附强度不能保证,热膨胀系数存在失配。

以上三种结构的封装都会造成压阻阻值在封装前后由于应力的变化而有所改变,使零点有所漂移。采用不同的胶和管壳材料,这一变化有所不同,其中最好的是 C20 管壳与黏附剂为 395 胶的组合。但是 C20 管壳价格较高,是其不利的地方。不同的黏附剂对零点漂移的影响如表 7.1 所列。由于我们采用的是压阻电桥的方法,传感器芯片共有 5 个压焊点引出,有两个管脚之间可以添加调零电阻,从而进行测试前的调零。在将封装后的结构进行测试前,还要对其进行进一步的处理,最主要的工作就是将芯片按照工作方向固定。因而芯片在封装过程中还要注意方向性的问题。

表 7.1　不同黏附剂的处理条件和相应的零点漂移

黏附剂	工作条件	零点漂移/倍
110 胶	风干	$10 \sim 20$
395 胶	150℃,2min	$2 \sim 5$
DG4 胶	60℃,0.5h	≈ 10

7.2　MOEMS 器件的封装技术

光学 MEMS,也叫做 MOEMS(Micro Opto-electro-mechanical Systems)。由于光的加入使得 MEMS 技术有了更广泛的应用。有趣的是最早的微机械发明正是用于光学控制,1880 年,Alexander Graham Bell 正是使用机械装置调制光来进行长距离话音传输。现在 MOEMS 已经有很多成熟的运用,在封装方面也有一些特殊的要求。

7.2.1　MOEMS 器件

得州仪器公司(TI)开发了一种是用 DLP(Digital Light Processing)[11]技术的投影仪,其中 DMD™(Digital Mirror Device)是 DLP 技术的核心。DLP 使得投影仪的分辨率(XGA)达到 1024×768,且极其便携。DMD 是基于半导体技术的快速,可反射的数字光开关阵列,通过一个二进制脉冲宽度调制器精确控制每个开关。它的每个开关是用静电力控制的镜面,镜面指向镜头为开,背离镜头为断。DMD 使得 DLP 技术可以在所有投影仪市场占有一席之地,无论是 LCD(Liquid Crystal Display)还是 CRT(Cathode Ray Tube)市场都不可忽视 DLP 的存在。正是因为全数字化的 DLP 具有体积小,重量轻,光学系统简单等一系列优点,使得基于 DLP 的系统占据了高清电视(DGTV)的广阔市场。

Internet 的远程连接在城市间是通过光纤进行全光数据传输的。路由器电子装置将光信号转换为电信号进行后才能交由路由器进行转发,这种转换势必影响传输效率。但是 MOEMS 技术建立的全光路网络(All-Optical network)将改变这一状况,所谓全光路网络是指信息通过光子进行传输而不再转换为电子信号。朗讯最近推出的大容量全波长路由器 LambdaRouter 在 1 英寸的芯片上有 250 个微镜,是普通交换机密度的 32 倍,单个波长可以任意地传输到 256 个端口的任意一个,且是传统电子路由器功耗的 1/100[11]。总之,MOEMS 毋庸置疑地将成为下一代网络的关键。

得益于 MOEMS 技术,目前的手持式分光光度计已经达到了可置于口袋的大小。市场上的微型 MOEMS 分光光度计外挂便携式电脑或 PDA 中。美国 Nomadics 公司的 SPV10 分光光度计是独立设备,它可以无线连接到 PC 卡槽中,并且没有外置电源。该单元集成了宽频光源、用户可以设置的样品夹具,衍射光栅、光电二极管阵列和接口电路。仪器通过标准比色皿的取样接收可见光谱。这一采用 MEMS 器件的产品只是众多推进 MOEMS 技术产品中的一个。该分光光度计的工作电流低于 50mA,并可以通过便携式电脑或 PDA 供电[12]。

1996 年,美国橡树岭国家实验室的 Oden 等学者展示了一种新型热探测器,该工作首次证实了双材料微悬臂梁作为热探测器工作的可行性[13]。这种探测器因为其可以在非制冷的情况下工作和低噪声等效温差(NETD)受到了广泛关注。2006 年美国橡树岭国家实验室 Lavrik 等人研制出一种制备工艺简单的微悬臂梁 FPA,该红外探测器的 NETD 和响应时间分别为 0.5K 和 6ms[14],并成功对人体成像,如图 7.4 所示。2007 年,美国的 Agiltron 公司研制出工作在中波红外(MWIR)和长波红外(LWIR)两种波段的 MEMS 红外像机,该像机采用光学读出,FPA 包含 280×240 个像素,成像速度达到 1000 帧频,探测距离达到 1000m,探测到了火箭、导弹发射等高速点火过程[15,16]。2008 年 4 月,美国的多谱成像公司 Scott R. 等人在 SPIE 的国防与安全(Defense + Security)国际会议上公布了其电容式 MEMS 红外探测器的最新成像结果,同时公布了对其成像样机的测量结果[17]。

图 7.4　人体热成像结果

7.2.2　MOEMS 器件的封装

对于 MOEMS 器件的封装有别于其他器件,主要体现在 MOEMS 必须考虑光通道的增加,且对于热管理需要着重考虑。下面我们介绍经典的 DMD 封装,并详细探讨红外探测器芯片的系统级和管芯级封装。

7.2.2.1　DMD 封装

目前最有名的商用 MEMS 光学产品是 TI 公司的 DMD,它涉及了很多相关的封装问题[18]。DMD 是在集成了驱动电路的硅晶片上制作铝扭矩的二维微镜阵列,它的封装全过程依次为模片切割、模片固定、导线键合、窗口固定、密封盖焊接、测试。但是 DMD 器件被释放后很容易受到外界影响而受到破坏,例如灰尘、温度引起的应力和污染引起的静摩擦力的影响。为了减少污染,整个组装过程都是在10 级以下超净环境中进行的,并且对于商用的封装设备进行了修改,以满足洁净环境操作的要求。利用特殊设计的微钳将模片拾取并放置到陶瓷基片上,以避免使用真空工具造成的损坏。严密监测组装过程中的热量,以避免任何过热的情况发生。由于模片固定过程的逸气现象与器件的静态阻力密切相关,所以一般使用逸气率低、固化温度低、高热传导率的模片黏合材料。另外,为了减少静电阻力,在密封盖黏合之前还需要沉积吸收剂和一层特殊的 CVD 薄膜。

与大多数商用 MEMS 器件一样,封装结构也要根据用户的要求进行设计。TI公司的 DMD 封装将基片设计成一个栅阵列的陶瓷断头,窗口组件由 Corning 7056玻璃和一个冲压铁镍钴合金框架支撑,并使用与玻璃和金属热膨胀系数相匹配的黏合剂将二者进行连接。将窗口的两个表面打磨抛光,并在铁镍钴合金上镀一层镍和金,然后在窗口的内表面涂一层低反射膜并在其上成型以限定窗口的孔径。

这层膜具有阻挡任何外围结构的反射作用。接着在玻璃窗口的两个表面上在沉积一层抗反射膜。在完成导线键合后,再利用密封接缝焊接技术将基底和 DMD 芯片黏合到窗口的组件上。将微量的氦气加入到封装结构内部的氮气环境中,以便进行结构的泄漏测试。最后一步是在封装结构的背面附加一个散热器。图 7.5 是封装结构示意图,图 7.6 是一个封装后的芯片。

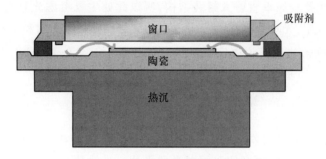

图 7.5　TI 公司的 DMD 封装结构示意图

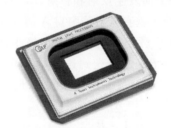

图 7.6　TI 公司的 DMD 封装后的芯片

7.2.2.2　MEMS 非制冷红外焦平面阵列(FPA)的封装

　　基于 MEMS 双材料悬臂梁非制冷红外焦平面阵列的封装属于光学封装的一种,与普通器件封装的不同主要在于它增加了红外光通道,此外红外探测器封装对热管理和气密性有更高的要求。目前 MEMS 非制冷红外 FPA 主要有光读出和电读出两种,两种读出的 FPA 封装均需设置红外入射窗口,此外,光学读出 FPA 需设置可见光读出窗口,电学读出 FPA 需要考虑高通量电互连问题。MEMS 非制冷红外 FPA 的封装同样包含圆片级封装技术(Wafer Level Package)和管芯级封装(Chip Level)。对于 MEMS 非制冷红外 FPA 不管采用什么封装方法,都需要考虑增透、吸气剂(非必须)、寿命、连接方法、热管理等问题。封装的性能主要表现在封装对红外芯片的噪声等效温差(NETD)、灵敏度等的影响。

　　1) 光学窗口增透[19]

　　对红外和可见光窗口,希望光的通过率越大越好。初始的光经过窗口一部分发生反射,一部分发生极化振动,使得通过率大大减弱。因为我们选择窗口材料常常是锗、无氧硅等低红外吸收率的材料,而对于任何光学材料,无论表面加工的精度多高必然都会有光的反射损失。这种反射损失却是影响通过率的主要因素。下面我们讨论到的反射损失是假设以光垂直射入封装窗口的情况,因为光的斜入射会发生光的偏振现象(s-极化和p-极化),所以计算变得比较复杂。而实际中,红外图像通过小孔成像垂直射入封装结构,所以此处主要考虑光垂直情况下的增透情况。在空气中,光垂直入射到光学表面的反射损失决定于材料本身的性质,即材料的介电常数 ε,也就是说决定于材料的折射率 $n(n=\sqrt{\varepsilon})$。理论上,入射光从空气(折射率 $n=1$)垂直入射到折射率为 n 的光学材料,反射率为

$$R = \frac{(1-n)^2}{(1+n)^2} \tag{7.1}$$

此式是假设此光学材料厚度为无限厚,只发生一次反射所得的结果。在实际应用中,光学材料是一定厚度的双面抛光的平片。光线从空气向平片一个面射入发生反射和折射,再到另一个面发生反射和折射,图 7.7 所示是入射光射入一平板材料最终射出的过程。光线 a 垂直入射到窗口 A 面,b 光线是 A 面的反射光,其反射率是式(7.1)所表示的 R。设此材料吸光系数极小,即该材料是透此波段光波的,则窗口内部的光强为 $1-R$。这束光到达 B 面再次发生反射仍遵循式(7.1),不过此时需乘以系数 $1-R$。如此反复反射和透射,最后其总反射率为

$$r = \frac{2R}{1+R} = 1 - \frac{2n}{1+n^2} \tag{7.2}$$

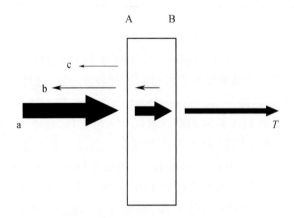

图 7.7　实际光学窗口的反射和透射

由于光学材料的折射率都比较大,例如:ZnS 的 $n=2.2$,Si 的为 3.5,Ge 的为

4,所以对窗口材料设计增透膜是至关重要的。当单层增透膜的厚度符合入射光的

$\dfrac{\lambda}{4}$ 波长的奇数倍时(λ 为入射光波长),该膜系(基底材料和增透膜)反射率为

$$R = (\dfrac{n_1 - n_2^2}{n_1 + n_2^2})^2 \tag{7.3}$$

式中:n_1 为增透膜材料的折射率;n_2 为基底材料的折射率。

当 $n_1 = \sqrt{n_2}$ 时,$R = 0$,也就是可以把反射率降为零。实际上很难淀积出适当的膜材料将单层反射率降为零,因为对于给定的衬底很难找到合适的材料能满足 $n_1 = \sqrt{n_2}$。另外,在实际运用中常常需要增透的不只是特定波长而是某个波段。因而为了得到更好的效果,必须设计多层膜系。现在已经有一些膜系设计的计算机软件可以帮我们解决一些问题,如 Macleod、filmstar、TFCalc 等。红外窗口一般采用锗窗,可见光窗口采用光学玻璃,在考虑热膨胀系数和探测波长的条件下综合选择材料和设计膜系。

在增透的同时,有些膜还能起到保护光通道的作用。Mitsubishi 公司芯片级封装时使用 DLC(Diamond Like Carbon)做增透膜,不仅起到了增透的作用,而且还能起到保护的作用[20]。

2) 封装真空度

由于双材料悬臂梁非制冷红外探测器是通过吸收红外辐射再转换成热量工作的,所以在满足响应时间的情况下,热损失应该越小越好。悬臂梁 FPA 与环境间的热交换包括以下几种情况:①双材料梁通过隔热支腿与衬底间的热传导 G_{leg};②双材料梁与环境之间通过热辐射而存在的热交换 G_{rad};③双材料梁通过空气与衬底间的热传导 $G_{\text{air cond}}$;④双材料梁与衬底间的热对流 $G_{\text{air con}}$。G_{total} 为悬臂梁结构总的热导值,它包括前面所提到的四个部分:

热隔离支腿的热导是由支腿的几何尺寸和材料热导率决定的,即

$$G_{\text{leg}} = \dfrac{A_{\text{leg}} k}{L_{\text{leg}}} \tag{7.4}$$

式中:A_{leg} 为隔热支腿的横截面积;L_{leg} 为支腿的总的长度;k 为材料的热导率。对于双材料微悬臂梁来说,梁表面辐射热传导为

$$G_{\text{rad}} = 4A_{\text{pixel}} \sigma (\varepsilon_1 + \varepsilon_2) T_{\text{a}}^3 \tag{7.5}$$

式中:A_{pixel} 为像元的面积;ε_1,ε_2 为材料的发射率;σ 为史蒂芬—玻耳兹曼常数($\sigma = 5.67 \times 10^{-8} \text{W/m}^2 \cdot \text{K}$);$T_{\text{a}}$ 为环境温度。

以一般像元面积为 $100\mu\text{m} \times 100\mu\text{m}$ 而言,双材料分别用铝和氮化硅来算,G_{rad} 在 10^{-8}W/K 数量级,而支腿热导 G_{leg} 在 10^{-7}W/K 量级,常温下热传导散热是热辐

射散热的 10 倍左右。

在标准大气压下,可以由式

$$G_{air} = \frac{k_{air}A_{pixel}}{D} \qquad (7.6)$$

计算出空气腔的热导,其中 k_{air} 是空气在室温下的热导率,$k_{air} = 26.3 \times 10^{-3}$ W/m·K,D 为悬臂梁与衬底间的间距。可以计算出,在标准大气压下,空气的热导比像元隔热支腿的热导还要高两个数量级即 10^{-5} W/K。因此,必须将焦平面阵列置于真空环境中以消除空气的热导,保证器件正常工作。在室温下,空气在真空环境下的热导率与其在标准大气压下的热导率之比为

$$\frac{k}{k_0} = \frac{P\lambda}{P_0\lambda_0} \qquad (7.7)$$

式中:P 和 P_0 分别为真空环境下的压强和标准压强;λ 和 λ_0 分别为真空环境下和标准大气压下的平均自由程。

根据标准大气压下的空气热导率和式(7.5),可以计算出 1mTorr 环境中空气的热导率为 $k = 1.7 \times 10^{-6}$ W/m²·K。这样,可以计算出在压强为 1mTorr 时悬臂梁与衬底间空气腔的热导为 10^{-9} W/K 数量级。这个热导值相对悬臂梁的辐射热导和隔热支腿的热导来说是可以忽略的。

图 7.8 是加拿大 INO 公司研制的 MEMS 红外探测器的测试和成像结果[20]。由图可见在 10 mTorr 以下环境,探测器 NETD 和热阻保持不变,随着气压的增加热阻显著减小,NETD 随即增大。所以保持良好的封装真空度是保证封装质量的一个关键因素。

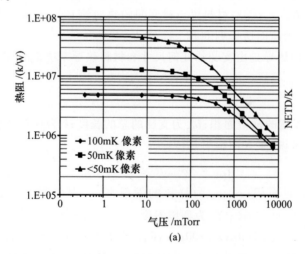

(a)

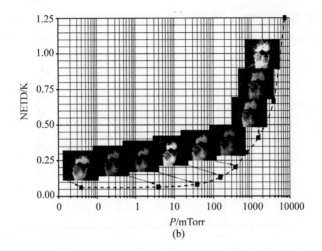

(b)

图 7.8　不同像素点随着气压变化热阻的变化(a)及微热探测器的 NETD 随气压变化(b)

封装后由于漏气 Q_{leak}、渗透 Q_{perm}、管芯内部的放气 Q_{desop} 都会导致封装结构内部的真空度升高,上升速率为

$$\frac{\mathrm{d}PV}{\mathrm{d}t} = Q_{leak} + Q_{perm} + Q_{desop} - Q_{adsorp} \tag{7.8}$$

式中:Q_{adsorp} 是采用吸附剂吸收的气体量;P 是气压;V 是封装管壳内的气体体积。

　　红外芯片上的材料及密封过程都有可能是氢气、氧气、微粒和湿气等影响密闭真空度的产生原因。为了得到较高的真空度并维持更长时间,吸附剂可以吸收部分 Q。目前为了增加封装的寿命,许多真空封装内部都添加了吸附剂处理。例如 TI 公司的 DLP 的封装中就采用了一种湿气和微粒吸附剂的组合来处理潜在的多种危害。

　　由于红外探测器是光学封装,在工作周期内,要求通路必须保持良好的通透性。湿气会使透镜变得模糊甚至影响器件的正常工作,因此高性能的红外 FPA 封装需要采用含有除湿功能的吸附剂。这种吸附剂含有高效的干燥剂,它们一般分布在透气的聚合物集体内。干燥剂通常是能与一个或几个水分子结合形成氢氧化物。固态干燥剂能很好分散和悬浮在吸附剂膜层内,并能贴在封装管壳内部。尽管比较常用的是膜,但这种吸附剂还是可以以溶剂膏药的形式提供,涂在封装管壳内部或其他地方,然后热硬化。值得注意的是一些陶瓷封装也能吸湿,所以这种封装也是有效的吸附剂。大部分吸附剂在封装过程中还需要考虑激活,激活方式一种是热激活,另一种是电激活。即达到一定温度吸附剂表面的钝化层将去除,发挥吸附的作用。

　　由式(7.8)可知封装的体积对寿命同样有着重要影响。如图 7.9 所示[21],3

个体积大小分别为 $6\mu L$, $60\mu L$ 和 $1200\mu L$ 的封装有相同的总漏气率(2×10^{-13}Torr-rL/s)。可见体积越大的器件封装寿命越长,到达一定内部气压所需时间越多。

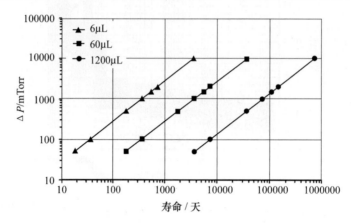

图 7.9   相同漏气率(2×10^{-13}TorrL/s)下 3 个不同体积封装的寿命

3) 热管理

由于 MEMS 非制冷红外探测器的工作原理是吸收红外能量产生的热使得双材料梁变形,所以热噪声的存在将严重影响器件的性能。许多红外探测器的封装采用了热沉的方式保持温度的稳定。伯克利大学为红外照相机采用了另外一种保持稳定热量的办法:珀尔帖节点热泵。即利用温差电效应(电流流过两种不同导体的界面时,将从外界吸收热量,或向外界放出热量),以达到控制红外芯片的环境温度。

4) 圆片级封装

圆片级封装通常是在圆片级实现,一次圆片级封装可以同时封装许多器件,是 MEMS 封装研究的热点。圆片级封装主要采用键合工艺将衬底与一个窗口键合在一起,键合的主要办法包括玻璃烧结键合,阳极键合,共晶键合,焊料连接。在要求不高的时候也可以采用焊料连接,如托封胶可连接金属,陶瓷,玻璃。电学读出 FPA 需要考虑电互连和红外入射问题,常常需要金属化红外窗口以便连接。可供选择的连接办法很多。包括器件级封装的冷压焊、钎焊等。由于钎焊的温度大于 700℃,所以电读出的红外芯片不能采用此方法,冷压焊却可以在常温下进行。

在圆片级封装中红外窗口材料通常为透红外的高阻硅片或锗片,形成管壳的是焊料或者芯片材料本身。图 7.10 为通过焊料控制厚度作为管壳的一种封装办法[20]。图 7.11 为利用一层芯片材料的厚度作为管壳[22]。可以通过镀上多层膜系来解决失效等问题。比如在芯片边缘金属化 Cr/Ni/Au,在红外窗口边缘金属化 Ti/Ni/Au 再进行焊接。

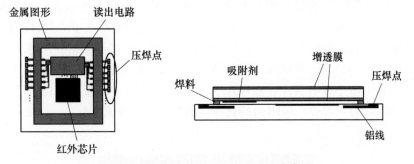

图 7.10　一种以焊料控制厚度作为封装管壳的办法

(a)准备好的陶瓷垫层

(b) 芯片

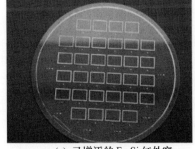

(c) 已增添的 Fz-Si 红外窗

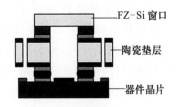

(d) 封装结构

图 7.11　一种利用一层芯片材料的厚度作为管壳的办法

5）管芯级封装

管芯级封装（Chip Level Package）一般处于划片之后,通过制作专门的窗口以及匹配的管壳进行封装。它一次只能封装一个,所以成本比圆片级封装高许多。图 7.12 是一种红外芯片的管芯级封装办法[23]。圆片级封装可以通过多层膜系来消除 CET 匹配失调,但管芯级会变得比较困难,所以在设计的时候便要考虑窗口与管壳的热匹配。由于红外窗口常常是热膨胀系数比较低的材料,比如锗为 $6.1 \times 10^{-6}/℃$、钨组玻璃(属于硼硅玻璃,$(3.6 \sim 4.061) \times 10^{-6}/℃$)。而金属常常

在 $20 \times 10^{-6}/℃$ 以上,即使陶瓷也有 $7.0 \times 10^{-6}/℃$。所以需要选择一种与被选窗口热膨胀系数较接近的管壳材料。其热膨胀系数差别应小于 0.7,内应力不至于引起炸裂。可伐合金(42 合金)将是一种重要选择,如 Wetinghouse 开发的可伐铁镍钴合金,Fe - Ni - Go,热膨胀系数为 $3.25 \times 10^{-6}/K$。这与玻璃的热膨胀系数非常接近。在考虑不影响器件性能和真空度的情况下,许多连接方法都是可行的,比如钎焊、冷压、超声焊等。吸附剂的选择跟圆片级封装并无异处。

玻璃

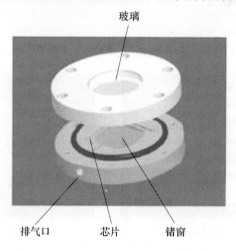

排气口　　芯片　　锗窗

图 7.12　一种红外芯片的管芯级封装办法

确定了红外探测器封装的结构、材料、吸附剂、连接方法后便可以开始封装了。一般器件级的封装包括以下步骤:

(1) 材料的抛光:可以减小有效面积使得吸气减小;

(2) 清洗:有效的清洗可以减小一个数量级的放气率;

(3) 真空烘烤:除掉绝大部分水汽并扩散出其他气体;

(4) 放置红外芯片至管壳内;

(5) 涂焊料,并放置入真空环境。在真空环境下加热、加压。激活吸气剂,固化焊料。密封排气口;

(6) 测试验收。

参 考 文 献

[1] Kim Seong - A, Seo Young Ho, Cho Young - Ho, et al. Fabrication and characterization of a low - temperature hermetic MEMS package bonded by a closed loop AuSn solder - line[C]. IEEE The Sixteenth Annual Interna-

tional Conference on Micro Electro Mechanical Systems, 2003. MEMS – 03 Kyoto.

［2］ http://www. gaasmantech. org/Digests/2005/2005papers/9. 3. pdf.

［3］ Cheng Y T, Lin L, Najafi K. Localized Silicon Fusion and Eutectic Bonding for MEMS Fabrication and Packaging[J]. Journal of Microelectromechanical Systems, 2000:3 – 8.

［4］ Cheng Yu – Ting, Lin Liwei, Najafi Khalil. A Hermetic Glass – Silicon Package Formed Using Localized Aluminum/Silicon – Glass Bonding[J]. JOURNAL OF MICROELECTROMECHANICAL SYSTEMS, SEPTEMBER 2001,10(3):392 – 399.

［5］ TRANSDUCERS, 12th International Conference on Solid – State Sensors, Actuators and Microsystems, 2003,2, 8 – 12 June 2003:1828 – 1831.

［6］ Margomenos A, Katehi L P B. Microwave Theory and Techniques[J]. IEEE Transactions on Volume 52, Issue 6, June 2004:1626 – 1636.

［7］ Kim Ki – Il, Kim Jung – Mu, Kim Jong – Man, et al. Packaging for RF MEMS devices using LTCC substrate and BCB adhesive layer[J]. JOURNAL OF MICROMECHANICS AND MICROENGINEERING, Dec. 16 2005: 150 – 156.

［8］ 张丽华. 李军. 邵崇俭. MEMS 封装中真空封口及真空度检测技术[J]. 微纳电子技术,2003 年,(7/8): 267 – 270.

［9］ 关荣锋,汪学方,甘志银,等. MEMS 封装技术及标准工艺研究[J]. 半导体技术,2005 年,(01):50 – 54.

［10］ 王海宁,王水弟,蔡坚,等. 先进的 MEMS 封装技术[J]. 半导体技术,2003 年,(06):7 – 10.

［11］ Rai – Choudhury P. MEMS and MOEMS technology and applications[M]. Seattle, Washington state: SPIE Publications, 2000.

［12］ Bishop David J, Giles C Randy, Austin Gary P. The Lucent LambdaRouter: MEMS Technology of the Future Here of Today[R]. Lucent Technologies, IEEE Communications Magazine, March 2002.

［13］ Gilleo Ken. MEMS/MOEMS Packaging concepts, designs, materials, and processes[M]. ken gilleo NY: The McGraw – Hillcompanies, 2005.

［14］ Duan Zhihui, Zhang Qingchuan, Wu Xiaoping, et al. Uncooled Optically Readable Bimaterial Micro – cantilever Infrared Imaging Device [J]. CHIN. PHYS. LETT. , 2003, 20(12):2130.

［15］ Datskos P G, Lavrik N V, Rajic S. Performance of uncooled microcantilever thermal detectors[J]. Review of Scientific Instruments, APRIL 2004,75, (4).

［16］ Salerno Jack P. High frame rate imaging using uncooled optical readout photomechanical IR sensor[J]. Proc. of SPIE. 6206 65421D – 1 – 65421F – 9.

［17］ Hunter Scott R, Maurer Gregory S, Simelgor Gregory, et al. Development and Optimization of microcantilever based IR imaging arrays[J]. Proc. of SPIE,6940 694013 – 1 694013 – 12.

［18］ Gilleo Ken. MEMS & CHAPTER9 PACKAGING AND ASSEMBLY CHALLENGES[J]. Cookson Electronics, ET – Trends,2004.

［19］ 余怀之. 红外光学材料[M]. 北京:国防工业出版社,2007.

［20］ Hata Hisatoshi, Nakaki Yoshiyuki, Inoue Hiromoto, et al. Uncooled IRFPA with chip scale vacuum package [J]. Infrared Technology and Applications XXXII,Proc. of SPIE. 6206 620619 – 1.

［21］ yang zhao. Optomechanicd uncooled Iufrared Imaging system[D] University of california,2002.

［22］ Jones Christopher D W, Bolle Cristian A, Ryf Roland, et al. Opportunities in Uncooled Infrared Imaging: A MEMS Perspective[J]. Bell Labs Technical Journal 14(3):85 – 98,2009.

第8章 封装技术展望

8.1 封装发展总体趋势[1-8]

当今,全球正进入以智能化、数字化和网络化为核心的电子信息技术时代,电子产品也随之向高性能、多功能、高可靠、薄型化、轻型化、便携式方向发展,同时还要求电子产品具备大众化、普及化、低成本等特点,这必将要求微米纳米封装业把产品向更轻、更薄、密度更高、有更高的可靠性和更好的性能价格比的方向发展。同样,对微米纳米封装材料等封装相关技术也提出了更高更新的要求。满足超薄、微型化、高性能化、多功能化、低成本化以及绿色环保封装的要求是当前微米纳米封装技术发展所面临的首要问题。

本章将从以下两个方面对封装技术发展趋势进行分析:从集成度及功能的多元化方面,主要朝着超小型封装、超多端子封装、多芯片多系统封装方面发展;从环境及可持续发展的角度,主要朝着绿色、低成本、大批量方面发展。

8.1.1 多芯片及系统级封装

8.1.1.1 多芯片封装[3-7]

目前,由于各种应用都需要将电子元件与传感器或致动器等 MEMS 器件集成在一个小型模块或微系统中,这就对专用封装技术提出了新的挑战。通常,采用一种技术不能达到传感器(或致动器)与电子器件集成的目的,从经济的观点看,在一块芯片上集成也是不可取的,在这类情况下就需要小型多芯片模块。工作环境的不同对封装技术的要求也不同,因此采用的封装方法也有所不同。如果侧重多芯片集成就可采用较通用的方法,如果侧重应用特殊性就要采用专用方法。

目前有三种比较通用的方法用于低成本微系统封装。第一种是将现有的商用预成型塑料有引线芯片载体(PLCC)封装垂直叠加起来,用于安装集成电路。将叠层的外部完全镀金,用于连接所有的 PLCC 引线。最后用激光束蒸发金,将要用的连接隔离开。第二种是采用一个装有电子器件的平台芯片,用引线键合或倒装芯片技术将传感器/致动器芯片安装起来。该平台起连接母线、功率处理和微控制器的作用。最后可采用单芯片封装的方法完成封装的全过程。第三种是在玻璃衬底上的凹槽中安装裸芯片。先在表面贴一层介质箔,在键合通路上开出窗口,然后淀积互连线,最后将窗口开至有源传感器和致动器区。这种方法的不足是,窗口是采用激光烧蚀制作的,因此制作成本较高,而且在介质箔键合期间很容易对微机械结构造成损伤,因此随着其他高性能、低制作成本技术的不断出现,将来会逐步淘汰这一方法。专用方法主要用于(生物)医学领域,在这些应用领域中经常将可移植的微系统封装应用在玻璃壳和微型总体分析系统中。

8.1.1.2　系统级封装 SiP(System in Package)[3-8]

系统级封装 SiP 包括:芯片薄型化技术、积层技术、连接技术、模板技术。SiP 是使用成熟的组装和互连技术,把各种集成电路如 CMOS 电路、GaAs 电路、SiGe 电路或者光电子器件、MEMS 器件以及各类无源元件集成到一个封装体内,实现整机系统的功能,主要的优点包括:①采用现有商用元器件,制造成本较低;②产品进入市场的周期短;③无论设计和工艺都有较大的灵活性;④可把不同类型的电路和元件集成在一起。美国佐治亚理工学院封装研究中心研究提出的单级集成模块(Single Level Integrated Module,SLIM)就是 SiP 的典型代表:在封装效率、性能和可靠性方面提高 10 倍,尺寸和成本大幅下降。典型参数为布线密度 $6000cm/cm^2$;热密度达到 $100W/cm^2$;元件密度达到 $5000/cm^2$;I/O 密度达到 $3000/cm^2$。另外,中国台湾日月光等公司使用 PoP(封装叠封装)和 PiP(封装内封装)技术发展 SiP 也卓有成效。

传统的平面组织集成技术很难满足存储的大容量化,故采用嵌入中间层的积层化存储的二维结构。现在,则把存储芯片按片积层组装成 3 段结构。今后随着信息处理的增大,还将有 4 段、5 段出现。再有就是对存储器、逻辑器的 3 维结构进行高功能化。伴随芯片多段积层化,有厚度与合格率等课题,各公司提出用薄型 3 维叠式存储器的封装结构和方式的方案。为了薄型轻量化实现三维安装结构,对用高性能的聚合物薄膜材料的要求加大了。由于使用热硬化树脂、液晶聚合物与 PPE 的聚合物合金材料,获得了低热膨胀性,低电感应率,低感应连接等特性,所以今后的需求将会更大。为了使三维 SiP 薄型化,则芯片薄型化的磨削技术和芯片薄型化的灌封技术变得重要起来了。特别是灌封材料,高强度和低热膨胀特性比以前增大了必要性,正在使用高韧性环氧树脂和二氧化硅填料的模型材料。

另外,在某种芯片上黏上别的芯片,使回路面相对贴合,作倒装片连接,这种积层的 COC 也是一种 SiP,为了薄型化,可以短化配线以适应高速度。为了确保倒装片连接部的可靠性,使用向下填充树脂,配有环氧树脂和二氧化硅填料的复合化,实现低热膨胀化。

在安装基板技术中,先进材料的开发取得较大进展,印制电路板及层压板树脂材料分别采用了无卤树脂制品。焊料材料方面,各公司宣布无铅化,随之在产品上实行,甚至在 SiP 上也迅速实用化。一般无铅焊料的再流焊温度达 260℃,由于担心安装时器件局部热损伤,所以要求再流焊温度降到 240℃ 以下。当考虑到作为能回收利用的环境和谐型安装基板材料时,则正在研究液晶聚合物材料。它不仅对环境有利,而且具有低热膨胀、低吸水性、低感应率特征,对安装技术而言是魅力十足的材料。SiP 的课题从安装来看,低热电阻化技术将是重要的,而从设计面看,配置成发热不集中的设计将是重要的。BIST(内建自测)技术、边界扫描技术等的测试方法关键技术正在开发过程中。

SiP 的最终目标是在一个封装体内组装系统的整个功能。目前,逻辑芯片与存储芯片组合在一起的 3 维 SiP 正处在实用化阶段,下一目标是数字与模拟的组合,而对数字与模拟混载所带来的噪声干扰的问题必须高度关注。另外,使电容器、电感器、电阻器等无源元件成为一个基本单元,在嵌入体中按功能连接各有源和无源元件,无噪声且高速地传送其信号,而且要求对环境负荷有强的可靠性。作为无源元件材料,目前正研究把高分子材料中的二氧化硅、碳、磁性粉混合,赋予其新功能的材料。仅用有机高分子材料很难达到的功能,则通过混入无机材料或金属材料而实现。这些材料很容易用于 SiP 结构。例如可以形成嵌入式基板,积层结构所使用的连接层,以及用在灌封结构的局部。在内藏有机与无机、有源与无源元件的地方,三维积层时的温度必然受到限制,随后所使用的材料是在 200℃ 以下的低温可以成形硬化的热硬化树脂。而且,由于元件高度密集的结构,其低热膨胀性尤为重要。有机与无机混合化时,既要赋予新的功能、还要保持基板原有的可靠性,方法之一是纳米级的混合化。也就是说,安装材料也进入到了纳米技术的阶段。如何将无机或金属的纳米粒子均匀地分散在有机高分子中,这是一个技术关键。

8.1.2 低成本大批量、绿色封装

8.1.2.1 低成本大批量[1-4]

成本及批量生产是制约封装技术发展及推广应用的重要因素,因此开发低成本能批量生产同时又具有良好性能的封装技术势在必行。

环氧模塑料(Epoxy Molding Compound,EMC)是一种新型的微电子封装材料,主要应用于半导体芯片的封装保护,在 MEMS 封装中也可选用。环氧模塑料以其低成本、高生产效率以及合理的可靠性等特点,已经成为现代半导体封装最常见最重要的封装材料之一。环氧模塑料是一种热固性材料,由环氧树脂、固化剂、固化促进剂、填料以及其他改性成分组成。环氧模塑料发展至今,已经衍生出很多种不同类型,以适合不同应用要求。按所用的环氧树脂的化学结构来分,有 EOCN 型、DCPD 型、Biphenyl 型以及 Multi - Function 型等。按最终材料的性能来分,有普通型、快速固化型、高导热型、低应力型、低放射型、低翘曲型以及无后固化型等。同时为了满足对环

境保护的要求,无卤无锑的"绿色"环保型环氧模塑料也成为目前业界研发的重点。通常,我们可以用一些物理参数对环氧模塑料的性能进行表征和衡量,例如胶化时间、流动长度、黏度、弯曲强度、弯曲模量、玻璃化转变温度(Tg)、热膨胀系数、吸水率、成型收缩率、热导率、体积电阻率、介电常数、离子含量、阻燃性等。

8.1.2.2　绿色封装[1-4]

绿色封装技术逐渐成为封装技术发展的主要趋势,绿色封装的标准是无铅、无卤代化合物和氧化锑等有害材料。绿色封装主要包括两个方面:一是 Halogen - Free Green EMC - Molding(无卤素绿色环氧塑封料),二是 Pb - Free Green - Plating(无铅化电镀),另外对集成电路封装产品相关的包装材料、周转材料等辅材必须实行相关的绿色环保要求。

目前环境关注的焦点集中在对含铅电子产品的处理方面,因此在制造电子设备时的绿色封装成为最高呼声。对环境问题的关注是对重金属、特别是铅(Pb)对环境的危害。另外必须考虑的一个问题是,转向无铅焊盘的一个挑战是潜在的锡须生长。所有 IDT 绿色镀锡产品都是在 150°C 下退火 1h。这种烘烤可保证铜锡金属间化合的均一生长在晶粒内,而不是在晶粒外,这样有助于最大限度地降低电镀压力,避免锡须生长。

8.2　MEMS 技术在生物和微流体领域的应用

8.2.1　生物领域

分子、病毒和细胞的典型尺度分别为 1nm,10nm,10μm,由尺度效应可知,MEMS/NEMS 可以更灵敏、准确、低成本地用于生物医疗领域。当前,MEMS 及相关技术和产品已覆盖从检测、诊断到治疗等各生物医学领域。下面主要从三个方面来分析 MEMS 技术在生物领域内的应用。

8.2.1.1　基于 MEMS 的生物医疗和生物芯片技术[8,9]

在生物医学领域,最具挑战性的是生物活体内能够正常工作的生物医疗 MEMS,同时 MEMS 生物领域应用的兴趣正在快速增长,在生物传感器、起搏器、免疫隔离微囊、药物输送等方面带来很多机会。这些应用的关键是 MEMS 所具有的独特杠杆作用,例如:分析物敏感性、电反应性、温度控制,以及形体尺寸与细胞和细胞器相似等。

虽然能够无菌地加工和封装 MEMS,但组成材料的生物兼容性对于 MEMS 在活体内的应用是一个关键问题,这种相容性主要体现在物理和化学两个方面。比较具有发展潜力的是将 MEMS 用于神经和内分泌系统刺激,在该领域 MEMS 传送有效药物或激素,结合其精确的温度控制,可能提供这些系统紊乱治疗的新方法。

当前,在生物医疗 MEMS 及其相关研究和应用领域中,生物芯片是具有非常好的技术和应用前景的一类产品。生物芯片是近年来在生命科学领域中迅速发展起来的一项高新技术,它主要是通过微加工技术和微电子技术,在固体基片表面构建微型生物化学分析系统,以实现对细胞、蛋白质、DNA 以及其他生物组分的准确、快速、大信息量的检测。依照生物芯片的特性可将其大致分为基因芯片(Gene Chip, DNA,Microarray)、芯片实验室(Lab – on – a – chip)、蛋白质芯片(Protein-chip)三大类。以芯片实验室为例,其结构上具有微驱动泵、微阀、微流通道、样品处理器、检测和后处理等分析全过程的各模块,能够实现进样、稀释、加试剂、混合、反应、分离以及混合池、计量器、微反应器、分离器件(如毛细管电泳芯片)和检测器件(如生物、化学传感器)等功能。

在实际应用方面,生物芯片技术可广泛应用于疾病诊断和治疗、药物基因组图谱、药物筛选、中药物种鉴定、农作物的优育优选、司法鉴定、食品卫生监督、环境检测、国防等许多领域。它将为人类认识生命的起源、遗传、发育与进化、为人类疾病的诊断、治疗和防治开辟全新的途径,为生物大分子的全新设计和药物开发中先导化合物的快速筛选和药物基因组学研究提供技术支撑平台。

生物芯片可简单理解为快速、微型化、自动化、高通量(并行)地处理生物信息的器件。目前,生物芯片已广泛用于基因表达、药物筛选、疾病诊断、农作物育种和改良、生物武器、司法鉴定、食品卫生监督等场合。随着这一技术的成熟,生物芯片必将对人类和社会发展发挥更大作用。

8.2.1.2 基于 MEMS 的生物微传感技术[8,9]

随着生物微传感技术研究的深入以及生物芯片技术的兴起,MEMS 技术在生物微传感方面的应用备受关注。基于 MEMS 技术研制的微传感器(如微悬臂梁生物传感器、微电极生物传感器、生物敏场效应晶体管等)、微执行器(如微电动机、微泵、微阀以及微谐振器等)和微结构器件(如微流量器件、微电子真空器件、微光学器件和生物芯片等),为生化分析提供了微型的检测平台,便于操作、灵敏度高、待测溶液的需求量小,与集成电路兼容,克服了传统的生化检测仪器体积庞大、操作复杂、灵敏度低、对待测溶液的需求量大、不易实现连续的实时监测等缺点。从而为实现具备独立功能的便携式、家庭化的 SOC 生化微传感器奠定了基础,最终将实现真正意义上的芯片实验室(LOC)或微型全分析系统(μTAS)。其主要包括:①基于 MEMS 技术的微传感器:微悬臂梁生物传感器、微电极生物传感器、生物敏场效应晶体管、微型体声波谐振器生物传感器、磁 MEMS 生物传感器;②基于 MEMS 的生物微芯片:细胞分离芯片、扩增反应芯片、检测芯片。

基于 MEMS 技术的生物微传感技术和生物芯片技术在生命科学研究、生物医学工程、医疗保健、食品加工、环境检测等领域有广阔的应用前景,受到普遍关注。集成化芯片系统的基础研究是生物微传感系统领域中的一个前沿问题,通过建立与微电子技术相结合的生物微传感系统技术平台,有望实现生物微传感片上系统。另外,科学家们正致力于将生化分析的全过程通过不同结构和功能芯片的使用最终达到全部功能的集成,以实现微型全分析系统或缩微芯片实验室。使用缩微芯片实验室,人们可以在一个封闭的系统内以很短的时间完成从原始样品到获取所需分析结果的全套操作。

8.2.1.3　生物微喷点样技术[10]

基于的生物微喷点样技术研究是当今药物分配领域中的热点。与传统方法相比,微喷点样技术具有体积小、操作简便、速度快等优点。

生物微阵列技术在近几年内得到了迅猛发展,特别是在疾病诊断药物筛选、新基因寻找等方面的应用越来越广泛。微喷点样技术具有体积小,操作简便,速度快等优点。目前主要有接触式和非接触式。两种比较而言,非接触式喷点技术具有样品点定量准确、重现性好等优势,成为主要的点样方法之一。根据所使用的驱动方式的不同,非接触式喷点技术又分为气压驱动、热空气驱动、压电驱动、压力驱动和静电驱动等。目前,用于制作微喷芯片的材料有:硅材料如、单晶硅、二氧化硅以及聚合物和玻璃等。国内外多个研究机构对微喷点样技术的发展作出了相应的贡献使其在制作工艺和应用研究中取得了一定的进展。

8.2.2　微流体[8-10]

微流体分析系统是 MEMS 研究领域的热点之一,MEMS 技术及微流体分析系统的诞生必将对今后的化学、医学及生物学等领域的研究工作产生重大影响。微流体系统是 MEMS 的一个重要分支,是构成大多数微系统中感应元件和执行器件的主要组成部分,它包括微传感器、微泵、微阀、微喷和微通道等。在 MEMS 发展的初期,人们把主要精力都放在微加工技术上,随着硅加工技术的日益成熟,人们发现制约 MEMMS 发展的不再是加工手段,而是微系统中出现的与宏观尺寸下不同的、人们尚未认识清楚的诸如流动和热交换等基本问题。正如 Mohamed 在一篇技术报告中指出,"技术的发展速度超出了人们对存在其中的内部机理的理解能力"。因此,近年来,对微流体系统的研究受到了前所未有的重视,同时也取得了巨大的成就。美国国防部高级研究计划局对 MEMS 的市场分析及对未来的预测表明,在未来的几年里,微流体机械的市场分额将占整个 MEMS 市场分额的一半以上。作为 MEMS 的一个组成部分,微流体系统同样具有可集成化和批量生产的特点,同时由于尺寸小,可减小流动系统中的无效体积,降低能耗和试剂用量,而且响应快,因此有着广阔的应用前景。例如流体的微量配给、药物的微量注射、微集成电路的冷却及微小卫星的推进等。

基于 MEMS 技术的微流体芯片在分析化学和生物医学领域的巨大应用潜力。作为构建微流体芯片的基底材料——聚二甲基硅氧烷(PDMS)已经表现出了许多优点,良好的电绝缘性、较高的热稳定性、优良的光学特性以及简单的加工工艺等。

微流体芯片的应用主要包括:新型微加速度计、微流量传感器、微泵、微喷、微阀、微通道等。

微流体研究的几点挑战是:①方程适用性及边界条件。②尺度效应:尺度效应一般可分为力的尺度效应和物性的尺度效应。力的尺度效应近来是人们讨论比较多的热门话题,但各种文献中给出的力随尺度变化的关系却并不统一,还需要理论和实验的进一步验证。物性的尺度效应由于实验条件的限制,目前研究也仅限于对黏性随尺度变化的一些奇异现象,而且实验结果数据量少,也同样期待着大量实验的验证。③表面效应:表面效应通常是微流动研究中最为关心的问题。表面效应可分为表面形貌效应和表面力效应。所谓表面形貌主要是指粗糙度对微通道内流动阻力的影响,这方面的研究人们做了很多工作,但结果不尽相同,有时甚至是相互矛盾的。表面力效应涉及的内容很多, 例如微尺度下的表面黏附力、表面摩擦力、表面吸收层问题以及表面亲和力等。虽然表面力效应大多数都可以从分子间作用力的角度进行解释,但有些具体的系统工作还没真正展开,还有很大的发展空间。④分子模型:使用传统方程并加以适当修正的方法是解决微尺度下流动问题的行之有效的处理方法,但其最大的缺点是每一次修正都需要大量实验的验证。另一种可行的方法是使用基于"第一原理性方程"的分子模拟。分子模拟的方法主要有适用于液体和密集气体流动的分子动力学模拟(MD)和适用于稀薄气体的直接模拟蒙特卡罗方法(DSMC)。MD 方法在薄膜导热模拟以及 DSMC 方法在飞行器流动模拟以及微气膜模拟中都取得了巨大的成功,在微尺度流动的模拟中,它们将接受新的考验并必将提供广阔的发展前景。

8.3 纳米封装技术发展概况[1-3]

8.3.1 纳米封装的出现[11]

英特尔公司在 2004 年 2 月推出了四款用 90nm 工艺批量生产的新型处理器,90nm 工艺的启动标志着处理器已经跨入了 100nm 至 0.1nm 尺度范围内的"纳芯片时代"。整个半导体领域的前沿热点从制造技术、器件物理、工艺物理到材料技术等各方面随之全面进入纳米领域。国内外学者已经在开始使用纳电子封装或者纳米封装(Nano Packaging)来描述下一代的封装技术。

可以从以下方面来理解纳米封装定义：①纳米封装技术是应用了纳米科技的技术；②纳米封装技术是通过对微电子封装技术进行"升级"而来的技术；③纳米封装的对象应该是泛指一些高速、高频、多功能化的下一代微电子器件。结合一些国际知名学者的观点，可提出纳米封装的研究领域为：纳封装设计、纳布线与纳互连、纳米到微米的尺度转化、纳封装材料与工艺、纳光互连、纳能量转换与存储、纳传感器封装、纳封装中的光刻技术、纳热科学和纳机电系统等。

8.3.2 纳米封装技术的发展

电子封装行业现在正面临着新的挑战，随着集成电路线宽向纳米级靠近，对纳米封装技术的要求也越来越急迫。图 8.1 示出了封装技术发展趋势。

纳米级电路需要纳米封装技术，各种纳米颗粒被广泛应用于封装材料中，对于导电胶应用而言，在主要成分为各项同性导电银胶中掺入纳米银颗粒能够显著提高导电胶的导电性能；对于板级电路互连而言，表面的电学连接可以通过丝网印刷纳米金属胶体来实现，也可以由喷墨打印这种方式来完成，5nm ~ 10nm 的纳米银颗粒经过烧结处理后，可以达到良好的电学连接，这种经过烧结处理后的纳米银颗粒也可以用于芯片黏接中。对于底填充胶（underfill）而言，在底填充胶中加入纳米二氧化硅粒子能改善其吸水特性。与传统的添加剂相比，纳米二氧化硅粒子还能减小散射、允许紫外固化、提供双光致抗蚀剂功能并具有光学透明性等优点；对于焊料而言，向无铅锡银基焊料中加入铂、镍、钴等纳米粒子有助于消除空洞，减缓金属间化合物（IMC）的生长，增强电路抗物理冲击的能力，与此同时，镍或钼的纳米粒子能促进更细的颗粒生长，增加蠕变性，并更好地接触润湿[13]。

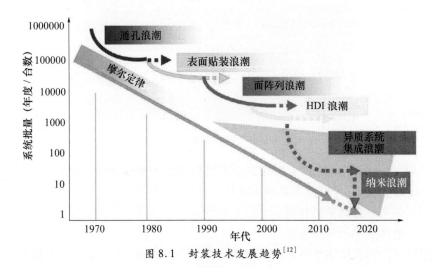

图 8.1 封装技术发展趋势[12]

下面以碳纳米管为例,说明纳米材料在封装中的应用。

碳纳米管(CNT)具有优良的力学、热学、电学和化学特性,使其成为一种非常理想的热界面材料(TIM),特别是在恶劣环境下(如航空、航天电子产品应用的极端高、低温环境),基于 CNT 的热界面材料更显示出独特的技术优势(如满足大的热失配,使用温度范围广等)。但在实际应用中,定向生长 CNT 难以与基板间形成有效键合,界面接触热阻高,提高 CNT 与基板间的结合强度是降低该界面热阻的关键。

武汉光电国家实验室微光机电系统(MOEMS)学术团队陈明祥、宋晓辉、甘志银和刘胜等人基于纳米尺度效应,提出了一种低温热压键合技术,实现了定向生长 CNT 与基板间的低温(150℃)低压键合,相关研究成果发表在 Nanotechnology 上(Nanotechnology,22,2011,345704),并成为该期杂志的封面文章(Cover story)。论文评阅人对该项研究给予了高度评价:"The manuscript topic is very interesting and it could have high technological impact"。此外,为实现纳米互连,该课题组还采用感应局部加热技术,成功实现了 CNT 与金属电极间的有效焊接,使接触电阻降低 90%。[15]

在封装中,完全采用碳纳米管进行芯片互连还很遥远,但这种趋势是封装产业的发展方向。如图 8.2 所示,研究人员已经成功使用垂直碳纳米管替代焊球进行倒装芯片的互连。

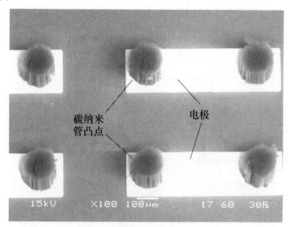

图 8.2 碳纳米管微凸点[14]

在工业应用方面,上海上大瑞沪微系统集成技术有限公司已经开发出了几种新型电子封装材料,并有以下系列突破[16]:

(1)纳米—界面散热材料。

(2)纳米技术增强导电胶。

同时该公司在碳纳米管的封装解决方案上亦有突破,如开发了以下技术。

（1）用于超细间距倒装互连的碳纳米碳管凸点技术。

（2）碳纳米管冷却装置和三维堆叠技术。

（3）碳纳米管的干法收缩致密技术。

8.4 多传感技术[17]

MEMS 多种传感器组合是传感网和分布式网络等应用热点。不同的 MEMS 传感器将有不同的应用，每一种 MEMS 传感器都是针对测量某种物理量而设计的，不同的传感器的应用将由该传感器所感应的物理量的延展性来决定。陀螺仪用来测量物体的角速度，而加速度传感器用来测量物体的加速度。当然，不同的传感器也可以搭配使用，弥补单一传感器使用的缺点，达到更加完美的效果。

就系统的设计而言，MEMS 传感器的自身性能对研发人员来说是一个很大的制约因素，如输出模式、量程、灵敏度、带宽等。开发的难点集中在传感器的稳定性和可靠性、专用电路如何对传感器进行校准和温度补偿以及算法的优越性等。

下面以汽车中的压力传感器的封装为例来说明。图 8.3 是一个典型的压力传感器的封装示意图（只显示 MEMS 部分）。MEMS 被有机硅凝胶覆盖。凝胶因为它的稳定性和柔软性，既保护了 MEMS，又能传递外界压力。填充完硅胶后用带孔的不锈钢片盖住，既能阻挡外界硬物对硅胶的破坏或强烈作用，又能让空气进入保持内外气压平衡。在设计压力传感器封装时必须了解封装材料、诱导应力以及器件性能三者的相互作用，必须建立先进的校正技术，必须准确计算模拟材料的性能、生产中的变化对器件性能的影响、客户使用环境下的可靠性等。对汽车轮胎压力传感器，它在封装上有跟一般压力传感器很关键的不同。如果 MEMS 被厚厚的有机硅凝胶覆盖，由于硅胶的柔软性和流动性，当轮胎高速转动时，硅胶可能因为离心力而飞出去，或者向 MEMS 施加一个额外的压力。最好的轮胎压力传感器已

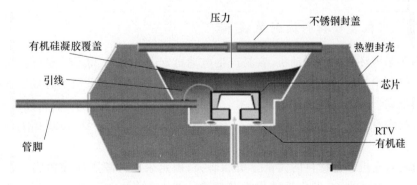

图 8.3 压力传感器的封装示意图

经考虑到这一点。解决的方案是,用另外的材料取代硅胶,只需涂上薄薄一层就能保护 MEMS,又不怕在高速转动时脱离。还有,用压力计 G - Cell 测量转动速度,在型号处理的过程中自动把由于离心力造成的额外压力扣掉。

8.5 抗恶劣环境的封装技术[1-3]

虽然在民用和新技术领域中硅基 MEMS 取得了巨大的成功,但是 Si 基材料由于其自身特性的限制(如硅的禁带宽度比较窄,为 1.1eV,PN 结在 150℃ 以上失效,弹性模量在 600℃ 以上锐减等),Si - MEMS 器件很难在 200℃ 以上的高温高压腐蚀等恶劣环境下使用。在高温高压环境中,随着材料的力学性质的迅速改变,器件的性能也往往随之迅速退化,无法保证器件的可靠性和稳定性。在腐蚀环境中,由于硅材料易腐蚀,因而器件很容易在结构上失效,更无从提起器件的可靠性,从而完全无法适应环境对器件的要求。硅是一种脆性材料,很容易沿晶向断裂,用硅制成的可动结构的抗冲击能力较弱,很容易在大的机械冲击(加速度)下发生断裂。硅是一种半导体,其禁带宽度也较窄,因此其抗辐照能力较弱,难以用于太空环境。硅本身是不透明材料,其长期生物兼容性还有待于验证,因此在生物 MEMS器件的制作中有很大的局限性。

另一方面,恶劣环境下系统应用对微小型 MEMS 器件的需求是非常强烈的。以航空航天领域为例,耐高温、耐腐蚀、抗辐照的微型传感器、执行器、能源可以节省系统的空间、减轻重量、增加载荷、节省能源。因此,开发合适的材料及其相关工艺以制备耐高温、耐高压、抗腐蚀的 MEMS 器件是 MEMS 研究面临的问题之一。

下面来分析两种已经初步运用的抗恶劣环境的新型封装技术:有机复合材料的封装技术和光纤封装。

8.5.1 有机复合材料的封装技术[1,2]

用于恶劣环境中的电动机,容易产生电动机定子绕组的"击穿"现象。为了增强电动机的绝缘性能,提高电动机在恶劣环境下的使用寿命,采用了有机复合材料将电动机定子绕组进行封装的新技术。目的是阻止工作环境的水汽、腐蚀性气体、油脂及粉尘对电动机定子绕组的侵入,防止电动机定子绕组击穿,以提高电动机使用寿命。

通过对有机复合材料的大量分析和研究,确定采用芳醇不饱和树脂。它是将提炼芳烃后的塔底物,经化学转化为芳烃多元醇(简称芳醇),芳醇与不饱和酸相配反应得到芳醇聚酸树脂。该树脂的特点是热变形温度 110℃,马丁耐热 220℃,

维卡耐热 190℃,耐压强度 40kV ~ 50kV/mm,可以满足电动机耐热绝缘等级为 H 级的要求,并且成本比环氧树脂低 30% 以上。因为滑石粉耐酸性差,石墨导电性对电动机安全使用存在隐患,所以选择的主要替代原料为粉煤灰,并对其改性处理,以提高结合力等性能。复合材料制备流程见图 8.4。

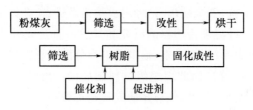

图 8.4 复合材料制备流程图

在该定子绕组封装新技术中,将封装模具与被封装电动机装配完成后,为使有机复合材料能够完全浸透到电动机定子绕组中,采用了真空封装新工艺(图 8.5)。其工艺过程为:首先将按比例配制的有机复合材料装入搅拌筒 2 内,然后将进料口 1 密闭,并将材料混合、加热、搅拌,同时排出气体(排气方法是:启动真空泵,打开管路 lk、2k 和 6k,使搅拌筒 2 内的空气抽入真空罐 5 中,随后打开 3k,使被封装电动机密封腔 4 内的空气也被抽入真空罐 5 中)。当整个系统的真空度达到 0.02MPa ~ 0.08MPa 时,真空泵 6 停止工作,搅拌叶片 3 在搅拌筒 2 内对复合材料定时搅拌,直至混合成胶状为止,此时关闭 2k,6k,并打开进料口 1k 和 4k,在负压作用下,复合材料将顺利地灌入被封装电动机的密封腔 4 内,直至复合材料完全充满电动机密封腔为止。然后将被封装的电动机 M 从本系统中卸下,并将其送入 40℃ ~ 60℃ 的烘干炉中固化 3h 后取出,再把被封装电动机中的封装模具卸下,整个封装过程全部完成。

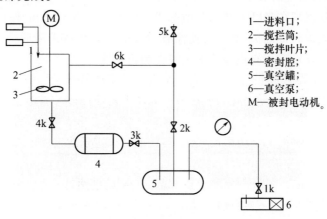

1—进料口;
2—搅拌筒;
3—搅拌叶片;
4—密封腔;
5—真空罐;
6—真空泵;
M—被封电动机。

图 8.5 封装过程示意图

8.5.2 光纤封装[18,19]

光纤传感器是一种新型传感器,跟传统传感器相比,具有耐高温、耐腐蚀、抗电磁干扰、体积小和灵活方便等优点。光纤温度传感器作为一种新型的温度传感器,具有测量精度高、抗电磁干扰、安全防爆、绝缘耐火等诸多优点,在许多特殊场合得到了广泛应用。因此,有关光纤温度传感器的研究和开发一直是光纤传感领域的热点和难点之一。特别是在电力系统中,发电、输电和电力分配系统都伴随恶劣的电磁和温度环境(如强辐射、高电压等),因此由绝缘材料制成的光纤传感器对电力系统的参数测量和监测起着重要的作用。国外许多研究机构都致力于开发实用的电力应用光纤传感器,有些已经进行了成功的试用。LUXTRON 公司已经成功开发出用于大型变压器绕组热点监测的光纤温度传感器,该系统在 −30 ~ 200℃ 内的测量精度为 ±2℃,利用该传感器,实现了变压器在研发、寿命估计和动态负载管理过程中的温度检测和温度场测量。为了进一步提高精度,提出了一种精确的温度传感技术,并针对大型变压器多点温度监测的需求,研制了多通道光纤温度传感器。

研制出的可用于电力变压器绕组温度监测的多路温度传感器,利用特制的涂覆、封装和制作工艺研制出的微小尺寸光纤温度传感头,满足了抗恶劣环境和实际应用指标的要求。

在传感头的工艺制作和封装中,保偏光纤和传感头需要被置于变压器的热油中,因此选用硅胶封装的熊猫型保偏光纤以保证耐 250℃ 以上的高温。这种保偏光纤的拍长为 1.9mm,损耗为 1.1dB/km,直径为 250μm。图 8.6 为传感头及其封装图。图 8.6 中(a)为 8 路传感部分,每一路都由 FC 连接器、保偏光纤起偏器、2m 长的熊猫型保偏光纤和大约 0.5mm 长的保偏光纤传感头组成。传感头用石英光纤毛细管密封,尾部封装如图 8.6 中(b)所示。图 8.6 中(c)显示了直径为 125μm 裸纤传感头和沉积在光纤末端的反射薄膜。使用内径为 319μm,外径 436μm 的毛细管来保护光纤和传感头,其外表面涂有 20μm 厚的 PMMA 薄膜。这些都确保了传感头在恶劣环境下具有很好的电绝缘性和耐用性。

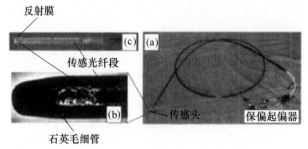

图 8.6　传感头和封装

下面介绍一种光栅光纤传感器。

光纤光栅(FBG)传感器除了具有一般光纤传感器的优点之外,还具有 FBG 波长编码的特性,它使 FBG 抗干扰能力强,易于组网复用,实现准分布式测量,可以运用在恶劣环境的场合,是传统传感器的理想替代品。但裸 FBG 非常脆弱,容易折断,直接将其作为传感器在工程实际中遇到了布设工艺的大难题,因此,针对需要解决的问题研究实用的光纤光栅的封装工艺意义重大。

光纤光栅的毛细钢管封装工艺如图 8.7 所示,即将光纤光栅用改性丙烯酸酯封装在外径 12mm、内径 0.9mm、长 40mm 的毛细钢管内,钢质为不锈钢。封装时,先将钢管套在附近的传输光纤上,然后将改性丙烯酸酯直线涂在实验平板上,高度要大于 2mm,将光纤光栅平直放入改性丙烯酸酯中间,然后用镊子夹住毛细钢管将其推向光纤光栅,并力图保证光纤光栅位于毛细钢管的轴线上,而且使光栅处于管的正中部位。这样保证管内所充液体充满密实,并减小形成气泡的可能性。然后半小时后将封装好的光纤光栅放入烘箱进一步烘干、固化。

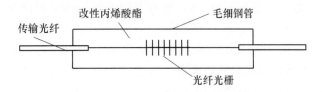

图 8.7　光纤光栅的毛细钢管封装示意图

最后通过材料力学多功能实验台和恒温箱对其应变与温度传感特性进行了研究。与裸光纤光栅的测试结果比较表明,毛细钢管封装工艺基本不改变光纤光栅的应变传感特性,但是温度灵敏度系数提高了约 27 倍,且线性度、重复性良好,为光纤光栅在温度测量领域的应用提供了一个很好的封装方法。

8.6　面临的一些问题和挑战[1-3]

在实际的 MEMS 封装中,必须考虑下面一些因素:①封装必须给传感器带来的应力要尽可能小,材料的热膨胀系数(CTE)必须与硅的热膨胀系数相近或稍大。对于应力传感器,在设计时就必须考虑封装引起的应力对器件性能的影响。②对于一般的 MEMS 结构和电路封装,必须充分重视散热,高温下器件失效的可能性会大大增加这一问题,而对于热流量计和红外传感器,适当的热隔离会提高传感器的灵敏度。③对于一些特殊的传感器和执行器,需要对封装的气密性进行考虑,封装的气密性和漏气对于提高压力传感器的精度和使用寿命是至关重要的。而对于一些有可动部件的传感器,进行真空封装可以避免振动结构的空气阻尼,提高使用寿命。④由于 MEMS 传感器的输出信号都是微纳量级的,所以必须考虑封装给器件带来的寄生效应。

MEMS 制备技术上有很多借助于集成电路的平面制作工艺,MEMS 封装的基本技术也与集成电路的封装技术紧密相关,在封装外壳/基板的材料选择、封装形式、互连技术、可靠性问题等方面都有借助集成电路封装的地方。与集成电路封装类似,MEMS 封装具有提供电信号互连、电源连接、热耗散(热管理)、机械保护和环境保护的功能,但是由于 MEMS 本身的特异性,在封装上更加复杂。

MEMS 封装面临的首要挑战是成本,因为 MEMS 封装非常昂贵,甚至有的统计认为其将占到系统成本的 50% ~ 90% 的份额。目前商业应用最为成功的一些MEMS 商业化的例子,包括得州仪器的数字光处理器、摩托罗拉的压力传感器等,它们的封装成本都是非常昂贵的,但是这些产品具有非常大的市场,其成本被认为是合理的。对于其他大多数的微系统和 MEMS 的应用,由于具有较小的市场和应用领域,昂贵的封装是商业化中的瓶颈。之所以出现高成本的封装,与 MEMS 封装的独特性和复杂性是密切相关的,或者说与 MEMS 封装通常只能是定制的原因密切相关。

与传统集成电路不同,MEMS 封装需要提供一个 MEMS 芯片到外部环境的强有力界面,这个界面影响到封装的成本。通常,MEMS 所要求的物理界面可能采取多种形式或者这些形式的联合使用,这包括流体(或微流体)的、气压的、磁的、电磁的、光的、高频/射频的、热力的、电力的等形式。由于其固有的敏感性,这些环境界面正是传统集成电路封装试图保护芯片不受其影响而要隔离的。对于某些MEMS 远场器件,可能需要测量或者影响局部的地心引力场或电磁场,那么封装就不能破坏需要测量的场,同时还要保护器件不受沾污或其他危险环境的破坏;对于光学 MEMS,封装必须提供光传输进出器件的通路,同时防止周围物质向内的泄漏或者内部环境向外的泄漏;流体 MEMS 面临类似的挑战,某些液流或者气流要允许进入器件区但是不能损坏同一微系统内相邻的电路和电结构。因此在很多情况下,目前的 MEMS 封装都是基于应用于混合电路系统的封装技术,被认为是针对很局限和有限市场的高成本封装方案。

除了环境界面之外,多数 MEMS 封装具有的立体结构(如悬臂梁、薄膜、空腔等)以及 MEMS 的机械运动的本质也给封装带来相当大的困难。如压力传感器、温度传感器、加速度计和谐振器等 MEMS 器件,通常要求气密性的封装,以避免颗粒损伤、避免水汽和有害环境气体的破坏及避免环境干扰启动器件等。当然,MEMS 封装的一些特殊的可靠性要求也是其高成本的一个原因。

MEMS 封装的另外一个挑战是尺寸,MEMS 本身是一个微米尺度的器件或者芯片,而由于要采用特别的或者定制的封装,最后获得的元件或者系统往往比

MEMS 本身大几倍甚至一到两个数量级,这在很大限度上抵消了 MEMS 小尺度的优点。创新的、小型化的 MEMS 封装技术也是未来 MEMS 商业化中需要突破的关键问题。

参 考 文 献

[1] 金玉丰,王志平,陈兢. 微系统封装技术概论[M]. 北京:科学出版社,2006.

[2] 田民波. 电子封装工程[M]. 北京:清华大学出版社,2003.

[3] Tai‐Ran Hsu. 微机电系统封装[M]. 姚军译. 北京:清华出版社,2006.

[4] 陈一梅,黄元庆. MEMS 封装技术[J]. 传感器技术,2005,24(3):7-9.

[5] 岑玉华. 高密度封装[J]. 电子与封装,2003,3(1):14-17.

[6] 张昱,潘武. MEMS 封装技术[J]. 纳米技术与精密工程,2005,3(3):194-198.

[7] 鲜飞,先进芯片封装技术[J]. 电子与封装,2006,4(4):13-16.

[8] 李旭辉,MEMS 发展应用现状[J]. 传感器与微系统,2006,25(5):7-9.

[9] Bhatt R P. Magnetic fluid based smart centrifugal switch [J]. Journal of Magnetism and Magnetic Materials, 2002,(252):347-349.

[10] 乔治,金庆辉,许宝建,等. 基于 MEMS 的生物微喷点样技术研究现状与展望[J]. 微纳电子技术, 2006,10:481-486.

[11] 胡炎祥,吴丰顺,吴懿平,等. 纳电子封装[J]. 半导体技术,2005,30(8):8-12,17.

[12] Zerna T, Wolter K J, Zerna T, et al. Developing a course about nano‐packaging[J]. Electronic Components and Technology Conference, 2005,2:1925-1929.

[13] Morris James E. Nanopackaging: Nanotechnologies and Electronics Packaging[M]. Springer, 2008.

[14] Soga I, Kondo D, Yamaguchi Y, et al. Carbon nanotube bumps for LSI interconnect[C]. in Proc. Electronic Components and Technology Conf., May 2008:1390-1394.

[15] http://www.opticsjournal.net/Lab/LB11080400092.htm.

[16] http://www.smitshanghai.com/chinese/introduction.htm.

[17] 黄军辉,杨旭志,陈述官,等. MEMS 传感器技术在汽车上的应用研究与展望[J]. 农业装备与车辆工程,2010,9:3-8.

[18] 张伟刚,涂勤昌,孙磊,等. 光纤光栅传感器的理论、设计及应用的最新进展[J]. 物理学进展,2004,24(4):406-408.

[19] 王跃,张伟刚,杨翔鹏,等. 传感技术学报,2002,(3):203-207.

内 容 简 介

本书内容包括封装技术概论、圆片级封装技术,非圆片级封装技术,器件级封装技术,模块级封装技术,真空封装技术、微米纳米封装技术的应用和封装技术展望,涉及封装材料、基板、互连、设计、工艺、测试、可靠性和系统集成等主要技术,按照封装的不同层面——圆片级封装(零级封装)、器件级封装(一级封装)和模块级封装(二级封装)分别进行介绍,并对最有特色的真空封装技术进行了专门介绍,书中还安排介绍了大量微米纳米器件封装的实例应用,绝大部分实例都是著者在国家重点研究课题资助下开发出的最新成果,体现了该领域目前国内先进水平。

The book involves wafer level packaging technology, wafer level packaging using non - traditional microfabrication technologies, device level packaging technology, module assembly and packaging technology vacuum packaging technology, application of MEMS/NEMS packaging technology and prospects of MEMS packaging, which includes packaging materials, substrate technology, interconnection technology, package design, processing and testing, reliability, system level integration and related technologies. It systematically presents 3 different packaging levels—0 level packaging (wafer level packaging) 1st level packaging(device level packaging) and 2nd level packaging(module level packaging) , and the vacuum packaging is purposefully demonstrated at an independent chapter. A number of examples of micro/nano device packaging are presented in this book, most of which are recent results supported by various national key projects.